"十二五"职业教育国家规划教材

经全国职业教育教材审定委员会审定

RED HAT ENTERPRISE LINUX 6 CAOZUO XITONG YINGYONG JIAOCHENG

Red Hat Enterprise Linux 6
操作系统应用教程

（第2版）

潘志安 沈平 魏华 主编

高等教育出版社·北京

内容简介

　　本书以 Red Hat Enterprise Linux 6 Server 为例，通过 11 个学习情境（包括 41 个子情境），介绍了 Linux 桌面应用、服务器管理与维护、嵌入式开发等工作中的应用技能，包括 Linux 操作系统的基本概念、Linux 操作系统的安装和设置方法、图形用户界面应用、字符界面和 Shell 命令基本应用、用户和组群管理、文件系统和文件管理、进程管理及系统监视、Linux 应用程序、网络配置、服务器配置、Shell 编程和 Linux 下的 C 语言编程。

　　本书可作为高职高专学校计算机相关专业的 Linux 操作系统课程教材，也可作为 Linux 培训及自学教材，还可作为嵌入式应用开发人员和网络管理人员的参考书。

　　本书配套电子资源可发送邮件至编辑邮箱 1548103297 @ qq. com 索取。

图书在版编目（C I P）数据

Red Hat Enterprise Linux 6 操作系统应用教程／潘志安，沈平，魏华主编 . －－2 版 . －－北京：高等教育出版社，2015. 1（2019.1重印）
　ISBN 978－7－04－041398－4

　Ⅰ.①R⋯　Ⅱ.①潘⋯　②沈⋯　③魏⋯　Ⅲ.①Linux 操作系统－高等职业教育－教材　Ⅳ.①TP316.89

　中国版本图书馆 CIP 数据核字(2014)第 261630 号

策划编辑	张值胜	责任编辑	张值胜	封面设计	张　楠	版式设计	马敬茹
插图绘制	杜晓丹	责任校对	胡美萍	责任印制	耿　轩		

出版发行	高等教育出版社	网　　址	http：//www. hep. edu. cn
社　　址	北京市西城区德外大街 4 号		http：//www. hep. com. cn
邮政编码	100120	网上订购	http：//www. landraco. com
印　　刷	北京市白帆印务有限公司		http：//www. landraco. com. cn
开　　本	787mm×1092mm　1/16		
印　　张	23	版　　次	2009 年 9 月第 1 版
字　　数	560 千字		2015 年 1 月第 2 版
购书热线	010－58581118	印　　次	2019 年 1 月第 5 次印刷
咨询电话	400－810－0598	定　　价	36. 80 元

出版说明

　　教材是教学过程的重要载体，加强教材建设是深化职业教育教学改革的有效途径，推进人才培养模式改革的重要条件，也是推动中高职协调发展的基础性工程，对促进现代职业教育体系建设，切实提高职业教育人才培养质量具有十分重要的作用。

　　为了认真贯彻《教育部关于"十二五"职业教育教材建设的若干意见》（教职成〔2012〕9 号），2012 年 12 月，教育部职业教育与成人教育司启动了"十二五"职业教育国家规划教材（高等职业教育部分）的选题立项工作。作为全国最大的职业教育教材出版基地，我社按照"统筹规划，优化结构，锤炼精品，鼓励创新"的原则，完成了立项选题的论证遴选与申报工作。在教育部职业教育与成人教育司随后组织的选题评审中，由我社申报的 1338 种选题被确定为"十二五"职业教育国家规划教材立项选题。现在，这批选题相继完成了编写工作，并由全国职业教育教材审定委员会审定通过后，陆续出版。

　　这批规划教材中，部分为修订版，其前身多为普通高等教育"十一五"国家级规划教材（高职高专）或普通高等教育"十五"国家级规划教材（高职高专），在高等职业教育教学改革进程中不断吐故纳新，在长期的教学实践中接受检验并修改完善，是"锤炼精品"的基础与传承创新的硕果；部分为新编教材，反映了近年来高职院校教学内容与课程体系改革的成果，并对接新的职业标准和新的产业需求，反映新知识、新技术、新工艺和新方法，具有鲜明的时代特色和职教特色。无论是修订版，还是新编版，我社都将发挥自身在数字化教学资源建设方面的优势，为规划教材开发配备数字化教学资源，实现教材的一体化服务。

　　这批规划教材立项之时，也是国家职业教育专业教学资源库建设项目及国家精品资源共享课建设项目深入开展之际，而专业、课程、教材之间的紧密联系，无疑为融通教改项目、整合优质资源、打造精品力作奠定了基础。我社作为国家专业教学资源库平台建设和资源运营机构及国家精品开放课程项目组织实施单位，将建设成果以系列教材的形式成功申报立项，并在审定通过后陆续推出。这两个系列的规划教材，具有作者队伍强大、教改基础深厚、示范效应显著、配套资源丰富、纸质教材与在线资源一体化设计的鲜明特点，将是职业教育信息化条件下，扩展教学手段和范围，推动教学方式方法变革的重要媒介与典型代表。

　　教学改革无止境，精品教材永追求。我社将在今后一到两年内，集中优势力量，全力以赴，出版好、推广好这批规划教材，力促优质教材进校园、精品资源进课堂，从而更好地服务于高等职业教育教学改革，更好地服务于现代职教体系建设，更好地服务于青年成才。

高等教育出版社

2014 年 7 月

第 1 版序言

以就业为导向的职业教育课程改革的关键，在于课程微观内容的设计与编排必须跳出学科体系的藩篱。按照学科体系这一传统观念编写的教材始终不能适应职业工作的需要，因此，课程内容的序化已成为制约职业教育课程改革成败与否的关键。目前，在我国高等职业教育领域，构建工作过程系统化课程方案，是凸显职业教育特色的课程开发的有益探索。

实现工作过程导向的课程开发，首先要解决课程内容的抉择取向问题。以就业为导向的职业教育，其课程内容应以过程性知识为主、陈述性知识为辅，即以实际应用的经验（怎么做）和策略（怎么做更好）的习得为主、以适度够用的概念（是什么）和原理（为什么）的理解为辅。

实现工作过程导向的课程开发，其次要解决课程内容的序化结构问题。按照工作过程来序化知识，即以工作过程为参照系，将陈述性知识与过程性知识整合、理论知识与实践知识整合，课程不再是静态的学科体系的显性理论知识的复制与再现，而是着眼于动态的行动体系的隐性知识的生成与构建。"适度够用的理论知识的数量未变，但其排序的方式发生变化；适度够用的理论知识的质量发生变化，不是知识的空间物理位移而是融合"，正是对这一新的职业教育课程开发方案中所蕴含的革命性变化的本质概括。

基于这一课程开发精神的职业教育的教材，应该坚决摒弃只关注一个学习地点的即学校使用的教科书及为教科书服务的封闭的教学资源建设的观念，而将视野扩展至服务于具有职业教育特色的两个学习地点的校企合作、工学结合的开放的教材或教学资源的建设上来。

由此，职业教育的教材应该按照工作过程系统化的课程结构，从对封闭的基于存储与传递学科专业知识的教科书的解构与重构之中，走向开放的涵盖课程标准（教学计划、教学大纲）的整体教学资源建设上来，这是职业教育教材发展的必然。

随着国家示范性高等职业院校建设工作的深入，我们高兴地看到，湖北职业技术学院同众多高职院校一样，在工作过程系统化的课程开发及其教材建设方面做了很多有益的探索和实践。我相信，我国高等职业教育课程改革，方兴未艾！而伴随这一改革和还将取得的成果，将会显现出其历史的贡献。

2009 年 4 月 30 日于北京

第 2 版前言

目前，我国职业教育正处于重要的发展转型期，从传统的基于学科结构系统化的综合课程方案转向基于工作过程导向的学习领域课程方案，已成为当今高等职业教育课程建设与改革的主流方向，而行动导向教材的开发是高等职业教育课程改革成败的关键。

对于计算机类专业来说，学习领域并不能完全对应于某一职业工作任务。例如"机顶盒的开发"这样一个任务，包含了方案制订、硬件方案设计、驱动设计、软件设计、硬件调试、软件调试、联合调试等内容，所用到的知识和技能不可能包含在一个学习领域中，因此必须分解成电工电子技术、Linux 操作系统应用、嵌入式系统应用、IT 电子产品设计、嵌入式系统编程等若干个学习领域。因此，对于相对基础性的学习领域，如 Linux 操作系统应用，学习情境的设置不是从工作中选择的例子，也不以例子来说明工作。我们对 Linux 操作系统应用这一学习领域中学习情境的设置，是在对职业工作任务和工作过程的实际情况进行解析、归纳、重构的基础上，再根据教学论的原则进行了理论系统化的处理，也就是说，这些学习情境来源于工作又高于工作，是实现教学论目标的情境化案例。

为了配合"Linux 操作系统应用"学习领域课程的教学，我们编写了《Linux 操作系统应用》一书，并由高等教育出版社于 2009 年 9 月出版，该书以 Red Hat Enterprise Linux 5 Server 为例。由于 Linux 操作系统是开源软件，因此发展速度非常快，目前 Linux 内核已经更新至 3.7 以上，Red Hat Enterprise Linux 也更新至 6. x 以上。因此我们编写了《Red Hat Enterprise Linux 6 操作系统应用教程》，本书以 Red Hat Enterprise Linux 6 Server 为例，以适应 Linux 的发展形势。

全书分为认识 Linux 操作系统、Linux 操作系统基本应用、Linux 操作系统网络应用和 Linux 操作系统综合应用 4 个部分，共 11 个学习情境。学习情境 1、2、3 由潘志安编写，学习情境 4、5、6、7 由魏华编写，学习情境 8、9、10、11 由沈平编写。全书由潘志安、沈平、魏华主编并统稿。此外，李强、朱运乔在本书编写过程中提供了技术支持。

本书可作为高职高专计算机相关专业的教材，也可作为 Linux 培训及自学教材，还可作为嵌入式应用开发人员和网络管理人员的参考书。

在此向所有对本书的编写和出版提供了帮助的人士表示衷心和诚挚的感谢！

另外，由于作者水平所限，书中疏漏和错误之处在所难免，恳请广大读者批评指正。

编　者
2014 年 9 月

第1版前言

目前，我国职业教育正处于重要的发展转型期，从传统的基于学科结构系统化的综合课程方案转向基于工作过程导向的学习领域课程方案，这已成为当今高等职业教育课程建设与改革的主流方向，而行动导向教材的开发是高职教育课程改革成败的关键。

对于计算机类专业来说，学习领域并不能完全对应于某一职业工作任务。例如"机顶盒的开发"这样一个职业工作任务，包含了方案制订、硬件方案设计、驱动设计、软件设计、硬件调试、软件调试、联合调试等内容，所用到的知识和技能不可能在一个学习领域中全部获得，因此必须分解成电工电子技术、Linux 操作系统应用、嵌入式系统与应用、IT 电子产品设计、嵌入式系统编程等若干个学习领域。

因此，对于相对基础性的学习领域，如"Linux 操作系统应用"来说，学习情境的设置不能仅是从上述工作中选择例子进行说明。本书对"Linux 操作系统应用"这一学习领域中学习情境的设置，是在对职业工作任务和工作过程的实际情况进行解析、归纳、重构的基础上，根据教学论的原则进行系统化的处理，也就是说，这些学习情境来源于工作又高于工作，是实现教学论目标的情境化案例。

全书分为认识 Linux 操作系统、Linux 操作系统基本应用、Linux 操作系统网络应用和Linux 操作系统综合应用 4 个部分，共 11 个学习情境。学习情境 1 由王英、潘志安编写，学习情境 2 由潘志安编写，学习情境 3、4 由李岚编写，学习情境 5 由魏华编写，学习情境 6、7 由孙健编写，学习情境 8、9 由沈平编写，学习情境 10 由王斌编写，学习情境 11 由唐娟编写。

本书在校企合作进行课程开发的基础上，由潘志安、沈平进行教学设计，提出编写理念和架构，宋振云、胡昌杰提出了很多建议。全书由潘志安和沈平统稿，袁瑛、王英参加了部分校对工作。朱运乔、李强、范娟在本书编写过程中提供了技术支持。

本课程的开发和本书的编写得到了武汉创维特信息技术有限公司、武汉凌特电子技术有限公司、华中科技大学文华学院机械与电气工程学部等公司和院校的无私帮助。

本书在编写过程中有幸得到了国家示范性高职院校计算机网络和软件技术专业课程开发与教学资源建设协作组冯英组长、姜大源教授的指导，湖北职业技术学院副院长朱虹对本书的编写也给予了大力支持。

在此向所有对本书的编写和出版提供了帮助的人士表示衷心和诚挚的感谢！

另外，由于作者水平所限，书中疏漏之处在所难免，恳请广大读者批评指正。

编　者
2009 年 2 月 15 日

目　录

第一部分　认识 Linux 操作系统

第二部分　Linux 操作系统基本应用

第三部分　Linux 操作系统网络应用

第四部分　Linux 操作系统综合应用

第一部分

认识 Linux 操作系统

学习情境 1
Linux 操作系统的
安装、登录及删除

情境引入

近年来，Linux 操作系统的稳定性、安全性、可靠性已经得到业界认可，已被政府、银行、邮电、保险等的业务关键部门广泛使用。特别是其具有的开放和自由的特性、强大的网络管理功能，加上 IBM、HP、Dell、Oracle、AMD 等公司的大力支持，使得 Linux 应用浪潮席卷全球。

某公司从事嵌入式开发业务，拟建立自己的网络中心，计划采用 Linux 操作系统配置服务器，员工个人计算机需安装 Windows 和 Linux 并存的操作系统，或独立安装 Linux 操作系统。

6,202,00
1,053,11

1.1 子情境：Linux 概况

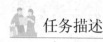 任务描述

在 Windows 操作系统盛行的今天，为什么要学习 Linux 操作系统呢？认识 Linux 的特点和优势、应用现状与前景，可以解答这个疑惑，从而激发学习 Linux 的热情。

 任务实施流程

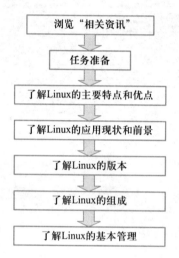

 相关资讯

1. UNIX 操作系统的出现

1969 年，美国贝尔实验室的 K. Thompson 和 D. M. Ritchie 开发了名为 UNIX 的多用户多任务操作系统，它非常可靠、安全，且运行稳定，至今仍被广泛应用于银行、保险、金融、航空等领域的大中型计算机和高端服务器中。UNIX 的商业版本包括 SUN 公司的 Solaris、IBM 公司的 AIX、惠普公司的 HP - UX 等。

但 UNIX 也有致命的弱点：作为可靠稳定的操作系统，其昂贵的价格虽然恰当地反映出 UNIX 令人信服的性价比，却把个人用户拒之于千里之外，无法应用于家庭。

2. 自由软件的兴起

1983 年，美国麻省理工学院（MIT）的研究员 Richard Stallman（见图 1-1）提出了**自由软件（FreeSoftware）**的概念和 **GNU 计划**（又称革奴计划，是 GNU's Not Unix 的递归缩写。GNU 在英文中的原意为非洲牛羚，发音与 new 相同，为避免与 new 发音混淆，Stallman 宣布 GNU 应当发音为 Guh - NOO），并在 1985 年成立了自由软件基金会（Free Software Foundation，FSF）以实施 GNU 计划。GNU 的标志如图 1-2 所示。

自由软件基金会提出通用公共许可证（General Public License，GPL）原则，它与软件保密协议截然不同。通用公共许可证允许用户自由下载并使用、复制、散布、研究及修改源代码，再分发那些源代码公开的自由软件，并可在分发软件的过程中收取适当的成本和服务费用，但源代码公开且不允许任何人将该软件据为己有。

3. Linux 操作系统的出现

1991 年，芬兰赫尔辛基大学的学生 Linus Torvalds（如图 1-3 所示）为完成自己操作系统课程的作业，开始基于 Minix（一种免费的小型 UNIX 操作系统）编写一些程序，最后，他惊奇地发现自己的这些程序已经足够具有一个操作系统的基本功能。于是，他将这个操作系统的源程序发布在 Internet 上，并邀请所有有兴趣的人发表评论及共同修改代码，很快就在全球网罗了一大批职业和业余的技术专家，形成了一个数量庞大而且非常主动、热心的支持者群体。随后 Linus Torvalds 将这个操作系统命名为 Linux，即 **Linus's UNIX** 的意思，并且以可爱的胖企鹅作为其标志，如图 1-4 所示。

图 1-1　Richard Stallman　　图 1-2　GNU 标志　　图 1-3　Linus Torvalds　　图 1-4　Linux 标志

到 1994 年，Linux 已经成长为一个功能完善、稳定可靠的世界主流操作系统，但 Linus Torvalds 本人并没有因为 Linux 的成功而获得财富，为业界树立了良好典范。

 任务准备

1. 查阅有关书籍。

2. 在互联网上搜集 Linux 的相关资料，包括 Linux 的主要特点和优势、应用现状与前景、版本情况、组成部分等。

任务实施

步骤 1　讨论 Linux 的主要特点和优点

Linux 是一个类似 UNIX 的操作系统，它继承了 UNIX 的优秀设计思想，几乎拥有 UNIX 的全部功能。简单而言，Linux 主要具有以下特点或优点。

（1）真正的多用户多任务操作系统

Linux 是真正的**多用户多任务**操作系统，Linux 支持多个用户从相同或不同的终端上同时使用同一台计算机，每个用户可以同时执行多个任务，而没有商业软件所谓许可证（License）的限制。在同一时间段中，Linux 系统能响应多个用户的不同请求。Linux 系统中的每个用户对自己的资源（如文件、设备）有特定的使用权限，不会相互影响。

（2）良好的兼容性

Linux 完全符合 IEEE 的面向 UNIX 的可移植操作系统（Portable Operating System for UNIX，

POSIX）标准，可兼容当前主流的 UNIX 系统（System V 和 BSD）。在 UNIX 系统下可以运行的程序，也几乎完全可以在 Linux 上运行，这为应用系统从 UNIX 系统向 Linux 系统的转移提供了可能。

（3）强大的可移植性

Linux 是一个可移植性很强的操作系统，在掌上电脑、个人计算机、小型机、中型机、大型机上都可以运行 Linux，是迄今能够支持最多硬件平台的操作系统。

（4）高度的稳定性、可靠性与安全性

Linux 承袭 UNIX 的优良特性，可以连续、稳定、可靠地运行数月、数年而无须重新启动。Linux 具有健壮的基础架构，它由相互无关的层组成，每层都有特定的功能和严格的权限许可，从而最大限度地确保稳定运行。因此在过去十几年的广泛使用中，只有屈指可数的几个病毒感染过 Linux，具有很强的免疫性。

（5）开放性与低费用

Linux 与其他商业性操作系统最大的区别在于它的源代码完全公开。Linux 最初就加入了GNU 计划，其软件发行遵循 **GPL**（General Public License，通用公共许可证）**原则**，也就是说，Linux 与 GNU 计划中的其他软件一样都是自由软件（Free Software）。

步骤 2   **讨论 Linux 的应用现状和前景**

Linux 的应用范围主要包括桌面、服务器、嵌入式系统、集群计算机等方面，特别是在服务器、嵌入式系统和集群计算机领域，非常具有竞争力，并建立了自己稳固的地位。

（1）桌面端应用

桌面端应用一直被认为是 Linux 最薄弱的环节，由于 Linux 承袭了 UNIX 的传统，在字符界面下使用 Shell 命令就可以完全控制计算机。尽管从早期的 Linux 发行版本就开始提供图形化用户界面，但跟微软公司的 Windows 相比还是有一定的差距。

随着 Linux 技术，特别是 **X Window** 技术的发展，Linux 图形用户界面在美观、使用方便性等方面有了长足进步，Linux 作为桌面操作系统逐渐被用户接受。根据互联网数据中心（Internet Data Center，IDC）的调查，Linux 桌面操作系统已成为第二大流行的操作系统。

（2）服务器端应用

Linux 服务器的稳定性、安全性、可靠性已经得到业界认可，政府、银行、保险、邮电、航空等业务关键部门已开始规模性使用。作为服务器，Linux 的服务领域包括以下方面。

- **网络服务**：Linux 被广泛用于互联网和内联网（Internet/Intranet），据统计，目前全球 29% 的互联网服务器已经采用了 Linux 系统。在 Linux 操作系统下结合一些应用程序（如 Apache、Vsftpd、Sendmail 等），就可以提供 WWW 服务、FTP 服务和电子邮件服务。此外，Linux 还被广泛用于提供 DNS（域名系统）、NIS（网络信息服务）和 NFS（网络文件系统）等网络服务。
- **文件和打印服务**：Linux 可提供 Samba 服务，不仅可以轻松面向用户提供文件及打印服务，还可以通过磁盘配额控制用户对磁盘空间的使用。
- **数据库服务**：目前，各数据库厂商均已推出基于 Linux 的大型数据库，如 Oracle、DB2、Sybase 等。Linux 凭借其稳定运行的性能，在数据库服务领域有取代 Windows 的趋势。

（3）嵌入式系统领域应用

嵌入式系统（Embedded System）是指带有微处理器的非个人计算机（Personal Computer，PC）系统，是以应用为中心，以计算机技术为基础，并且可裁剪软/硬件，适用于对功能、可靠性、成本、体积、功耗有严格要求的专用计算机系统。它一般由嵌入式微处理器、外围硬件设备、嵌入式操作系统及用户的应用程序 4 个部分组成，用于实现对其他设备的控制、监视和管理等功能。

人们身边触手可及的电子产品，小到 MP3、PDA 等微型数字化产品，大到网络家电、智能家电、车载电子设备等都属于嵌入式系统。实际上，各种各样的嵌入式系统设备在应用数量上已经远远超过通用计算机，任何一个普通人均可能拥有多种使用嵌入式技术的电子产品。

Linux 由于自身的优良特性，几乎是先天地适合作为嵌入式操作系统，嵌入式领域将是 Linux 最大的发展空间，是目前最具商业前景的 Linux 应用，大约 52% 的嵌入式系统倾向于以 Linux 作为操作系统。这些优点如下。

- 源码开放，没有版税。
- Linux 内核很小，但功能强大，稳定，健壮。一个功能完备的 Linux 内核只要求大约 1 MB 的内存，而最核心的微内核只需要 100 KB 的内存。
- Linux 内核可免费获得，并可根据实际需要自由修改和定制，这符合嵌入式产品根据需要定制的要求。
- Linux 具有很强的可移植性，支持各种不同的电子产品的硬件平台。
- 支持多种开发语言，如 C、C++、Java 等，为嵌入式系统上的多种应用提供了可能。
- 具有非常优秀的网络功能、图像和文件管理功能，以及多任务支持功能。
- 有成千上万的开发人员支持。
- 有大量的且不断增加的开发工具。

（4）集群计算机

集群计算机（Cluster Computer）是利用高速的计算机网络，将许多台计算机连接起来，并加入相应的集群软件所形成的具有超强可靠性和计算能力的计算机。目前，Linux 已成为构筑集群计算机的主要操作系统之一，它在集群计算机的应用中具有非常大的优势。

截至 2007 年 11 月，全球运行能力最强的 500 台超级计算机中，约有 85% 采用 Linux 操作系统，"Linux + 集群技术"已成为最强 500 计算机中最流行的构架系统。

步骤 3 了解 Linux 的版本

Linux 的版本可分为两种：**内核版本**和**发行版本**。

> 【提示】可以用 uname – r，或 umane – a，或 cat/proc/version 命令查看 Linux 内核；用 cat/etc/issue 命令查看 Linux 发行版本。

（1）**Linux 的内核版本**

狭义的 Linux 是指 Linux 的内核（Kernel），它可完成内存调度、进程管理、设备驱动等操作系统的基本功能，但不包括应用程序。到目前为止，Linux 内核仍由 Linus Torvalds 领导的开发小组负责开发。

Linux 内核版本号由 3 组数字组成，一般表示为 X. Y. Z 形式。

① X：表示主版本号，通常在一段时间内比较稳定。

② Y：表示次版本号，偶数代表该内核版本是正式版本，可以公开发行；奇数则代表该内核版本是测试版本，还不太稳定，仅供测试。

③ Z：表示修改号，这个数字越大，表明修改的次数越多，版本相对更完善。Linux 的正式版本与测试版本是相互关联的。正式版本只针对上一个版本的特定缺陷进行修改，而测试版本则在正式版本的基础上继续增加新功能，测试版本被证明稳定后就成为正式版本。正式版本和测试版本不断循环，不断完善内核的功能。

截至 2014 年 8 月，Linux 内核的最新稳定版本为 3.16.1（Linux 内核官方网站为 http://www.kernel.org），Linux 内核版本的发展历程如表 1-1 所示。

表 1-1　Linux 内核发展历程

内 核 版 本	发 布 日 期
0.1	1991 年 11 月
1.0	1994 年 3 月
2.0	1994 年 6 月
2.2	1999 年 1 月
2.4.1	2001 年 1 月
2.6.1	2004 年 1 月
2.6.24	2008 年 1 月
2.6.27	2008 年 10 月
2.6.32	2009 年 12 月
2.6.36	2010 年 10 月
3.0	2011 年 7 月
3.16.1	2014 年 8 月

（2）Linux 的发行版本

广义的 Linux 是指以 Linux 内核为基础，包含应用程序及相关的系统设置与管理工具的完整的操作系统。不同厂商将 Linux 内核与不同的应用程序相组合，并开发相关的管理工具，形成了不同的 Linux 发行套件，即广义的 Linux。

目前，Linux 发行版本已超过 300 种，且还在不断增加，但任何发行版本都不拥有发布内核的权利。各发行版本之间的差别主要在于包含的软件种类及数量的不同。常见 Linux 发行版本有 Red Hat［包括 RHEL（Red Hat Enterprise Linux）和 Fedora］、Debian、Ubuntu、Knoppix、MEPIS、Mandriva、PCLinuxOS、SUSE、Gentoo、Slackware、红旗等。

发行版本的版本号随发布组织的不同而有所不同，并与内核的版本号相对独立。不同 Linux 的发行版本各有所长，应根据实际需求来决定使用哪种发行版本，以获得最佳的效果。

步骤4　了解 Linux 的组成

广义的 Linux 可分为内核、Shell、X Window 和应用程序四大部分，其中，内核是所有组成部分中最基础、最重要的部分。各组成部分之间的相互关系如图 1-5 所示。

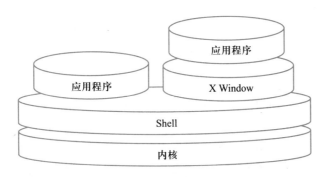

图 1-5 Linux 操作系统的组成示意图

（1）内核

内核（Kernel）是整个操作系统的核心，可管理整个计算机系统的软硬件资源，控制整个计算机的运行，提供相应的硬件驱动程序、网络接口程序，并管理所有应用程序的执行。内核提供的都是操作系统最基本的功能，如果内核发生问题，整个计算机系统就可能会崩溃。

Linux 内核的源代码主要用 C 语言编写，只有与驱动相关的部分用汇编语言编写。Linux 内核采用模块化结构，其主要模块包括存储管理、CPU 和进程管理、文件系统管理、设备管理和驱动、网络通信、系统的引导、系统调用等。Linux 内核的源代码通常安装在/usr/src/linux 目录，供用户查看和修改。

【提示】如果 Linux 系统中没有内核源代码，请参考本节的"知识与技能拓展"。

当 Linux 安装完毕之后，一个通用的内核就被安装到了计算机中。这个通用内核能满足绝大部分用户的需求，但也正因为内核的这种普遍适用性，使得很多对具体的某一台计算机来说可能并不需要的内核程序（比如一些硬件驱动程序）被安装并运行。Linux 允许用户根据自己计算机的实际配置定制 Linux 的内核，从而有效地简化 Linux 内核，提高系统启动速度，并释放更多的内存资源。

在 Linus Torvalds 领导的内核开发小组的不懈努力下，Linux 内核的更新速度非常快。用户在安装 Linux 后可以下载最新版本的 Linux 内核，进行内核编译后升级计算机的内核，就可以使用到内核最新的功能。由于内核定制和升级的成败关系到整个计算机系统能否正常运行，因此用户对此必须非常谨慎。

（2）Shell

Linux 内核不能直接接受来自终端的用户命令，不能直接与用户进行交互操作，因此需要 Shell 这一交互式命令解释程序来充当用户和内核之间的桥梁。Shell 负责将用户命令解释为内核能够接受的低级语言，并将操作系统的响应信息以用户能够理解的方式显示出来。

当用户启动 Linux 并成功登录后，系统就会自动启动 Shell。从用户登录到用户退出登录这一期间，用户输入的每个命令都要由 Shell 接收，并由 Shell 解释。如果用户输入的命令正确，Shell 就调用相应的命令或程序，并由内核负责其执行。

Linux 中可使用的 Shell 有许多种，这些 Shell 的基本功能相同，但也有一些差别。Linux 各发行版本皆能同时提供两种以上的 Shell 以供用户选择使用。常用的 Shell 如下。

● **Bourne Shell**（又称 B Shell）是最流行的标准 Shell 之一，几乎所有的 UNIX/Linux 都支

持。不过 B Shell 的功能较少，用户界面也不太友好。它由贝尔实验室的 S. R. Bourne 开发，并由此得名。

- **C Shell**，因其语法类似 C 语言而得名。C Shell 易于使用并且交互性强，由美国加利福尼亚大学伯克利分校的 Bill Joy 开发。
- **Korn Shell**（又称 K Shell）也是常见的标准 Shell，由 David Korn 开发并由此得名。
- **Bourne – Again Shell**（又称 Bash）是专为 Linux 开发并被 Linux 默认采用的 Shell，它在 B Shell 的基础上增加了许多功能，同时还具有 C Shell 和 K Shell 的部分优点。

Shell 不仅是一种交互式命令解释程序，而且还是一种程序设计语言，它与 MS DOS 中的批处理命令类似，但比批处理命令的功能强大。在 Shell 脚本程序中可以定义和使用变量进行参数传递、流程控制、函数调用等。

Shell 脚本程序是解释型的，即 Shell 脚本程序不需要进行编译，就能直接逐条解释并执行。Shell 脚本程序的处理对象只能是文件、字符串或命令语句，而不像其他高级语言一样有丰富的数据类型和数据结构。

（3）X Window

X Window 又称为 **X 视窗**，1984 年诞生于美国麻省理工学院，是 UNIX 和 Linux 等操作系统的图形化用户界面的标准。X Window 有许多不同的名称，如 X、X11、X11R6 等，但不能将其称为 X Windows，因为 Windows 是微软公司的注册商标。

目前各 Linux 发行版本上使用的 X Window 是专门针对 Intel 构架的 Linux 操作系统开发的 XFree86，截至 2007 年 8 月，其最新版本为 4.7.0。

X Window 提供的图形化用户界面与 Windows 界面非常类似，操作方法也基本相同。不过，它们对于操作系统的意义是不相同的。

MS Windows 的图形化用户界面与系统紧密相连，如果图形化用户界面出现故障，则整个计算机系统就不能正常工作。Linux 在字符界面下利用 Shell 命令及相关程序和文件就能够实现系统管理、网络服务等基本功能，而 X Window 图形化用户界面的出现，一方面让 Linux 的操作更为简单、方便，另一方面也为许多应用程序（如图形处理软件）提供了运行环境，丰富了 Linux 的功能。在 X Window 图形化用户界面中运行程序时如果出现故障，一般是可以正常退出的，且不会影响其他字符界面下运行的程序，也不需要重新启动计算机。目前，X Window 已经是 Linux 操作系统的一个不可缺少的构成部件。

（4）应用程序

在 Linux 环境下可使用的应用程序种类丰富，数量繁多，包括办公软件、多媒体软件、Internet 相关软件等，它们有的运行在字符界面，有的运行在 X Window 图形化用户界面。

随着 Linux 的普及和发展，Linux 应用程序还在不断增加，其中不少是基于 GNU 的 GPL 原则发行的自由软件，不需付费或费用低廉，且向用户提供源代码。用户可根据实际需要修改或扩展应用程序的功能。这也是越来越多的用户选择使用 Linux 的重要原因之一。

Linux 的应用程序主要来源于以下几个方面：

- 专门为 Linux 开发的应用程序，如 GAIM、OpenOffiee. org 等。
- 原本是 UNIX 的应用程序被移植到 Linux，如 vi 等。
- 原本是 Windows 的应用程序被移植到 Linux，如 RealOne 播放器、Oraele 等。

各 Linux 发行版本均包含大量的应用程序，在安装 Linux 时可一并安装所需的应用程序。当然也可以在安装好 Linux 以后，再安装 Linux 发行版本附带的应用程序，还可以从互联网下载及安装最新的应用软件。

步骤 5　了解 Linux 的基本管理

Linux 作为一种操作系统，当然具有操作系统的所有功能，并可通过以下管理模块来为用户提供友好的使用环境，实现对整个系统中硬件资源与软件资源的管理。

（1）CPU 管理

CPU 是计算机最重要的资源，对 CPU 的管理是操作系统最核心的功能。Linux 对 CPU 的管理主要体现在对 CPU 运行时间的合理分配管理。

Linux 是多用户多任务操作系统，采用**分时方式**管理 CPU 的运行时间。也就是说，Linux 将 CPU 的运行时间划分为若干个很短的时间片，CPU 依次轮流处理等待完成的任务。对于每项任务，如果在分配给它的一个时间片内不能执行完成，就必须暂时中断，等待下一轮 CPU 对其进行处理，而此时 CPU 转向处理另一个任务。由于时间片非常短，因此在不太长的时间内，所有的任务都能被 CPU 执行到，都会有所进展。从人的角度看来，CPU 在"同时"为多个用户服务，并"同时"处理多项任务。

在分时的基础上，Linux 对 CPU 的管理还涉及 CPU 的运行时间在各用户或各任务之间的分配和调度，具体体现为对进程和作业的调度与管理。

（2）存储管理

存储器分内存和外存两种。内存用于存放当前正在执行的程序代码和正在使用的数据；外存包括硬盘、软盘、光盘、U 盘、移动硬盘等设备，主要用来保存数据。操作系统的存储管理主要是指对内存的管理。

Linux 采用**虚拟存储技术**，即利用硬盘空间来扩充内存空间，从而为程序的执行提供足够的空间。根据程序的局部性原理，在 Linux 环境下，任何一个程序执行时，只有那些确实被用到的程序段和数据才会被系统读取到内存中。当一个程序刚被加载执行时，Linux 只为它分配虚拟内存空间，只有当运行到那些必须用到的程序段和数据时才为它分配物理内存空间。

（3）文件管理

文件管理就是对外存上的数据实施统一管理。外存上所记录的信息，不管是程序还是数据，都以文件的形式存在。操作系统对文件的管理依靠文件系统来实现。文件系统对文件的存储位置与空间大小进行分配，实施文件的读写操作，并提供文件的保护与共享。

Linux 采用的文件系统与 Windows 完全不同。目前 Linux 主要采用 ext4、ext3 或 ext2 文件系统，也可采用 ReiserFS、XFS、JFS 等文件系统。ext2 是所有 Linux 发行版本的基本文件系统，其方便、安全，存取文件的性能也很好。ext3 是 ext2 的增强版本，它在 ext2 的基础上加入了记录元数据的日志功能，当系统非正常关机后再重启时，ext3 文件系统能快速恢复文件。ext4 是自 Linux kernel 2.6.28 开始正式支持的文件系统，可支持最高 1 EB 的分区与最大 16 TB 的文件。

由于采用了**虚拟文件系统**（Virtual File System）技术，Linux 可以支持多种文件系统，其中包括 DOS 的 MS – DOS、Windows XP 的 FAT32（在 Linux 中称为 VFAT）、光盘的 ISO 9660，

甚至还包括实现网络共享的 NFS 等文件系统，如图 1-6 所示。

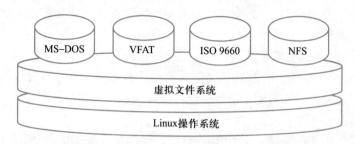

图 1-6　Linux 虚拟文件系统与操作系统的关系

虚拟文件系统是操作系统和真正的文件系统之间的接口。它将各种不同的文件系统的信息进行转化，形成统一的格式后交给 Linux 操作系统处理，并将处理结果还原为原来的文件系统格式。对于 Linux 而言，它所处理的是统一的虚拟文件系统，不需要知道文件所采用的真实文件系统。

Linux 将文件系统通过"**挂载**"操作放置于某个目录，从而使不同的文件系统结合成一个整体，可以方便地与其他操作系统共享数据。

（4）设备管理

操作系统对计算机的所有外部设备进行统一分配和控制，对设备驱动、设备分配与共享等操作进行统一的管理。Linux 操作系统把所有外部设备按其数据交换的特性分成三大类，即块设备、字符设备、网络设备，如图 1-7 所示。

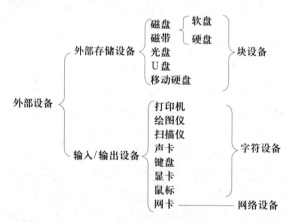

图 1-7　Linux 外部设备分类

① 块设备：块设备是以**数据块**为单位进行输入/输出的设备，如磁盘、磁带、光盘等。数据块可以是硬盘或软盘上的一个扇区，也可以是磁带上的一个数据段。数据块的大小可以是512 B、1 024 B 或 4 096 B 等。CPU 不能直接对块设备进行读写，必须先将数据送到缓冲区，然后以块为单位进行数据交换。

② 字符设备：字符设备是以**字符**为单位进行输入/输出的设备，如打印机、显示终端等。字符设备大多连接在计算机的串行接口上。CPU 可直接对字符设备进行读写，而不需经过缓冲区。

③ 网络设备：网络设备是以**数据包**为单位进行数据交换的设备，如以太网卡。网络数据传送时必须按照一定的网络协议对数据进行处理，经过压缩后，再加上数据包头和数据包尾，形成一个较为安全的传输数据包后，才进行网络传输。

无论是何种类型的设备，Linux 都把它统一当作文件来处理。只要安装了驱动程序，任何用户都可以像使用文件一样来使用这些设备，而不必知道它们的具体存在形式。

 知识与技能拓展

Red Hat Enterprise Linux 6. x Server 在安装时是不安装 Linux 内核源代码的，用户需自行安装，步骤如下。

① 以超级用户登录后右击桌面，弹出快捷菜单，选择"**打开终端**"命令，弹出一个终端，输入下列命令进入 Red Hat Enterprise Linux 6. x Server 安装光盘中的 Server 目录命令。

［root@ rhe16hbzy ～]# cd /media/CDROM/Server

② 输入下列命令安装软件包。

［root@ rhel6hbzy Server]# rpm – ivh kernel – *. rpm

③ 创建一个符号链接。

［root@ rhe16hbzy Server]# cd /usr/src/kernels

［root@ rhe16hbzy kernels]# ln – s/usr/src/kernels/2. 6. 18 – 8. e15 – xen. i686/ /usr/src/linux

 任务总结

通过本任务的实施，应掌握下列知识和技能：

● Linux 操作系统的起源。
● Linux 的主要特点和优点。
● Linux 的应用现状和前景。
● Linux 的版本（重点）。
● Linux 的组成（重点）。
● Linux 的基本管理。

1.2 子情境：安装 Windows 与 Linux 并存的计算机

任务描述

公司员工李某的计算机中已安装了 Windows XP，其磁盘分区情况如图 1-8 所示，Windows XP 安装在主分区 C 上，用户数据放在 D 和 E 分区。由于工作需要，现在他要用 E 盘空间安装 Red Hat Enterprise Linux 6. x Servers，且 C、D 分区不被破坏，原来的 Windows XP 仍可使用。

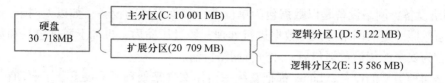

图 1-8　硬盘分区情况示意图

 任务实施流程

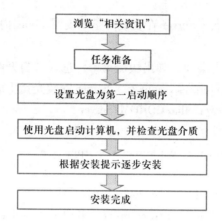

 相关资讯

1. Red Hat Enterprise Linux 6. x 简介

Red Hat 公司推出的各 Linux 发行版本是目前使用最为广泛的 Linux 发行版本。从 2003 年开始，Red Hat 公司的 Linux 产品分为两大系列：Red Hat Enterprise Linux 和 Fedora。Red Hat Enterprise Linux 提供企业级应用，非常稳定可靠；Fedora 为 Linux 开发者和爱好者提供免费的下载，但不提供任何服务，也不保证软件的稳定性。

Red Hat Linux 8 和 Red Hat Linux 9 等是 Red Hat Enterprise Linux 和 Fedora 的前身，目前已不再出品。Red Hat Enterprise Linuxs 6. x 是目前较广泛使用的企业级 Linux 版本，又称为 Santiago，它基于 Linux 2. 6. 32 内核，支持多核处理器，支持 Intel、AMD 和 IBM 等硬件平台，并加入虚拟化技术，能够使一台计算机同时运行多个操作系统。为方便叙述，本书将 Red Hat Enterprise Linux 简称为 **RHEL**。

Red Hat Enterprise Linux6. x 又分为 Desktop 和 Server 两个版本：Desktop 主要提供桌面应用环境，而 Server 可用于搭建各类网络服务器，为大型的数据库、企业资源计划（Enterprise Resource Planning，ERP）等关键业务的应用提供运行平台。本书介绍 RHEL 6. 3 Server。

2. RHEL 6. x Server 安装对硬件的要求

① 内存：RHEL 6. x Server 一般作为服务器的操作系统使用，因此要求系统至少有 1 024 MB 的内存，最好是 2 GB 以上的内存。

② 硬盘：安装 RHEL 6. x Sever 所需的硬盘空间取决于选择安装的软件包的数量和大小。一般而言，2 GB 以上的空间可以基本满足用户桌面应用和服务器管理的需求，而 5 GB 以上的

空间可以方便用户使用多种应用程序，安装全部软件需要 9 GB 的空间。通常建议把 Linux 的硬盘空间设置为 10 GB 以上。

3. 硬盘和以太网卡的表示方法

Linux 的所有设备均表示为/dev 目录中的一个文件，为各种 IDE 设备分配一个由 hd 前缀组成的文件；而对于各种 SCSI 设备，则分配一个由 sd 前缀组成的文件。例如，IDE0 接口上的主盘称为/dev/hda，IDE0 接口上的从盘称为/dev/hdb；SCSI0 接口上的主盘称为/dev/sda，SCSI0 接口上的从盘称为/dev/sdb。

在设备名称中，第三个字母为 a 表示是第一个硬盘，为 b 表示是第二个硬盘，并以此类推。分区则使用数字来表示，数字 1 ~ 4 用于表示主分区或扩展分区，逻辑分区的编号从 5 开始。IDE0 接口上的主盘的第一个主分区称为/dev/hda1，IDE0 接口上的主盘的第一个逻辑分区称为/dev/hda5。

此外，Linux 中的以太网卡以 "eth ∗" 的形式表示，eth0 表示第一块以太网卡，eth1 表示第二块以太网卡，以此类推。

4. 硬盘分区

安装 Linux 与安装 Windows 在磁盘分区方面的要求有所不同。安装 Windows 时，磁盘中可以只有一个分区（C 盘），而安装 Linux 时必须至少有两个分区，即**交换分区**（又称 swap 分区）和**/分区**（又称根分区）。当然也可以为 Linux 多划分几个分区，那么系统就根据数据的特性将其保存到指定的分区中。Red Hat 推荐的分区方案为将 Linux 划分成以下 4 个分区。

① 交换分区（"swap 分区"）：一般是物理内存的 1 ~ 2 倍，其文件系统类型必须是 swap。交换分区用于实现虚拟内存，即当系统没有足够的内存来存储正在被处理的数据时，可将部分暂时不用的数据写入交换分区。

② "/boot" 分区：约 200 MB，通常采用 ext4 文件系统，用于存放 Linux 内核，以及在启动过程中使用的文件。

③ "/var" 分区：一般 2 GB 以上，通常采用 ext4 文件系统，专门用于保存管理性和记录性数据，以及临时文件等。

④ 根分区（"/"分区）：用于存放包括系统程序和用户数据在内的所有数据，其文件系统类型通常是 ext4 或者 ext3，但 ext4 优于 ext3，建议使用 ext4。

5. 安装方式

RHEL 6. x Server 提供多种安装方式，包括本地光盘安装、本地硬盘安装、NFS 安装、FTP 安装和 HTTP 安装等，通常采用本地光盘安装方式。如果拥有足够的硬盘空间，可先将光盘内容复制到硬盘中，再通过硬盘进行安装；如果计算机连接了网络，还可以选择网络安装方式（NFS、FTP 或 SMB）。

任务准备

1. 一台计算机，配置要求如下：
1 024 MB 以上内存、2 GB 以上可用硬盘空间、VGA 以上显卡、有音箱或耳机等。

2. RHEL 6. x Server 安装光盘（一张 DVD 或 5 张 CD，本书采用一张 DVD）。

3. 将 E 盘的所有有用数据备份到安全的地方（如 C 盘、移动硬盘、U 盘、光盘等）。

 任务实施

步骤 1　设置光盘为第一启动顺序

将 RHEL 6. x Server 的 DVD 安装光盘放入光驱，开启计算机电源，屏幕显示硬件检测信息，此时根据屏幕提示（如"Press F2 to enter SETUP"）按相应的键（如 F2 键），进入 BIOS 设置界面，设置 CD – ROM 为系统的第一启动顺序，保存并退出 BIOS，系统自动重启。

【提示】不同的计算机提示信息有所不同，不同主板的计算机 BIOS 设置界面也有所差别。

步骤 2　使用光盘启动计算机

计算机重启后会出现如图 1-9 所示的界面，保持选定的第 1 项，按 Enter 键开始图形化界面安装。安装程序首先对硬件进行检测，出现如图 1-10 所示的界面。

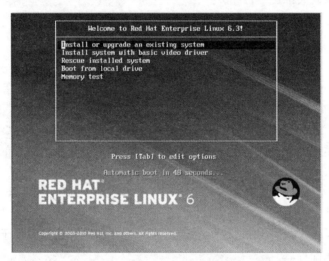

图 1-9　光盘启动安装界面

图 1-10　安装前硬件检测界面

步骤 3 检查光盘介质

硬件检测完毕后，出现如图 1-11 所示的界面，用 Tab 键选中"OK"按钮，按 Enter 键，弹出如图 1-12 所示的界面，选中 Test 按钮并按 Enter 键，开始对光驱中的光盘进行介质检查，如图 1-13 所示。最后弹出光盘介质检查报告，如图 1-14 所示，表明这张光盘一切正常，可以用于安装。

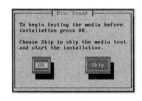

图 1-11 选择是否检查光盘介质界面

图 1-12 确认检查光盘介质界面

图 1-13 光盘介质的检查过程界面

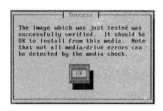

图 1-14 光盘介质正常时的检查报告

【提示】一般而言，RHEL 6.x Server 安装光盘至少应进行一次检查，以确保光盘上的数据正确无误。如果不希望进行检查，用 Tab 键选中"Skip"按钮后按 Enter 键跳过此步即可。

按 Enter 键，光盘被自动弹出，并出现如图 1-15 所示的提示界面。按 Enter 键，出现如图 1-16 所示的界面，用 Tab 键选中"Continue"按钮，按 Enter 键开始安装过程。

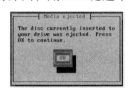

图 1-15 提示光盘已弹出界面

图 1-16 选择是否继续进行光盘检查界面

【提示】如果是多张 CD 安装光盘，则选中"Test"按钮并按 Enter 键，继续检查其他安装光盘。

步骤 4 弹出欢迎界面

此时弹出如图 1-17 所示的 RHEL 6.x Server 安装欢迎界面。

图 1-17 安装欢迎界面

步骤 5 选择安装过程中使用的语言

单击"Next"按钮，弹出如图 1-18 所示的界面，选中"Chinese（Simplified）（中文（简体））"选项。

步骤 6 选择键盘类型

单击"Next"按钮，弹出如图 1-19 所示的界面，采用默认的"美国英语式"键盘。

 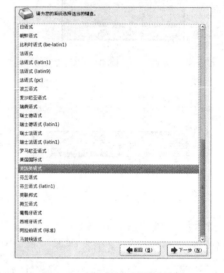

图 1-18 选择安装过程使用的语言界面   图 1-19 选择键盘类型界面

步骤 7 选择存储设备

单击"下一步"按钮，弹出如图 1-20 所示的界面，保持默认选项。

图 1-20 选择存储设备界面

步骤 8 设置主机名和配置网络

单击"下一步"按钮，弹出如图 1-21 所示的界面，为计算机设置主机名为"rhel6hbzy"（默认主机名为"localhost. localdomain"）。

在图 1-21 中单击"配置网络"按钮，弹出如图 1-22 所示的"网络连接"对话框，在"有线"选项卡中显示当前计算机中只有一块网卡，选中网卡"System eth0"，单击"编辑"按钮，弹出如图 1-23 所示的对话框。首先选择"自动连接"复选框；然后在"IPv4 设置"选项卡中进行相关设置，这里采用默认的"自动（DHCP）"方法动态获得 IP 地址（如果在"方法"下拉列表中选择"手动"选项，则可以根据网络的实际情况设置 IP 地址、子网掩码、网关、DNS 服务器地址等）。

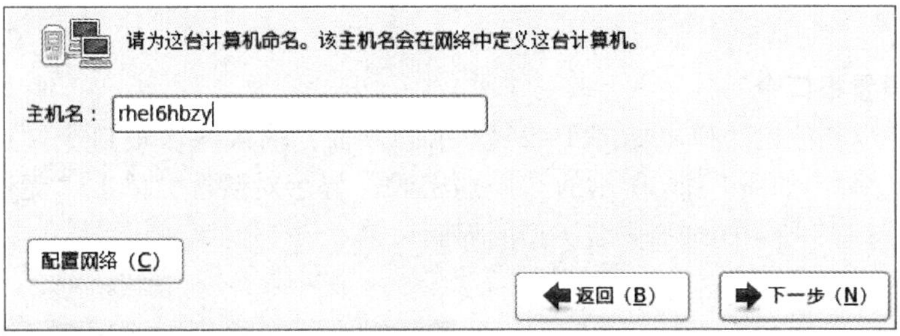

图 1-21　设置主机名界面

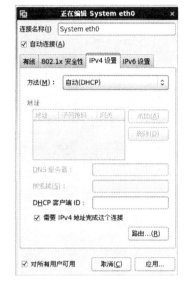

图 1-22　"网络连接"对话框　　　　图 1-23　"正在编辑 System eth0"对话框

步骤9　选择时区

在图 1-21 中单击"下一步"按钮，弹出如图 1-24 所示的界面，采用默认的"亚洲/上海"时区。

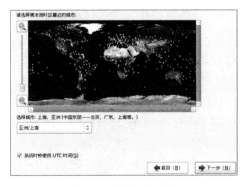

图 1-24　选择时区界面

【提示】由于前面选择简体中文为安装过程中使用的语言，故此时默认所处时区为"亚洲/上海"。

步骤 10　设置根口令

单击"下一步"按钮，弹出如图 1-25 所示的界面，输入两次根口令"root123"。单击"下一步"按钮，弹出如图 1-26 所示的"脆弱密码"提示对话框，单击"无论如何都使用"按钮，弹出如图 1-27 所示的选择安装类型的界面。

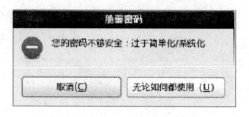

图 1-25　设置根口令界面　　　　　　　　图 1-26　"脆弱密码"提示对话框

图 1-27　选择安装类型（"创建自定义布局"）界面

【提示】所谓根口令，就是系统的最高管理者——超级用户 root 的口令。Linux 规定，口令至少应包括 6 个字符（字母、数字、符号都可以），且区分大小写。

步骤 11　设置磁盘分区

（1）选择安装类型（磁盘分区方式）

要在已安装 Windows 的计算机上添加安装 Linux 操作系统，应当使用手工分区的方法。

在图 1-27 中选择"创建自定义布局"单选按钮，单击"下一步"按钮，弹出 Disk Druid 图形化磁盘分区工具，如图 1-28 所示，显示硬盘当前的分区状况。

磁盘分区是整个 Linux 安装过程中最为关键的一步，一定要小心谨慎。如果操作不慎，可能会影响到原来的系统。

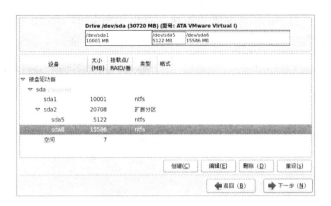

图 1-28 Disk Druid 磁盘分区工具

【提示】RHEL 6. x Server 提供以下 5 种磁盘分区方式。

① 使用所有空间：删除所选设备中的所有分区，其中包含其他操作系统创建的分区。

② 替换现有 Linux 系统：只删除 Linux 分区（由之前的 Linux 安装创建的），不删除其他分区。

③ 缩小现有系统：缩小现有分区以便为默认布局生成剩余空间。

④ 使用剩余空间：只使用所选设备中的未分区空间，假定有足够的空间可用。

⑤ 创建自定义布局：使用分区工具在所选设备中创建自定义布局（由用户利用 Disk Druid 手工分区）。

（2）删除一个 Windows 分区

在图 1-28 中选中"sda6"所在行，单击"删除"按钮，弹出如图 1-29 所示的"确认删除"对话框，单击"删除"按钮，弹出如图 1-30 所示的界面，可以看到，"sda6"所在行已经被"空闲"所取代，表明 Windows 中称为 E 盘（Linux 称为 sda6）的分区已被删除。

图 1-29 "确认删除"对话框

图 1-30 删除 E 盘后的磁盘分区情况界面

【提示】利用 E 盘的磁盘空间来安装 RHEL 6. x Server，必须首先删除 E 盘所在的分区。

（3）新建交换分区（"swap"分区）

【提示】这里采用的分区方案为"swap"、"/boot"和"/"，共 3 个分区。分区创建的先后顺序不影响分区的结果，用户既可以先新建交换分区，也可以先新建根分区。

选中"空闲"所在行，单击"创建"按钮，弹出如图 1-31 所示的"生成存储"界面，保持默认选项，单击"创建"按钮，弹出如图 1-32 所示的对话框。

图 1-31 "生成存储"界面

图 1-32 创建交换分区

在图 1-32 所示对话框中进行如下操作。

① 在"文件系统类型"下拉列表框中选择"swap"选项，此时，"挂载点"下拉列表框中的内容显示为灰色（不可用），即交换分区不需要挂载点。

② 在"大小"组合框中输入"1024"（一般是物理内存的 1 ～ 2 倍）。

③ 单击"确定"按钮，结束对交换分区的设置后返回 Disk Druid 界面，如图 1-33 所示。此时，磁盘分区信息部分多出一行交换分区信息，而空闲磁盘空间减少了。

图 1-33 创建交换分区后的磁盘分区情况界面

（4）新建"/boot"分区

再次选中"空闲"所在行，单击"创建"按钮，再次弹出如图 1-31 所示的"生成存储"界面，保持默认选项，单击"创建"按钮，弹出如图 1-34 所示的对话框。

在图 1-34 所示对话框中进行如下操作。

① 在"挂载点"下拉列表框中选择 /boot 选项，即新建"/boot"分区。

② 在"文件系统类型"下拉列表框中保持默认的"ext4"选项。

图 1-34 创建"/boot"分区

③ 在"大小"微调框中保持默认的 200（"/boot"分区通常是 200 MB）。

④ 单击"确定"按钮，结束对"/boot"分区的设置，返回 Disk Druid 界面，如图 1-35 所示。此时磁盘分区信息部分多出一行"/boot"分区信息，而空闲磁盘空间进一步减少。

图 1-35 创建"/boot"分区后的磁盘分区情况界面

（5）新建根分区（"/"分区）

再次选中"空闲"所在行，单击"创建"按钮，再次弹出如图 1-31 所示的"生成存储"界面，保持默认选项，弹出如图 1-36 所示的对话框。

在图 1-31 所示对话框中进行如下操作。

① 在"挂载点"下拉列表框中选择"/"选项，即新建根分区。

② 在"文件系统类型"下拉列表框中保持默认的"ext4"选项。

③ 在"其他大小选项"选项组中选中"使用全部可用空间"单选按钮，磁盘上所有的可

图 1-36　创建根分区（"/"分区）

用空间都划归根分区。

④ 单击"确定"按钮，结束对根分区的设置，返回 Disk Druid 界面，如图 1-37 所示。

图 1-37 显示出新建 Linux 分区后的磁盘分区状况，此时，"格式"列中出现 3 个"√"符号，表示 3 个 Linux 分区均要进行格式化来创建文件系统。单击"下一步"按钮，弹出如图 1-38 所示的提示对话框，单击"将修改写入磁盘"按钮，系统将进行分区和格式化等操作，并弹出如图 1-39 所示的界面。至此磁盘分区工作全部完成。

图 1-37　创建 Linux 分区后的磁盘分区情况界面

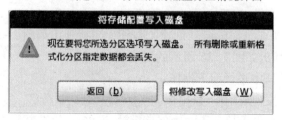

图 1-38　"将存储配置写入磁盘"提示对话框

图 1-39　配置引导装载程序界面

磁盘分区结果如图 1-40 所示。

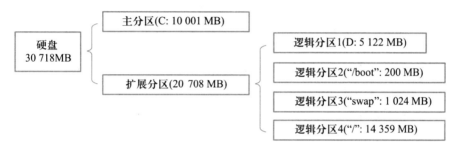

图 1-40　新建 Linux 分区后的磁盘分区示意图

步骤 12　配置系统引导

在图 1-39 所示的界面中，选中"标签"列为"Other"的选项，单击"编辑"按钮，弹出如图 1-41 所示的对话框，将"标签"文本框中的"Other"修改为"Windows XP Profession"，单击"确定"按钮，打开图 1-42 所示的界面。

图 1-41　"添加/编辑引导装载
程序记录"对话框

图 1-42　完成引导装载程序
设置后的界面

【提示】这样可以使计算机启动时提示清晰。

在图 1-42 中选择"使用引导装载程序密码"复选框，弹出如图 1-43 所示的对话框，输入两次密码后单击"确定"按钮，返回图 1-42 所示的界面。

图 1-43 "输入引导装载程序密码"对话框

【提示】这样可以使得引导装载程序的配置参数不被任意修改，保证系统的安全性。

【提示】① RHEL 6. x Server 默认以 GRUB 作为引导装载程序，只有当存在其他引导装载程序的情况下才可以选择不安装 GRUB。

② 计算机启动时将默认启动 Red Hat Enterprise Linux，如果在图 1-42 中选中"Windows XP Professional"单选按钮，系统将默认启动 Windows XP Professional。

③ 默认情况下，引导装载程序将安装到第 1 块硬盘的主引导记录（MBR）中。

步骤 13　选择软件包组

单击"下一步"按钮，弹出如图 1-44 所示的界面，选择即将安装的软件包组。分别选中"桌面"单选按钮、"现在自定义"单选按钮，单击"下一步"按钮，弹出如图 1-45 所示的界面，在左侧栏中分别选择"基本系统"、"服务器"、"Web 服务"、"数据库"、"系统管理"、"虚拟化"、"桌面"等类别，接着在右侧栏选择想安装的软件包组复选框。

图 1-44　选择软件组并自定义界面

图 1-45　自定义软件包组界面

如果单击"可选软件包"按钮，则弹出如图 1-46 所示的对话框，选中相关软件包后单击"关闭"按钮，返回图 1-45 所示的界面。

读者可按照此方法对其他类别中的软件包进行选择。

图 1-46 "KDE 桌面中的软件包"对话框

【提示】为方便分类管理，RHEL 6. x Server 将软件包根据功能分为多个类别，如"基本系统"、"服务器"、"Web 服务"、"数据库"、"系统管理"、"虚拟化"、"桌面"等。每个类别中又包括多个软件包组，每一个软件包组中均包含若干软件包。软件包组被选中后将安装此软件包组中的默认软件包，单击"可选软件包"按钮，可选择安装此软件包组中的所有软件包或特定的软件包。

步骤 14　安装软件包

单击"下一步"按钮，将检查所选软件包的依赖关系，如图 1-47 所示。依赖关系检查完毕后，弹出如图 1-48 所示的界面，提示启动安装过程。

图 1-47　检查软件包的依赖关系

图 1-48　安装开始界面

准备过程结束后，弹出如图 1-49 所示的安装过程提示界面，屏幕下方显示正在安装的软件包的文件名、大小及主要功能；屏幕中部显示安装进度。安装的快慢取决于需要安装的软件包的数量和计算机的速度。

图 1-49　安装过程提示界面

步骤 15　安装结束

最后弹出如图 1-50 所示的界面，提示安装过程已经结束。

取出光盘，单击"重新引导"按钮，计算机将以 Linux 操作系统重新启动。首次启动
Linux 时需要进行一系列设置。

图 1-50　安装结束界面

 知识与技能拓展

以图形化模式安装 RHEL 6. x Server 时，无论采用自动分区还是手工分区，都是使用 Disk
Druid 软件进行磁盘分区的。Disk Druid 是 Linux 环境下最常用的图形化磁盘分区工具，其操作
界面如图 1-28 所示，显示硬盘当前的分区情况。

在 Disk Druid 操作界面的上部，首先显示出硬盘的**逻辑设备名称**（如/dev/sda）、硬盘的
物理信息、硬盘的型号等，然后以柱状图方式显示各分区占用硬盘的比例情况。

在界面的下部是与磁盘分区相关的功能按钮（"创建"、"编辑"、"删除"、"重设"等）；
界面中部显示当前硬盘各磁盘分区的具体情况。本任务中的磁盘分区情况如下。

① /dev/sda：表示计算机上有一个 SCSI 接口的硬盘，分为一个主分区（/dev/sdal）和一
个扩展分区（/dev/sda2）。

② /dev/sdal：表示硬盘的主分区，即 Windows 中称为 C 盘的分区。

③ /dev/sda2：表示硬盘的扩展分区，即除 C 盘以外的空间。从扩展分区中又分出两个逻辑
辑分区：/dev/sda5 和/dev/sda6。

④ /dev/sda5：表示硬盘的第 1 个逻辑分区，即 Windows 中称为 D 盘的分区。

⑤ /dev/sda6：表示硬盘的第 2 个逻辑分区，即 Windows 中称为 E 盘的分区。

 任务总结

通过本任务的实施，应掌握下列知识和技能：

- RHEL 6. x Server 的基本常识及其对硬件的要求
- Linux 中硬盘和以太网卡的表示方法
- Linux 对硬盘分区的要求
- 安装 Windows 和 Linux 并存操作系统的方法（重点）

1.3 子情境：安装仅有 Linux 的计算机

 任务描述

某公司职员王某的计算机中已经安装了 Windows XP，其磁盘分区情况如图 1-51 所示。此硬盘有 20 GB，分为 C、D 两个分区，Windows XP 安装在主分区 C 上，用户数据存放在 D 分区。最近他要从事服务器管理工作，拟在他的计算机上删除原来的 Windows XP，只安装 RHEL 6. x Server 操作系统。

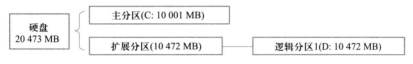

图 1-51　硬盘分区情况示意图

任务实施流程

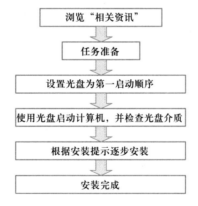

相关资讯

1.2 节详细介绍了在已安装 Windows XP 的计算机上增加安装 RHEL 6. x Server 的步骤和方法，在计算机上仅安装 RHEL 6. x Server 的步骤和方法与前者基本相同，只是在"步骤 11　设置磁盘分区"中要注意磁盘分区的不同。

任务准备

准备工作与 1.2 节基本相同。

1. 一台计算机，配置要求如下：

1 024 MB 以上的内存、2 GB 以上的可用硬盘空间、VGA 以上显卡、音箱或耳机等。

2. RHEL 6. x Server 安装光盘（一张 DVD 或 5 张 CD，本书采用一张 DVD）。

3. 将硬盘上的所有有用数据备份到安全的地方（如移动硬盘、U 盘、光盘等）。

 任务实施

步骤1～步骤10 与 1.2 节完全相同，这里不再赘述。

步骤 11 设置磁盘分区

（1）选择"使用所有空间"的安装类型（磁盘分区方式），进行自动分区

在图 1−52 中选择"使用所有空间"单选按钮，选中"查看并修改分区布局"复选框，然后单击"下一步"按钮，由 Disk Druid 进行自动分区，然后弹出如图 1−53 所示的界面，显示硬盘当前的分区情况。

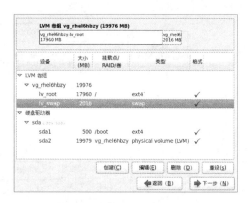

图 1−52　选择安装类型（"使用所有空间"且　　　　　图 1−53　自动分区后的
"查看并修改分区布局"）界面　　　　　　　　　磁盘分区情况界面

可以看出，系统自动将磁盘划分出**主分区**和**扩展分区**：主分区 sda1 为"/boot"专用分区，500 MB，采用 ext4 文件系统；扩展分区 sda2 为 LVM 物理卷，19 979 MB。扩展分区的 LVM 卷组又分为两个 LVM 逻辑卷："swap"交换分区，2 016 MB，采用 swap 文件系统；"/"根分区，17 960 MB，采用 ext4 文件系统。

（2）将"swap"分区从 2 016 MB 减小为 1 024 MB

在图 1−53 所示的界面中双击"swap"分区项（或选中后单击"编辑"按钮），弹出如图 1−54 所示对话框，在"大小"文本框中将 2 016 修改为 1 024（即比原来减小 992 MB），然后单击"确定"按钮返回图 1−55 所示的界面，可以发现增加了大小为 992 MB 的"空闲"行。

（3）将"/"根分区从 17 960 MB 增加到 18 952 MB

在图 1−55 所示的界面中，双击"/"根分区项（或选中后单击"编辑"按钮），弹出如图 1−56 所示的对话框，将"/"根

图 1−54　编辑分区对话框

分区的大小修改为 18 952 MB（即比原来增加 992 MB），然后单击"确定"按钮返回图 1−57 所示的界面，可以发现"空闲"行消失，而"/"根分区增加了 992 MB。

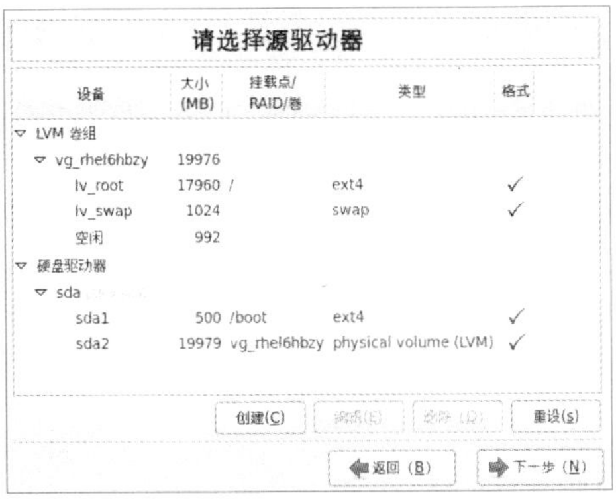

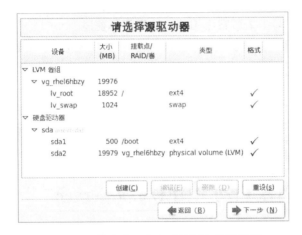

图 1-55 减小"swap"分区后的情况界面

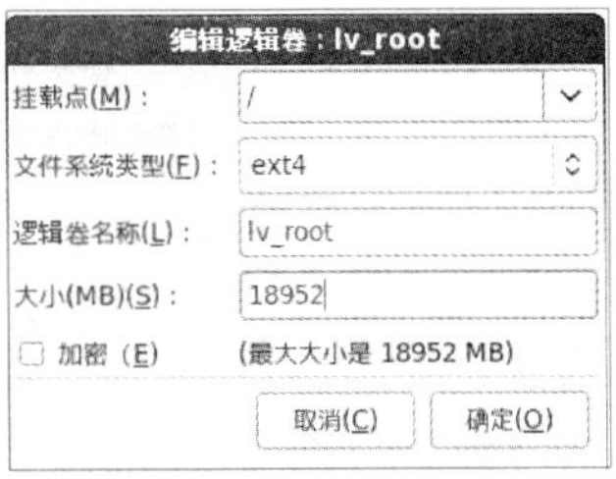

图 1-56 增加"/"根分区的大小

图 1-57 修改分区大小后的硬盘情况界面

图 1-57 显示出修改分区大小后的磁盘分区情况，此时，"格式"列中出现 4 个"√"符号，表示 Linux 分区均要进行格式化来创建文件系统。单击"下一步"按钮，弹出如图 1-58 所示的提示对话框，单击"将修改写入磁盘"按钮，系统将进行分区和格式化等操作，至此磁盘分区工作全部完成。

图 1-58 "将存储配置写入磁盘"提示对话框

至此，硬盘分区完成。硬盘分区结果如图 1-59 所示。

图 1-59 自动分区后的硬盘分区结果示意图

步骤 12　配置系统引导

单独安装 RHEL 6. x Server 时，GRUB 引导装载程序的标签仅一项，如图 1-60 所示。

图 1-60　配置系统引导装载程序界面

步骤 13 ~ 步骤 15　与 1. 2 节完全相同，这里不再赘述。

安装结束后取出光盘，计算机将以 Linux 操作系统重新启动。首次启动 Linux 时需要进行一系列设置。

 任务总结

通过本任务的实施，应掌握下列知识和技能：
安装仅有 Linux 操作系统的方法（重点）

1. 4　子情境：首次启动 RHEL 6. x Server

 任务描述

RHEL 6. x Server 安装结束后，取出安装光盘，计算机将以 Linux 操作系统重新启动。首次启动 Linux 操作系统，它将要求用户进行一系列的初始化配置，用户应按要求完成这些配置。

 任务实施流程

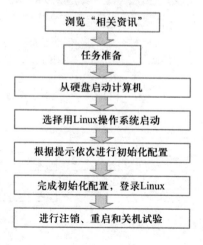

相关资讯

1. 计算机的启动过程

每次启动计算机时，会自动加载 **BIOS**，并进行 **POST**（Power On Self Test，加电自检），检测系统中的一些关键设备是否存在和能否正常工作，如内存和显卡等；接着检查显卡的 BIOS；检测 CPU 的类型和工作频率；检测内存容量；检测系统中安装的一些标准硬件设备，如硬盘、CD – ROM、软驱、串行接口和并行接口等连接的设备；检测和配置系统中安装的即插即用设备。

最后会根据 BIOS 中的系统引导顺序，依次查找系统引导设备。当系统以硬盘为第一系统引导设备时，或者是没有系统引导光盘或软盘时，计算机会调用第一块硬盘的**主引导记录**（MBR），即操作系统的引导装载程序。

2. Linux 的用户

Linux 在用户账号管理方面与 Windows 有所不同，Linux 中将用户账号分为三大类型：超级用户、系统用户和普通用户。

① 超级用户，又称 root 用户，每个 Linux 系统都必须有且只有一个。超级用户对计算机系统拥有最高的绝对权限，它可以删除任何文件，可以终止任何程序。在安装过程中必须为 root 用户设置口令。

② 系统用户是与系统运行和系统提供的服务密切相关的用户，通常在安装相关软件包时自动创建，一般保持其默认状态。

③ 普通用户的用户名可以是任意字符串。一个 Linux 系统中可以有很多个普通用户。普通用户都是在安装完成之后由超级用户创建的，且只能管理有限的资源。

由于超级用户的权限非常大，为了防止误操作造成系统崩溃等严重后果，通常不以超级用户账号登录系统，而是以普通用户账号登录使用。当涉及系统设置等需要超级用户权限的操作时，才从普通用户账号转换为超级用户账号。

任务准备

一台已安装了 Windows XP 且配有音箱或耳机的计算机，刚刚添加安装完 RHEL 6. x Server 操作系统并等待首次启动的计算机。

任务实施

从刚添加安装完 RHEL 6. x Server 的计算机中取出安装光盘，并重新启动。

步骤 1　选择操作系统

执行引导装载程序 GRUB 后，弹出如图 1–61 所示的界面，倒计时结束后加载 Linux 内核，之后计算机由 Linux 控制。如果此时按任意键，则显示如图 1–62 所示的界面，可以选择启动其他操作系统或改变 GRUB 引导的内核。

【提示】图 1-62 所示的界面中，光标停留在安装时所设置的默认操作系统上，利用上下方向键改变要启动的操作系统，按 Enter 键即开始启动。GRUB 启动界面默认停留 5 s，若 5 s 内不进行选择，则启动默认操作系统。引导装载程序 GRUB 的配置文件为/etc/grub. conf，可修改此文件来改变 GRUB 等待选择的时间及默认执行的操作系统。

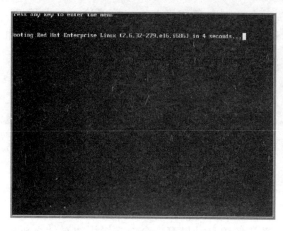

图 1-61　启动界面

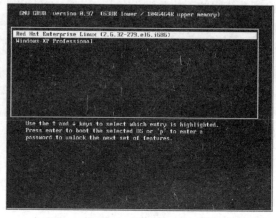

图 1-62　选择操作系统界面

　　Linux 开始搜索并启动系统上的所有硬件设备，并执行一系列与启动相关的程序，同时显示正在启动的项目及其信息，如图 1-63 所示。

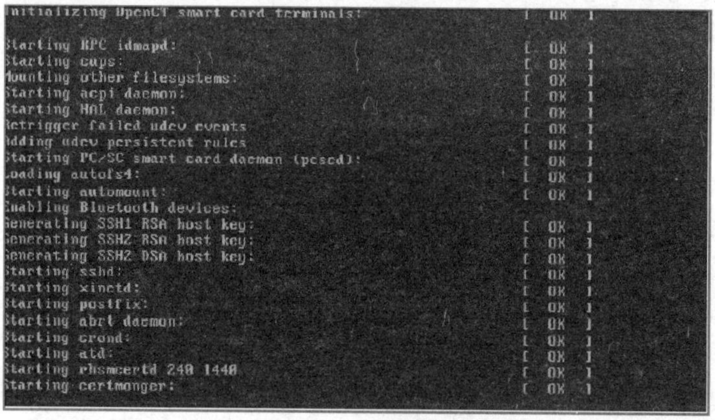

图 1-63　启动过程的详细信息

步骤 2　初始化配置

（1）欢迎界面

有关程序启动完成后，弹出如图 1-64 所示的欢迎界面。

（2）查看许可证协议

单击"前进"按钮，弹出如图 1-65 所示的许可证信息界面，阅读 RHEL 6. x Server 的许可证信息后，选中"是，我同意该许可证协议"单选按钮。

图 1-64 欢迎界面

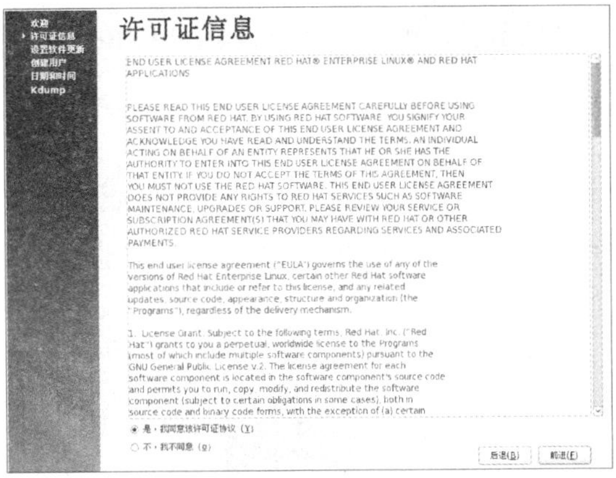

图 1-65 许可证信息界面

（3）设置软件更新

单击"前进"按钮，弹出如图 1-66 所示的设置软件更新界面，从中进行软件更新设置。单击"我为什么需要连接到 RHN?"按钮，弹出如图 1-67 所示的"为什么注册?"对话框，阅读完毕后单击"返回注册过程"按钮，返回图 1-66 所示的界面。

图 1-66 设置软件更新

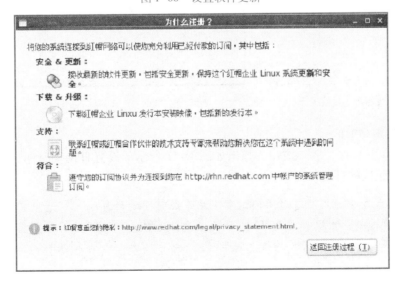

图 1-67 "为什么注册?"对话框

【提示】RHEL 6. x Server 注册到 Red Hat 网络后，可确保系统使用 Red Hat 的最新勘误和错误修正来更新。

（4）创建普通用户

单击"前进"按钮，弹出如图 1-68 所示的创建用户界面，输入用户名"hbzy"，输入两次密码"hbzy123"（如果需要使用网络验证，则单击"使用网络登录"按钮，弹出如图 1-69 所示的对话框来验证配置）。

单击"前进"按钮，弹出如图 1-70 所示的提示对话框，提示密码强度太差。

图 1-68　创建用户界面

图 1-69　"验证配置"对话框　　　　　图 1-70　密码强度太差的提示信息对话框

（5）设置日期和时间

单击图 1-70 所示的"是"按钮，弹出如图 1-71 所示的设置日期和时间界面，根据此时的实际情况设置正确的日期和时间。

【提示】对于需要采用网络时间协议来同步系统时间的计算机，可选中"在网络上同步日期和时间"复选框，出现如图 1-72 所示的界面，选择一个远程时间服务器，当网络连通时可连接所选择的时间服务器，并与之同步时间。

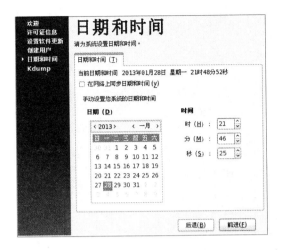

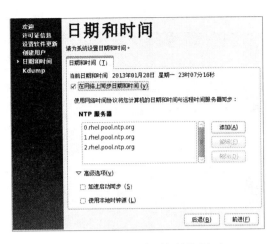

图 1-71　设置日期和时间界面　　　　　　　图 1-72　设置网络时间协议界面

（6）设置 Kdump

单击图 1-72 所示的"前进"按钮，如果内存不足，则弹出如图 1-73 所示的内存提示对话框，单击"确定"按钮，弹出如图 1-74 所示的 Kdump 设置界面，采用默认设置。

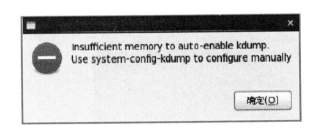

图 1-73　内存不足提示对话框　　　　　　　图 1-74　Kdump 设置界面

单击"完成"按钮，结束初始化设置，系统将重启后进入登录界面。

【提示】① Kdump 是非常重要的 Linux **内核崩溃转储工具**。当系统崩溃时，Kdump 将捕获有关信息，以供分析崩溃原因。但是 Kdump 需要占用一定的内存空间。

② 如果对前面的设置不满意，可依次单击"后退"按钮，返回到相应界面进行重新设置。

步骤 3　登录 Linux

系统启动后弹出如图 1-75 所示的登录界面（注意：安装时所选择的软件包和设置不同，登录界面也有所不同）。单击"其他"按钮，弹出如图 1-76 所示的界面；输入用户名"root"，按 Enter 键，弹出如图 1-77 所示的界面；输入密码"root123"，并按 Enter 键，则进入如图 1-78所示的 GNOME 桌面环境。至此完成了第一次启动 RHEL 6. x Server 图形化用户界面的所有操作，之后用户就可以正常使用 RHEL 6. x Server 操作系统了。

图 1-75　登录界面

图 1-76　输入用户名界面

图 1-77　输入口令界面

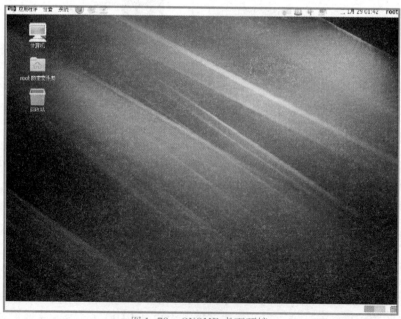

图 1-78　GNOME 桌面环境

【提示】首次启动图形化用户界面时，由于需要进行多项初始化设置，因此较为费时。以后再启动图形化界面时，计算机 BIOS 自检后，只需要选择操作系统、登录 Linux 两个步骤即可。

 知识与技能拓展

1. 在桌面环境下注销、关机和重启

在 GNOME 桌面顶部面板中选择"系统"→"关机"菜单命令，弹出如图 1-79 所示的对话框，系统将在 60 s 后自动关机，也可单击"关闭系统"或"重启"按钮立即关机或重启。

在 GNOME 桌面顶部面板中选择"系统"→"注销×××"菜单命令，弹出如图 1-80 所示的对话框，系统将在 60 s 后自动注销，或单击"注销"按钮立即注销，返回登录界面，等待其他用户登录。

2. 在登录界面下关机和重启

在登录界面右下角单击"关闭选项"按钮，弹出如图 1-81 所示的快捷菜单，选择"关机"命令可直接关机；选择"重新启动"命令可直接重启系统。

图 1-79 确认关机对话框

图 1-80 确认注销对话框

图 1-81 "关闭选项…"
快捷菜单

 任务总结

通过本任务的实施，应掌握下列知识和技能：
- Linux 用户的类型
- 首次启动 RHEL 6. x Server 时的初始化设置方法（重点）
- Linux 的登录、注销、关机、重启方法

1.5 子情境：安全删除 Linux 操作系统

任务描述

某职员的个人计算机中同时装有 Linux 与 Windows XP 操作系统，因工作原因，需要删除

Linux 操作系统，保留 Windows XP 操作系统及其中的所有数据，并将删除 Linux 后的硬盘空间格式化为 NTFS 分区。

 任务实施流程

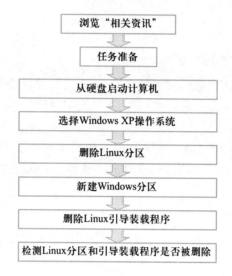

```
浏览"相关资讯"
     ↓
  任务准备
     ↓
从硬盘启动计算机
     ↓
选择Windows XP操作系统
     ↓
 删除Linux分区
     ↓
 新建Windows分区
     ↓
删除Linux引导装载程序
     ↓
检测Linux分区和引导装载程序是否被删除
```

相关资讯

1. 安全删除 Linux 所要做的工作

对于仅安装 Linux 的计算机而言，只要重新安装其他操作系统就能将已安装的 Linux 完全删除。

对于 Windows 与 Linux 并存的计算机言，安全删除 Linux 而不影响 Windows 操作系统及其所有数据，需要进行两个步骤的操作：一是删除 Linux 所用的磁盘分区；二是删除 Linux 的引导装载程序。在顺序上，可先删除 Linux 所用的磁盘分区，也可先删除 Linux 引导装载程序。

无论已安装的 Linux 和 Windows 版本如何，用上述两个步骤都可以安全删除 Linux。

2. 删除 Linux 所用的磁盘分区的方法

① 利用 PQ Partintion Magic 等磁盘分区专用软件来删除。

② 如果已安装的 Linux 是与 Windows XP（或 Windows 2000、Windows 2003 等）并存的，则还可以利用 Windows 操作系统中的磁盘管理工具来删除 Linux 磁盘分区。

3. 删除 Linux 的引导装载程序

Linux 的引导装载程序（即多操作系统引导程序）位于硬盘的**主引导记录**（MBR）中，可用下列方法删除：

① 利用 Windows 操作系统的安装光盘来删除。

② 在 DOS 状态下使用"fdisk/mbr"命令来删除。

③ 在 Windows 故障恢复控制台使用"fixmbr"命令来删除。

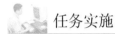任务准备

1. 将 Linux 分区中的有用数据备份到安全的地方（Windows 分区、移动硬盘、U 盘、光盘等）。

2. Windows XP 安装光盘一张（或 Windows 2000 安装光盘一张）。

3. 修改 BIOS 中的启动顺序，将光驱设置为第一启动设备。

任务实施

步骤 1　删除 Linux 所用的磁盘分区

① 启动计算机，进入 Windows 操作系统，选择"开始"→"设置"→"控制面板"→"管理工具"→"计算机管理"菜单命令（或右击桌面上的"计算机"图标，弹出快捷菜单，选择"管理"命令），弹出"计算机管理"窗口，单击左侧栏中的"磁盘管理"选项，使右侧栏中显示计算机的磁盘分区情况，如图 1-82 所示。

【提示】由于 Windows 不能识别 Linux 所使用的文件系统类型，因此图 1-82 中"文件系统"列无任何信息的磁盘分区就是 Linux 所用的磁盘分区。从图 1-82 中可以看出，Linux 的磁盘分区有 3 个。

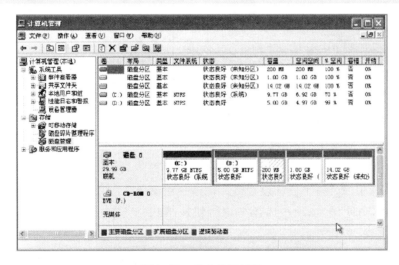

图 1-82　磁盘分区情况

② 右击 Linux 所用分区，弹出快捷菜单，选择"删除逻辑驱动器"命令，弹出警告对话框，单击"是"按钮确认删除这一分区。

③ 用相同的方法删除另外两个 Linux 分区。完成删除后的磁盘分区情况如图 1-83 所示。

步骤 2　新建 Windows 分区

① 右击"可用空间"区域，弹出快捷菜单，选择"新建逻辑驱动器"命令，弹出新建磁盘分区向导，单击"下一步"按钮继续。

② 保持默认选中的"逻辑驱动器"单选按钮，如图 1-84 所示，单击"下一步"按钮继续。

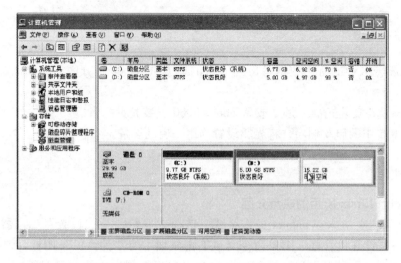

图 1-83 删除 Linux 分区后的磁盘分区情况

③ 保持"分区大小"微调框中的值"15587"不变（即使用全部磁盘空间），如图 1-85 所示，单击"下一步"按钮继续。

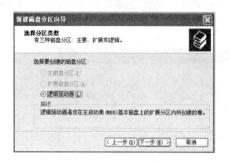

图 1-84 选择分区类型

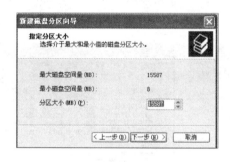

图 1-85 指定分区大小

④ 指定驱动器号为"E"，如图 1-86 所示，单击"下一步"按钮继续。

⑤ 保持默认选中的"按下面的设置格式化这个磁盘分区"单选按钮，在"文件系统"下拉列表框中选择"NTFS"选项，选择"执行快速格式化"复选框，如图 1-87 所示，单击"下一步"按钮继续。

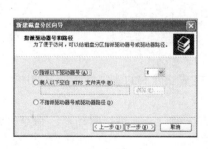

图 1-86 指定驱动器号

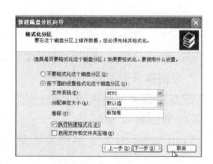

图 1-87 格式化分区

⑥ 此时出现如图 1-88 所示的界面，显示即将新
建磁盘分区的设置情况，单击"完成"按钮完成磁
盘分区。格式化完毕后的"计算机管理"窗口如
图 1-89 所示，表明目前整个磁盘分为 C、D、E 这 3
个分区，3 个分区都采用 NTFS 文件系统。

步骤 3　删除硬盘主引导记录（MBR）中的
Linux 引导装载程序

① 修改 BIOS 中的启动顺序，设置光驱为第一启
动设备。

② 将 Windows XP 安装光盘放入光驱并启动计算
机，检查硬件设备后将出现如图 1-90 所示的 Win-
dows 安装欢迎界面，按 Enter 键继续安装。

图 1-88　新建磁盘分区的设置情况

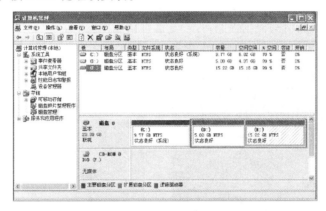

图 1-89　新建分区后的"计算机管理"窗口

③ 出现如图 1-91 所示的许可协议界面，按 F8 键继续。

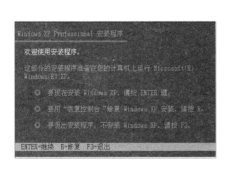

图 1-90　Windows XP 安装欢迎界面

图 1-91　许可协议

④ 出现如图 1-92 所示的安装方式选择界面，按 Esc 键继续。

⑤ 出现如图 1-93 所示的安装分区选择界面，选择"C：分区 1"选项，按 Enter 键，表示
要重新安装。

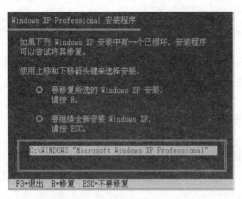

图 1-92　安装方式选择界面

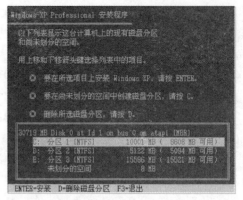

图 1-93　安装分区选择界面

⑥ 出现如图 1-94 所示的界面，提示该分区已安装了一个操作系统，按 Esc 键继续。

⑦ 返回图 1-93 所示的界面，按 F3 键退出安装。

⑧ 出现如图 1-95 所示的提示界面，按 F3 键确认退出安装。

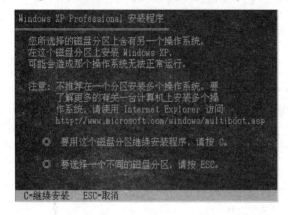

图 1-94　提示所选分区已安装了一个操作系统界面

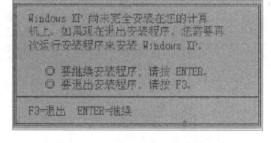

图 1-95　提示继续或退出安装程序界面

随后计算机将重新启动。启动后将直接进入 Windows XP，不会出现 GRUB 引导界面，表明 GRUB 引导装载程序已被删除。

 任务检测

1. 查看 Linux 引导装载程序 GRUB 是否被删除

取出光盘，修改 BIOS 中的启动顺序，设置硬盘为第一启动设备，随后启动计算机，若能直接进入 Windows XP 操作系统，表明硬盘的主引导记录（MBR）中 Linux 的引导装载程序 GRUB（即多操作系统引导程序）已被成功删除。

2. 查看 Linux 分区是否被删除

在 Windows XP 桌面上依次选择“开始”→“设置”→“控制面板”→“管理工具”→“计算机管理”选项（或右击桌面上的“计算机”图标，弹出快捷菜单，选择“管理”命令），弹出“计算机管理”窗口，单击左侧栏中的“磁盘管理”选项，右侧栏中会显示计算机的磁盘分区情况，应该没有 Linux 分区。

知识与技能拓展

1. 用 Windows 98 启动软盘删除 Linux 引导装载程序

修改 BIOS 中的启动顺序，将软驱设置为第一启动设备，然后用 Windows 98 启动软盘启动计算机，进入 DOS 状态后输入"fdisk/mbr"命令，可删除硬盘的主引导记录（MBR）中的引导装载程序。

2. 用 Windows 2000 安装光盘删除 Linux 引导装载程序

修改 BIOS 中的启动顺序，将光驱设置为第一启动设备。然后用 Windows 2000 Server 安装光盘启动计算机，选择修复安装，并以故障恢复控制台方式进行修复，在故障恢复控制台的登录界面输入"1"后按 Enter 键，然后根据屏幕提示输入管理员（Administrator）密码，密码正确则可进入故障恢复控制台。在 DOS 提示符后输入"fixmbr"命令，也可以删除硬盘的主引导记录（MBR）中的引导装载程序。

 任务总结

通过本任务的实施，应掌握下列知识和技能：
安全删除 Linux 的方法（重点）

情境总结

　　Linux 是一种类 **UNIX** 的操作系统，由 Linus Torvalds 在 Minix 操作系统的基础上创建。**Linux 内核版本和发行版本**是不同的。发行版本是各 Linux 发行商将某个 Linux 内核版本和应用软件、相关文档等组合起来，并提供一些安装界面和系统管理工具的发行套件。Linux 有很多发行版本，其中，Red Hat 公司推出的各 Linux 发行版本目前使用最为广泛。

　　目前，Linux 在服务器领域发挥着越来越大的作用，是**嵌入式系统**和构筑**集群计算机**的首选。随着技术的进步，也逐渐为桌面用户所接受。

　　RHEL 6. x Server 为用户提供简单易用的安装工具，按照安装界面的提示信息，逐步进行设备配置、磁盘分区、软件包安装及相关系统配置等多项工作即可安装成功。

　　安装 Linux 时至少需要两个分区：**交换分区和根分区**。交换分区采用 **swap 文件系统**，用于实现虚拟存储；根分区一般采用 **ext3 文件系统**，用于保存程序和数据。安装过程中必须对磁盘进行分区，用户可以根据需要决定分区的个数、每个分区的大小等。无论自动分区还是手工分区，RHEL 6. x Server 都使用 Disk Druid 软件。

　　RHEL 6. x Server 中使用的程序均以**软件包**的形式出现，且将软件包根据功能分为多个软件包组。用户可在相应的软件包组中选择需要安装的软件包。

　　在安装过程中必须为超级用户设置口令，而普通用户账号由超级用户在安装以后创建。

　　利用**引导装载程序**，用户可选择性地启动操作系统。Linux 中常用的引导装载程序是 GRUB，并将其安装于硬盘的主引导记录（MBR）中。

　　在不影响计算机中 MS Windows 操作系统的前提下，安全删除 Linux 需要进行两个步骤的操作：删除 Linux 的引导装载程序和删除 Linux 的磁盘分区。删除 Linux 系统后，一般要将空闲空间转换为 Windows 可使用的磁盘分区。

操作与练习

一、选择题

1. 下列哪个选项不是 Linux 支持的？（　　）
   A）多用户　　　　　　　B）多进程　　　　　　C）可移植　　　　　　D）非自由

2. Linux 是所谓的"Free Software"，这个"Free"的含义是什么？（　　）
   A）Linux 不需要付费　　　　　　　　　　B）Linux 发行商不能向用户收费
   C）Linux 可自由修改和发布　　　　　　　D）只有 Linux 的作者才能向用户收费

3. 关于 Linux 内核版本号的含义，下列说法中哪个是错误的？（　　）
   A）表示为主版本号.次版本号.修正次数的形式
   B）2.7.24 表示稳定的发行版
   C）2.6.28 表示对内核 2.6 的第 28 次修正
   D）2.6.29 表示稳定的发行版

4. 下列说法错误的是（　　）
   A）Linux 发行版本拥有发布内核的权利
   B）任何 Linux 发行版本都不拥有发布内核的权利
   C）发行版本的版本号与内核版本号相对独立
   D）各发行版本之间的差别主要在于内核版本不同

5. 与 Windows 相比，Linux 在哪个方面的应用相对较少？（　　）
   A）桌面　　　　　　　　B）服务器　　　　　　C）嵌入式系统　　　　D）集群

6. Linux 系统最基础的组成部分是什么？（　　）
   A）内核　　　　　　　　B）Shell　　　　　　　C）X Window　　　　　D）GNOME

7. Linux 适合嵌入式系统，是因为它具有下列哪些优点？（　　）
   A）功能强且内核小　　　　　　　　　　　B）内核可免费获得且能自由修改
   C）很强的移植性　　　　　　　　　　　　D）上述特点都是

8. 下面关于 Shell 的说法，不正确的是哪个？（　　）
   A）操作系统的外壳　　　　　　　　　　　B）用户与 Linux 内核之间的接口
   C）一种和 C 类似的高级程序设计语言　　　D）一个命令语言解释器

9. 以下哪种 Shell 不能在 Linux 环境下运行？（　　）
   A）B Shell　　　　　　　B）Bash　　　　　　　C）C Shell　　　　　　D）R Shell

10. 安装 Linux 至少需要几个分区？（　　）
    A）2　　　　　　　　　　B）3　　　　　　　　　C）4　　　　　　　　　D）5

11. RHEL 6.x Server 系统启动时，默认由以下哪个系统引导程序实施系统加载？（　　）
    A）GRUB　　　　　　　　B）KDE　　　　　　　　C）GNOME　　　　　　　D）LILO

12. 在 RHEL 6.x Server 的安装过程中，下列哪个操作是必需的？（　　）
    A）磁盘分区　　　　　　　　　　　　　　B）键盘类型设置
    C）网卡设置　　　　　　　　　　　　　　D）打印机的设置

13. /dev/hda5 在 Linux 中表示什么？（　　）
    A）IDE0 接口上的从盘　　　　　　　　　　B）IDE0 接口上主盘的逻辑分区
    C）IDE0 接口上主盘的第五个分区　　　　　D）IDE0 接口上从盘的扩展分区

14. 超级用户的口令必须符合什么要求？（　　）

    A）至少 5 个字符，且大小写敏感　　　　　B）至少 6 个字符，且大小写敏感

    C）至少 5 个字符，且大小写不敏感　　　　D）至少 6 个字符，且大小写不敏感

15. 交换分区 swap 的大小一般是多少？（　　）

    A）100 MB　　　　　　　　　　　　　　B）512 MB

    C）1 024 MB　　　　　　　　　　　　　D）物理内存的 1～2 倍

16. /boot 分区的大小一般是多少？（　　）

    A）200 MB　　　　　　　　　　　　　　B）512 MB

    C）1 024 MB　　　　　　　　　　　　　D）物理内存的 1～2 倍

17. 初次启动 RHEL 6. x Server 时需要添加一个用户，此用户属于什么类型？（　　）

    A）超级用户　　　　B）普通用户　　　　C）特殊用户　　　　D）系统用户

18. 在已安装 Windows XP 的计算机上加装 RHEL 6. x Server 时，应如何分区？（　　）

    A）在选定磁盘上删除所有分区并创建默认分区结构

    B）在选定驱动上删除 Linux 分区并创建默认的分区结构

    C）使用选定驱动器中的空余空间并创建默认的分区结构

    D）建立自定义分区

19. 要安全删除 Linux 必须进行哪两个步骤？（1）删除引导装载程序；（2）删除超级用户；（3）删除 Linux 的磁盘分区；（4）删除安装日志文件。（　　）

    A）（1）和（2）　　　B）（3）和（4）　　　C）（1）和（4）　　　D）（1）和（3）

20. 安装 RHEL 6. x Sever 时，把其硬盘空间设置为多大最好？（　　）

    A）2 GB　　　　　　　B）5 GB　　　　　　　C）9 GB　　　　　　　D）10 GB

二、操作题

1. 在 VMware 虚拟机上安装、启动和设置 RHEL 6. x Server。

2. 将 VMware 虚拟机上安装的 RHEL 6. x Server 删除。

3. 在已安装 Windows XP 的计算机上附加安装 RHEL 6. x Server，然后启动。注意，Windows XP 操作系统不被破坏，可让用户在启动时选择进入何种操作系统。

4. 将安装 Windows XP 和 RHEL 6. x Server 双操作系统计算机上的 RHEL 6. x Server 安全删除。

学习情境 2
图形化用户界面

情境引入

　　某公司建成了自己的网络中心，用 Linux 操作系统配置了各种服务器，同时员工个人计算机也安装了 MS Windows 和 Linux 两种操作系统。文职人员对 Linux 的命令操作方式不熟悉，但幸运的是，Linux 图形用户界面可以完成大部分应用操作，因此使用图形用户界面是个很好的选择。

　　而对于从事嵌入式开发的技术人员而言，尽管他们经常使用 Shell 命令进行工作，但在某些情况下，使用图形用户界面会给他们带来很大的方便。

6,202,00
1,053,11

2.1 子情境：认识 GNOME 桌面环境

 任务描述

某公司用 Linux 配置了各种服务器，老职员都能在 Linux 环境下工作。一位新职员王某从未使用过 Linux 操作系统，他需要尽快掌握 Linux 操作系统的使用。为便于自主学习有关 Linux 的书籍和参考资料，以及在遇到问题向同事请教时便于沟通，他首先要掌握 Linux 的常用术语，如桌面、面板、菜单系统等，以及如何在 Linux 系统中获取帮助文档。

 任务实施流程

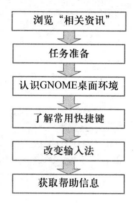

 相关资讯

1. X Window 图形化用户界面的标准

X Window 是 UNIX/Linux 操作系统图形化用户界面的标准，目前绝大多数的 Linux 计算机上都运行 X Window 的某个版本，RHEL 6. x Server 采用 XOrg7. 1 版本。X Window 为 Linux 提供美观易用的图形化操作平台，是普通用户逐渐接受 Linux 的重要原因之一。在 RHEL 6. x Server 中，/etc/x11/xorg. conf 是 X Window 的配置文件，保存 X Window 的相关配置信息。

X Window 是一种可运行于多种操作系统的采用客户机/服务器模式的应用程序。它主要由 3 部分组成：**X 服务器**（X Server）、**X 客户机**（X Client）与 **X 协议**（X Protocol），其工作模式如图 2-1 所示。

2. 流行的桌面环境

目前，Linux 操作系统上最常用的桌面环境有两个：**GNOME**（GNU Network Object Model Environment，GNU 网络对象模型环境）和 **KDE**（K Desktop Environment，K 桌面环境）。大多数 Linux 发行版本都同时包含上述两种桌面环境，以供用户选择。Red Hat 公司推出的所有 Linux 发行版本都以 GNOME 作为默认桌面环境，用户也可选择使用 KDE 桌面环境。

图 2-1　X Window 工作模式

GNOME 源自美国，是 GNU 计划的重要组成部分。它基于 Gtk + 图形库，采用 C 语言开发完成；而 KDE 源自德国，基于 Qt 3 图形库，采用 C ++ 语言开发完成。

众多程序员基于这两大桌面环境开发出了大量的应用程序。这些应用程序的名字有一定规律，通常以 "G" 开头的应用程序是在 GNOME 桌面环境下开发的，如 gedit、GIMP；而以 "K" 开头的应用程序是在 KDE 桌面环境下开发的，如 Kmail、Konqueror。所有应用程序，即使开发于不同的桌面环境，但只要没有相互冲突就可以在这两种桌面环境下运行。

3. 鼠标的基本操作

GNOME 桌面环境支持具有两个按键和 3 个按键的鼠标。对于两键鼠标，可以设置其属性，将其模拟为三键鼠标，使得同时按下左右两个键的作用等同于按下中键。鼠标操作有下列几种，本书中出现的鼠标操作都遵行下列含义。

① **单击**：表示将鼠标指针指向目标对象，并用鼠标左键点击一下该对象，可选中目标对象。

② **双击**：表示将鼠标指针指向目标对象，并用鼠标左键连续、快速点击该对象两次，可启动应用程序、打开文件或文件夹。

③ **拖动**：表示将鼠标指针指向目标对象，按下鼠标左键不放，拖动该对象到目标位置后松开。

④ **右击**：表示将鼠标指针指向目标对象，并用鼠标右键点击一下该对象，可弹出快捷菜单。

当移动鼠标时，鼠标指针也会跟着移动。通常，鼠标指针的形状是指向左上方的空心小箭头，当系统工作处于不同的状态时，鼠标指针的形状也将发生变化。

 任务准备

一台装有 RHEL 6. x Server 操作系统的计算机，且配有 CD 或 DVD 光驱、音箱或耳机。

任务实施

步骤 1　认识 GNOME 桌面环境

GNOME 桌面环境如图 2-2 所示，主要由 3 部分组成：面板、菜单系统、桌面。

GNOME 桌面环境的使用方法和 MS Windows 非常相似。用户可以在桌面或面板上添加文件和程序的图标；可以拖动图标；双击图标可以打开对应的文件或程序；可以利用配置工具改变系统设置。

（1）面板

位于桌面顶部和底部的长条叫**面板**（分别是**顶部面板**或**上面板**、**底部面板**或**下面板**），面

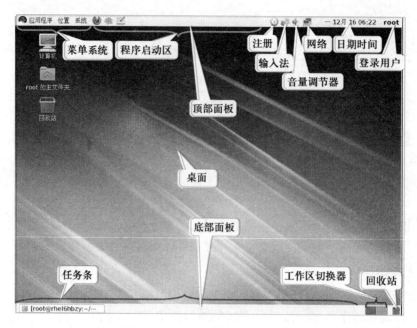

图 2-2　GNOME 桌面环境示意图

板是 GNOME 桌面环境的核心部分，它与 MS Windows 中任务栏的作用类似。

- **顶部面板（上面板）**包括菜单系统、程序启动区、日期时间、音量调节器等。
- **底部面板（下面板）**包括任务条、工作区切换器、回收站等。

在桌面环境下，用户不必把所有正在运行的应用程序都堆放在一个可视区域，而是可以根据工作内容的不同，在不同的**工作区**（有时也称为**虚拟桌面**）内运行不同类别的应用程序。每个工作区相互独立。GNOME 桌面环境默认提供两个工作区，最多可支持 36 个工作区。

工作区切换器将每个工作区都显示为一个小方块，并显示工作区中正打开的窗口的形状，单击工作区切换器中的小方块可切换到其他工作区。

（2）菜单系统

位于顶部面板的最左边，包括"**应用程序**"、"**位置**"、"**系统**"菜单及快捷菜单，分别如图 2-3 ～图 2-6 所示。

- "**应用程序**"菜单：包括常用的应用程序，如图 2-3 所示。
- "**位置**"菜单：包括转到不同位置的链接，如主文件夹和桌面文件夹等，此外"位置"菜单还提供搜索功能，如图 2-4 所示。
- "**系统**"菜单：有"首选项"和"管理"两个与设置有关的特别重要的菜单项，也包括"注销 root"、"关机"等菜单项，如图 2-5 所示。
- **快捷菜单**：右击桌面的任何位置都将弹出一个快捷菜单，如图 2-6 所示。在不同位置或不同窗口，右击不同的地方或对象所弹出的快捷菜单的选项会有所不同。

（3）桌面

桌面可放置多个图标和窗口，是图形界面下用户的工作空间。

默认情况下，GNOME 桌面上有 3 个图标，分别是"计算机"、"×××的主文件夹"和"回收站"图标。当挂载光盘或 U 盘后，桌面还会出现光盘或 U 盘图标。用户可根据需要在桌面上为文件夹或应用程序新建图标。

图 2-3 "应用程序"菜单　　图 2-4 "位置"菜单　　图 2-5 "系统"菜单　　图 2-6 快捷菜单

双击桌面上的"计算机"图标，打开如图 2-7 所示的"计算机"窗口，单击此窗口中的图标可访问相应的目标（如光盘、文件系统等）。

双击桌面上的"xxx 的主文件夹"图标，进入该用户的个人目录。超级用户的主目录是 /root 目录，而普通用户的主目录通常是 /home 目录下与用户名同名的子目录。

单击窗口左上角的图标，就会出现窗口控制菜单，如图 2-8 所示。

图 2-7 "计算机"窗口　　　　　　图 2-8 窗口控制菜单

步骤 2 **了解常用快捷键**

与 MS Windows 类似，GNOME 桌面环境也定义了一些快捷键。了解和掌握常用快捷键，有助于快速而正确地进行操作。常用的快捷键及作用如表 2-1 所示。

【提示】选择"系统"→"首选项"→"键盘快捷键"菜单命令，弹出"键盘快捷键"对话框，从中可以查看相关快捷键，也可以增加或删除组合键，还可以改变组合键的作用。

表 2-1 常用快捷键

快 捷 键	作 用
F1	打开 Help 帮助浏览器
Alt + F1	打开"应用程序"菜单

续表

快 捷 键	作　用
Alt + F2	打开"运行应用程序"对话框
PrintScreen	复制整个桌面屏幕
Alt + PrintScreen	复制当前窗口屏幕
Ctrl + Alt +→、←、↑、↓	切换工作区
Ctrl + Alt + D	最小化所有的窗口
Alt + Tab	以对话框形式切换已打开的窗口
Alt + Esc	直接切换已打开的窗口
Alt + Space	打开窗口控制菜单
F10	打开菜单栏的第一个菜单
Ctrl + X	剪切被选内容
Ctrl + C	复制被选内容
Ctrl + V	粘贴被选内容

步骤 3　改变输入法

在 RHEL 6. x Server 桌面环境中采用 SCIM（智能通用输入）程序来实现中文输入，与 MS Windows 中的中文输入方法十分相似。

在使用 gedit 或 OpenOffice. org 等应用程序编辑文件时，可以使用 Ctrl + Space 组合键打开中文输入法；也可以使用 Ctrl + Shift 组合键轮流切换输入法；还可以单击顶部面板右端（屏幕右上角）的输入法按钮，在弹出的菜单中选择输入法。

默认包括一种英文输入、一种简体中文输入法、一种繁体中文输入法、一种全角字符输入法。

步骤 4　获取帮助信息

（1）打开 GNOME 的帮助浏览器

选择"系统"→"帮助"菜单命令（或在桌面状态下按 F1 键，或在终端输入 help 命令），可启动帮助浏览器 Help 程序，如图 2-9 所示。单击文字链接可查看相关的联机帮助信息。Help 也提供搜索功能，可在各种文档中进行快速查找，可大大提高用户获得帮助信息的速度。不过 Help 能提供的帮助信息大多是英文的。

（2）选择系统的文档菜单

选择"**系统**"→"**文档**"→"**红帽企业版 Linux 6：Release Notes**"菜单命令，弹出如图 2-10

图 2-9　GNOME 的帮助浏览器 Help

所示的 Release Notes 窗口，单击文字链接可查看相关的帮助信息。

图 2-10　Release Notes 窗口

（3）查看应用程序的帮助信息

当在 GNOME 桌面运行应用程序时，如运行 gedit 程序时，选择该程序的**"帮助"→"目录"**菜单命令，如图 2-11 所示，弹出如图 2-12 所示的窗口，单击文字链接可查看相关帮助信息。

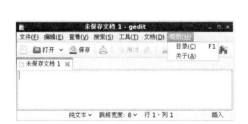

图 2-11　选择 gedit 程序中的"帮助"→"目录"菜单命令　　图 2-12　"Gedit 手册"窗口

（4）浏览相关帮助文件

默认情况下，Red Hat 所安装的每一个应用程序都会在/usr/share/doc 目录下放置该程序的帮助信息文件，因此，用户可以直接浏览此目录中相关程序的帮助信息。

 知识与技能拓展

1. 设置首选应用程序

单击顶部面板上的浏览器图标通过调用 Firefox 浏览器打开网页。如果用户不喜欢使用 Firefox 浏览器，则可以改变系统"首选应用程序"的设置，使得单击浏览器图标时通过调用其他浏览器（如 Konqueror）来打开网页，具体方法如下：

选择"系统"→"首选项"→"更多首选项"→"首选应用程序"菜单命令，弹出"首选应用程序"对话框，在 Internet 选项卡中可选择喜欢的 Web 浏览器。

2. 查看及设置日期和时间

(1) 查看日期和时间

单击顶部面板右端（屏幕右上角）的"日期和时间"按钮，弹出如图 2-13 所示的对话框，从中可查看日期和时间。再次单击"日期和时间"按钮，可关闭该对话框。

(2) 设置时钟类型及显示风格

右击顶部面板右端（屏幕右上角）的"日期和时间"按钮，弹出如图 2-14 所示的快捷菜单，选择"**首选项**"命令，弹出如图 2-15 所示的"时钟首选项"对话框，可以根据个人喜好来设置时钟类型，以及是否显示日期、秒、天气、湿度等。

图 2-13　查看日期和时间　　　图 2-14　快捷菜单　　　图 2-15　"时钟首选项"对话框

(3) 设置日期和时间

在图 2-15 所示的"时钟首选项"对话框中，单击"时间设置"按钮，弹出如图 2-16 所示的"时间和日期"对话框，可以调整系统日期和时间。

【提示】选择"系统"→"管理"→"日期和时间"菜单命令，可弹出如图 2-17 所示的"日期/时间属性"窗口，可以进行日期、时间、时区的设置。

图 2-16　设置时间和日期　　　　　图 2-17　"日期/时间属性"对话框

3. 设置输入法

（1）配置输入法

选择"系统"→"首选项"→"输入法"菜单命令，弹出如图 2-18 所示的输入法配置工具对话框，用户可选择自己习惯的配置。

（2）选择输入法

单击顶部面板右端（屏幕右上角）的"输入法"按钮，弹出如图 2-19 所示的快捷菜单，可选择输入法。

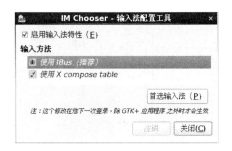

图 2-18 输入法配置工具对话框

图 2-19 输入法快捷菜单

 **任务总结**

通过本任务的实施，应掌握下列知识和技能：

- 鼠标的基本操作（重点）
- GNOME 桌面环境的基本术语（重点）
- 常用快捷键（重点）
- 更改和设置输入法的方法
- 获取帮助信息的方法（重点）
- 设置日期和时间的方法

2.2 子情境：文件浏览器 Nautilus 的使用

 **任务描述**

一位从事嵌入式开发的设计员，希望从网上得到 Linux 最新内核的相关文档。他利用文件浏览器从公共 FTP 站点 ftp://ftp.pku.edu.cn 将 Linux 最新内核下载到自己的计算机，放在 /root/down 目录中，以便解压缩后查看、研究相关文件的内容。相关文档如图 2-20 所示。

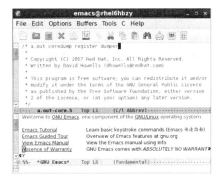

图 2-20 Linux 最新内核相关文档

任务实施流程

 相关资讯

1. 文件权限

Linux **文件权限**表示为 – rwxr – xr – x，共 10 位信息。第一位是文件的类型，它定义了用户只能以某种方式来操作文件： – 为普通文件，d 为目录文件，l 为符号链接文件，b 为块设备文件，c 为字符设备文件。后面 9 位是文件的存取控制信息。Linux 的文件许可机制将用户分为 3 类：**文件属主**（user，u）、**文件属组**（group，g）和**其他用户**（other，o）。这 3 类用户可以对文件拥有 3 种不同级别的权限：读（read，r）、写（write，w）和运行（execute，x）。于是形成了 9 位的权限信息，分为 3 组，分别对应 u、g、o 这 3 类用户。

2. FTP 资源站点

FTP 即 File Transfer Protocol，**文件传输协议**，该协议使计算机之间能够相互通信，能使文件和文件夹在 Internet 上公开传输。

通常用户可以匿名访问某个 FTP 服务器，而不需要拥有该计算机的账号，也不必是授权的密码持有人。

FTP 服务器的 Internet 地址（URL）与通常在 Web 页中使用的 URL 略有不同。例如，Microsoft 有一个"匿名"的 FTP 服务器 ftp：//ftp. microsoft. com，可以在这里下载文件，包括产品修补程序、更新的驱动程序、实用程序、Microsoft 知识库的文章和其他文档。

能够从 FTP 服务器访问的文件和文件夹数目取决于用户是否能够直接访问该服务器或通过 CERN 代理服务器访问该服务器，以及拥有该 FTP 服务器的哪种权限。

如果用户可以直接访问 FTP 站点，那么便可以像在自己的计算机上一样处理 FTP 服务器上的文件和文件夹，可以查看、下载、上传、重命名和删除文件及文件夹。如果需要获得 FTP

服务器的权限来执行全部操作，则系统会提示用户提供用户名和密码。

3. Nautilus 文件浏览器的布局

Nautilus 文件浏览器如图 2-21 所示。

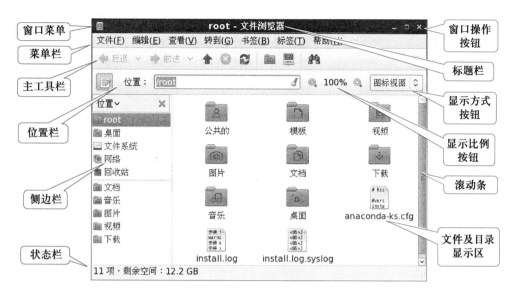

图 2-21 Nautilus 文件浏览器

【提示】用户可以根据个人喜好，决定是否让主工具栏、位置栏、侧边栏、状态栏显示。单击文件浏览器的"**查看**"菜单，在其下拉菜单中选择或不选择"主工具栏"、"位置栏"、"侧边栏"、"状态栏"等命令，可显示或隐藏相应栏目。另外，选择文件浏览器的相关菜单，还可进行相应设置，用户可自行尝试。

任务准备

1. 一台装有 RHEL 6. x Server 操作系统的计算机，且配有 CD 或 DVD 光驱、音箱或耳机。
2. 连通网络。

任务实施

步骤 1 打开 Nautilus 文件浏览器

选择"应用程序"→"系统工具"→"文件浏览器"命令，弹出 Nautilus 文件浏览器，如图 2-21 所示。

步骤 2 创建目录/root/down

选择文件浏览器中的"文件"→"创建文件夹"菜单命令（或在文件及目录显示区的空白处右击，在弹出的快捷菜单中选择"创建文件夹"命令），创建一个"未命名文件夹"，如图 2-22 所示，将其命名为"down"，如图 2-23 所示。

图 2-22 创建"未命名文件夹"

图 2-23 将新建文件夹命名为"down"

步骤 3 进入公共 FTP 网站 ftp://ftp. pku. edu. cn

在文件浏览器的位置栏输入"ftp://ftp. pku. edu. cn"并按 Enter 键，弹出如图 2-24 所示的输入密码提示对话框，单击"连接"按钮进行匿名连接，进入如图 2-25 所示的 FTP 资源目录。双击 Linux 图标进入该文件夹，再双击 kernel. org 图标进入该文件夹，如图 2-26 所示。

图 2-24 输入密码提示对话框

图 2-25 FTP 资源目录

图 2-26 FTP 中的 Linux/kernel. org 文件夹

步骤 4 复制 linux - 3. 9. 8. tar. xz 文件

右击 linux - 3. 9. 8. tar. xz 图标，弹出快捷菜单，选择"复制"命令，如图 2-27 所示。

步骤 5　将文件 linux – 3. 9. 8. tar. xz 粘贴到/root/down 文件夹中

在文件浏览器的位置栏输入"/root/down"，进入本地计算机的/root/down 文件夹，然后选择"编辑"→"粘贴"菜单命令（或右击浏览器的显示区空白处，在弹出的快捷菜单中选择"粘贴"命令）进行粘贴，复制过程如图 2-28 所示。

图 2-27　复制 Linux 内核文件　　　　　图 2-28　文件复制过程

步骤 6　查看文件属性

单击文件浏览器中的**显示方式按钮**，选择以列表方式查看，如图 2-29 所示。

图 2-29　以列表方式查看文件详细信息

选择文件浏览器的"查看"→"可见列"菜单命令，弹出如图 2-30 所示的对话框，选中"权限"复选框，单击"关闭"按钮返回文件浏览器，列表中显示 linux – 3. 9. 8. tar. xz 文件的权限为" – rw – r – – r – –"，如图 2-31 所示。

图 2-30　添加可见列　　　　　　　图 2-31　查看文件属性

步骤7 修改文件属性

右击 linux – 3.9.8. tar. xz 文件，在弹出的快捷菜单中选择"属性"命令，弹出属性对话框，选择其中的"权限"选项卡，按图 2–32 所示的参数修改文件权限。修改完毕后单击"关闭"按钮，返回文件浏览器，修改后的文件权限如图 2–33 所示。

图 2–32　修改文件权限

图 2–33　修改后的文件权限

步骤8 解压缩文件

右击 linux – 3.9. 8. tar. xz 文件，在弹出的快捷菜单中选择"解压缩到此处"命令，弹出如图 2–34 所示的解压缩窗口，解压完成后的情况如图 2–35 所示。

图 2–34　文件解压缩　　　　　　　　　　　图 2–35　解压后的情况

步骤9 查看相关文档

连续双击 linux – 3.9.8、arch、arm、include、asm 打开相应文件夹，如图 2–36 所示。最后双击 a. out – core. h 文件，查看该文件内容，如图 2–37 所示。

图 2-36 打开文件夹

图 2-37 查看文件内容

 知识与技能拓展

除了选择"应用程序"→"系统工具"→"文件浏览器"命令打开如图 2-38 所示文件浏览器外，还可选择"位置"→"主文件夹"或"桌面"等菜单命令打开文件浏览器，也可以双击桌面上的"**计算机**"图标、"×××的主文件夹"图标等来打开文件浏览器，如图 2-39 所示。可以看出，两种方法打开的文件浏览器风格是不同的。

可以将图 2-39 所示的文件浏览器风格设置成图 2-38 所示的风格，方法如下：

选择"系统"→"首选项"→"文件管理"菜单命令，弹出如图 2-40 所示的"文件管理首选项"对话框，选择"**行为**"选项卡，选中"总是在浏览器窗口中打开"复选框，然后单击"关闭"按钮关闭该对话框。那么，再双击桌面上的"计算机"图标就会以图 2-38 所示的风格打开文件浏览器窗口了。

此外，可分别选择"视图"、"显示"、"列表列"和"预览"选项卡，进行相关设置。

【提示】选择图 2-39 所示窗口中的"编辑"→"首选项"菜单命令，也可以弹出图 2-40 所示的"文件管理首选项"对话框。

图 2-38 文件浏览器

图 2-39 文件浏览器的
另一种风格

图 2-40 "文件管理
首选项"对话框

任务总结

通过本任务的实施，应掌握下列知识和技能：
- 文件浏览器 Nautilus 的布局和基本术语
- 文件浏览器 Nautilus 的使用方法（创建目录、复制、粘贴等）（重点）
- 文件浏览器 Nautilus 显示风格的设置（重点）

2.3 子情境：设置面板

 任务描述

公司职员张某为方便工作，想把他经常使用的应用程序（如"文件管理器"、"终端"、"gedit"等）放在顶部面板上，以便于随时快速调用，同时把他较常使用的应用程序（如"文件搜索"、"显示桌面"等）放在顶部面板上的一个抽屉中（使用抽屉可以避免在顶部面板上放置太多图标而显得零乱）。

此外，他每天还需要根据实际情况写一个或几个便笺，以提醒自己当天的重要工作，避免耽误。任务完成后的状态如图 2-41 所示。

图 2-41 任务目标示意图

 任务实施流程

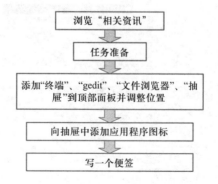

相关资讯

在 Linux 操作系统桌面环境中，**面板**是顶部或底部的长条，是 GNOME 桌面环境的核心部分，它与 Windows 中任务栏的作用类似。

在 GNOME 桌面环境中，默认情况下有两个面板：**顶部面板**（上面板）、**底部面板**（下面板）。用户还可以增加右侧面板、左侧面板等，方法是，右击某个面板的空白处，在弹出的快捷菜单中选择"新建面板"命令，即可增加面板。

 任务准备

一台装有 RHEL 6.x Server 操作系统的计算机，且配有 CD 或 DVD 光驱、音箱或耳机。

 任务实施

步骤 1　在顶部面板添加"终端"图标

选择顶部面板的"应用程序"→"系统工具"菜单命令，展开该菜单，右击"终端"命令，弹出如图 2-42 所示的快捷菜单，选择"将此启动器添加到面板"命令（或拖动"终端"命令到顶部面板），顶部面板上便会出现"终端"图标。

步骤 2　在顶部面板添加 gedit 图标

（1）打开"添加到面板"对话框

右击顶部面板空白处，弹出如图 2-43 所示的快捷菜单，选择"添加到面板"命令，弹出如图 2-44 所示的"添加到面板"对话框，选中"自定义应用程序启动器"选项，单击"添加"按钮。

图 2-42　"终端"快捷菜单　　图 2-43　顶部面板的快捷菜单　　图 2-44　"添加到面板"对话框

（2）创建 gedit 启动器

此时弹出如图 2-45 所示的"创建启动器"对话框，依次进行下列操作：

① 在"名称"文本框中输入"gedit"；

② 单击"浏览"按钮，在弹出的"选择应用程序"对话框的左侧栏中双击"文件系统"，接着在右侧栏中依次双击"usr"→"bin"，对话框如图 2-46 所示，选中 gedit 程序后，单击"打开"按钮返回图 2-45 所示的"创建启动器"对话框；

图 2-45　"创建启动器"对话框

图 2-46　"选择应用程序"对话框

③ 单击"名称"左侧的图标按钮,弹出如图 2-47 所示的"选择图标"对话框,在右侧的列表框中拖动垂直滚动条,选中 emacs. svg 图标后单击"打开"按钮(或双击该图标),返回"创建启动器"对话框,如图 2-48 所示,单击"确定"按钮,顶部面板上出现 gedit 应用程序的图标。

图 2-47　"选择图标"对话框

图 2-48　设置后的"创建启动器"对话框

步骤 3　在顶部面板添加"文件浏览器"图标

在图 2-44 所示的"添加到面板"对话框中选中"应用程序启动器"选项,单击"前进"按钮,在弹出的界面中,单击"系统工具"项左侧的△按钮展开该项,选中"文件浏览器"选项,如图 2-49 所示,单击"添加"按钮,顶部面板上出现"文件浏览器"图标。

随后单击"后退"按钮返回"添加到面板"对话框,如图 2-50 所示。

图 2-49　选择"文件浏览器"选项

图 2-50　从图 2-49 返回的"添加到面板"对话框

步骤 4　在顶部面板添加"抽屉"图标

在图 2-44 所示的"添加到面板"对话框中双击"抽屉"图标,顶部面板会出现一个"抽屉"图标。最后单击"关闭"按钮关闭"添加到面板"对话框。

步骤5　**调整顶部面板上的图标位置**

右击顶部面板上需调整位置的对象图标，在弹出的快捷菜单中选中"移动"命令，通过移动鼠标将该图标放到恰当位置后，单击左键即可（单击并拖动图标到适当位置）。调整图标位置前后的效果如图2-51所示。

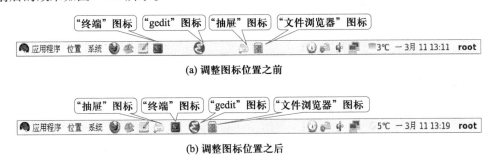

图 2-51　调整图标位置前后的效果

步骤6　**向抽屉中添加图标**

（1）向抽屉中添加"搜索文件"图标

右击顶部面板上的"抽屉"图标，弹出如图2-52所示的快捷菜单，选择"添加到抽屉"命令，弹出如图2-53所示的"添加到抽屉"对话框，拖动右侧的滚动条，选中"搜索文件"选项，单击"添加"按钮（或双击"搜索文件"图标），抽屉中出现"搜索文件"图标。

（2）向抽屉中添加"显示桌面"图标

在"添加到抽屉"对话框中双击"显示桌面"图标，抽屉中出现"显示桌面"图标，添加图标后的抽屉如图2-54所示。最后单击"关闭"按钮，关闭"添加到抽屉"对话框。

图 2-52　"抽屉"快捷菜单　　　图 2-53　"添加到抽屉"对话框　　　图 2-54　添加图标后的抽屉

步骤7　**写一个工作便笺**

右击顶部面板上的"便笺"图标，弹出如图2-55所示的快捷菜单，选择"创建新便笺"命令，弹出一个空白便笺窗口，在该便笺中写上当天的重要事项，如图2-56所示。

写好便笺后关闭该窗口，用户便可以随时单击顶部面板上的"便笺"图标，选择相应便笺即可将其打开，以提醒自己要做的重要工作，避免忘记。

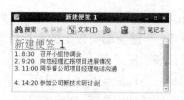

图 2-55 "便笺"快捷菜单　　　　　　　　　图 2-56 新建便笺

 知识与技能拓展

1. 设置面板属性、添加面板

右击面板（顶部面板、底部面板或其他面板）空白处，弹出如图 2-57 所示的快捷菜单。

① 选择"属性"命令，弹出如图 2-58 所示的"面板属性"对话框，可设置该面板的属性。

② 选择"新建面板"命令，将默认在四周出现扩展的空白面板，用户可以在空白面板上添加应用程序图标。

③ 选择"删除该面板"、"帮助"、"关于面板"命令可进行相应的操作。

2. 设置面板上对象的属性

右击面板上的对象（图标），弹出如图 2-59 所示的快捷菜单。不同对象的快捷菜单会有所不同。

图 2-57 面板快捷菜单　　　图 2-58 "面板属性"对话框　　　图 2-59 面板对象的快捷菜单

① 选择"属性"命令，在弹出的属性对话框中可设置该对象的属性。

② 选择"从面板上删除"命令，可从面板上删除该对象。

③ 选择"移动"命令，可以移动其位置（可在本面板中移动，也可移动到抽屉或其他面板）。

④ 选中"锁定到面板"复选框，则当前对象不可移动。

3. 设置工作区

右击**工作区切换器**（屏幕右下角），弹出快捷菜单，选择"首选项"命令，弹出"工作区切换器首选项"对话框，如图 2-60 所示，从中可设置工作区数量、是否在切换器中显示工作区名称等。

4. 在桌面上添加、删除对象

（1）添加一个应用程序图标到桌面

右击桌面空白处，弹出如图 2-61 所示的快捷菜单，选择"创建启动器"命令，弹出如图 2-62所示的"创建启动器"对话框，在该对话框中完成设置就可以向桌面添加一个应用程序图标。添加图标后的桌面如图 2-63 所示。

图 2-60 "工作区切换器首选项"对话框   图 2-61 桌面的快捷菜单

图 2-62 "创建启动器"对话框   图 2-63 添加图标后的桌面

【提示】也可以拖动一个对象图标到桌面，如从顶部面板的"**应用程序**"→"**系统工具**"中拖动"**终端**"到桌面。

（2）添加一个文件夹到桌面

还可以在图 2-61 所示的快捷菜单中选择相关命令完成在桌面创建文件夹、创建文档、打开终端等操作。例如，可以选择"创建文件夹"命令在桌面上创建一个"应聘人员资料"文件夹来存放所有应聘人员的求职材料，如图 2-63 所示。

（3）删除桌面上应用程序图标

右击桌面上的对象，弹出快捷菜单，选择"剪切"命令，可以删除桌面上的图标。选择快捷菜单中的其他命令，可以完成相应的操作。需要注意的是，右击不同的对象，弹出的快捷菜单会不同。

任务总结

通过本任务的实施，应掌握下列知识和技能：
- 向面板上添加应用程序图标的方法（重点）
- 向面板上添加抽屉并向该抽屉中添加图标的方法（重点）
- 便笺的使用方法
- 设置面板属性的方法

• 向桌面添加、删除图标的方法

2.4 子情境：设置桌面

 任务描述

公司职员王某更换了一台 19 英寸的液晶显示器，开机后发现屏幕字迹比较模糊粗糙，需要调整屏幕分辨率，并且他想把公司外景照片作为桌面背景。同时，为防止无关人员查看或删除自己的重要文档，希望自己离开计算机 5 分钟以后自动锁屏并关闭显示器电源。

 任务实施流程

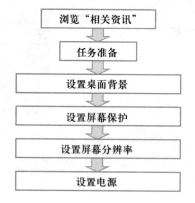

 相关资讯

1. "首选项"和"系统"命令

顶部面板上"系统"菜单中包含两个与设置有关的特别重要的命令："首选项"和"管理"，其级联菜单如图 2-64 和图 2-65 所示。选择"首选项"和"管理"菜单中的命令，进入相应的窗口或对话框，可以进行相应的设置。

"首选项"菜单中的设置只影响登录用户，而"管理"菜单中的设置是对 Linux 系统进行的配置，将影响整个计算机系统（所有用户）的使用。因此，"管理"菜单中的许多设置都需要超级用户权限。当以普通用户账号登录到系统后，选择"管理"级联菜单中需要超级用户权限的设置项时，将弹出要求输入超级用户 root 密码的对话框，输入正确的密码后，普通用户就拥有超级用户的权限，便能够进行系统设置。

2. 屏幕分辨率

屏幕分辨率是指屏幕横向、纵向所能显示的像素数。在显示器尺寸一定的情况下，设成 800×600 的分辨率和设成 $1\,024 \times 768$ 的分辨率相比，屏幕显示的像素点少了，所以字和图像都变大了。反之，分辨率设置得越高，字和图像越小，屏幕上可以显示的内容越多。

图 2-64 "首选项"级联菜单　　　　　　图 2-65 "管理"级联菜单

 任务准备

1. 一台装有 RHEL 6.x Server 操作系统的计算机，且配有 CD 或 DVD 光驱、音箱或耳机。

2. 以 hbzy 用户登录 Linux 系统（密码 hbzy123），并将一张名为"1 公司外景.jpg"的数码照片存放在/home/hbzy 目录中。

任务实施

步骤 1　将公司外景照片设置为桌面背景

选择"系统"→"首选项"→"外观"菜单命令，弹出如图 2-66 所示的"外观首选项"对话框（或右击桌面空白处，弹出快捷菜单，选择"更改桌面背景"命令）。

单击"添加"按钮，弹出如图 2-67 所示的"添加壁纸"对话框，单击左侧栏中的"hbzy"，在右侧栏显示出该目录中的文件，选中"1 公司外景.jpg"文件，单击"打开"按钮，桌面背景立即变成公司外景照片，如图 2-68 所示。单击"关闭"按钮，关闭"外观首选项"对话框。

图 2-66 "外观首选项"对话框　　　　　　图 2-67 "添加壁纸"对话框

图2-68 改变背景后的桌面

步骤2 设置屏幕保护

选择"系统"→"首选项"→"屏幕保护程序"菜单命令，弹出如图2-69所示的"屏幕保护程序首选项"对话框，选中"宇宙"项，然后拖动"于此时间后视计算机为空闲"滑块到5分钟位置（如果5分钟内不使用计算机，将进入屏幕保护状态，如图2-70所示）。

图2-69 "屏幕保护程序首选项"对话框 　　　　　图2-70 进入屏幕保护的状态

选中"计算机空闲时激活屏幕保护程序"复选框，将运行屏幕保护程序。

选中"屏幕保护程序激活时锁定屏幕"复选框，则需输入口令才能解除屏保。

【提示】如果是超级用户root，那么将不被锁住。

步骤3 设置屏幕分辨率

选择"系统"→"首选项"→"显示"菜单命令，弹出如图2-71所示的"显示首选项"对话框，设置分辨率为800×600，单击"应用"按钮，然后单击"关闭"按钮结束设置。

步骤 4 设置电源

选择"系统"→"首选项"→"电源管理"菜单命令，弹出如图 2-72 所示的"电源首选项"对话框，通过拖动滑块设置 10 分钟后显示器转入睡眠、1 小时后计算机转入睡眠，单击"关闭"按钮结束设置。

图 2-71 "显示首选项"对话框　　　　　　图 2-72 "电源首选项"对话框

 知识与技能拓展

1. 设置主题

选择"系统"→"首选项"→"外观"菜单命令，弹出如图 2-73 所示的"外观首选项"对话框，在其中选中喜欢的主题，桌面图标和系统面板等均会发生变化。单击"自定义"按钮，弹出如图 2-74 所示的"自定义主题"对话框，用户可从"控制"、"色彩"、"窗口边框"、"图标"和"指针"5 个选项卡中选择不同的类型来形成自己的主题，当选中相关的设置时主题风格发生变化。

图 2-73 "外观首选项"对话框　　　　　　图 2-74 "自定义主题"对话框

2. 设置字体

选择"系统"→"首选项"→"外观"菜单命令，弹出"外观首选项"对话框，切换到"字体"选项卡，如图 2-75 所示，其中显示了系统默认的应用程序字体及大小、文档字体及大小、桌面字体及大小、窗口标题字体及大小、终端字体及大小、字体渲染方式等。如单击"桌面字体"项的设置按钮"Sans"，则弹出如图 2-76 所示的"拾取字体"对话框，从中可进行相关设置。

图 2-75　设置字体

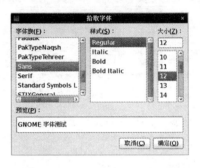

图 2-76　"拾取字体"对话框

3. 设置窗口

选择"系统"→"首选项"→"窗口"菜单命令，弹出"窗口首选项"对话框，可设置窗口选择、标题栏动作等行为。

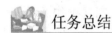 **任务总结**

通过本任务的实施，应掌握下列知识和技能：
- 顶部面板上"系统"→"首选项"和"管理"菜单的作用
- 屏幕分辨率的概念
- 设置桌面背景、屏幕保护、屏幕分辨率、电源的方法（重点）
- 设置主题、字体、窗口等的方法

2.5　子情境：设置键盘、鼠标和声音效果

 任务描述

在冬季，某公司要做一个关于某项目解决方案的论证会报告（报告中有背景音乐），由于

报告人是左撇子，因此需要将鼠标设置成左手鼠标；由于天气比较冷，手指不太灵活，因此希望改变键盘和鼠标的速度、灵敏度等；由于会场较大，为保证会议效果，还要调试好音响设备，保证音响设备能正常使用、声音大小适当。

 任务实施流程

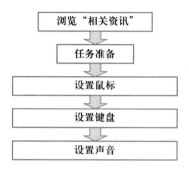

 相关资讯

PCM（Pulse Code Modulation，**脉冲编码调制**）是在数字音响中普遍采用的方式，用于将连续的模拟信号（如话音）变换成离散的数字信号，嫁接到一个 64 kb/s 的数字位流上，以便于传输。PCM 是数字通信的编码方式之一，主要过程是，将话音、图像等模拟信号每隔一定时间进行取样，使其离散化，同时将抽样值按分层单位四舍五入取整量化，同时将抽样值按一组二进制码来表示抽样脉冲的幅值。PCM 编码的最大优点是音质好，最大缺点是体积大。人们常见的 Audio CD 就采用了 PCM 编码，一张 700 MB 的光盘只能容纳 72 分钟的音乐信息。

 任务准备

1. 一台装有 RHEL 6. x Server 操作系统的计算机，且配有 CD 或 DVD 光驱、音箱或耳机。
2. 音响设备一套，并连接到计算机上。

任务实施

步骤 1 设置鼠标

选择"系统"→"首选项"→"鼠标"菜单命令，弹出如图 2-77 所示的"鼠标首选项"对话框，选择"惯用左手"单选按钮，拖动"超时"滑块以延长双击间隔时间，并双击下方灯泡看看是否合适，不合适则重新拖动滑块。

步骤 2 设置键盘

选择"系统"→"首选项"→"键盘"菜单命令，弹出如图 2-78 所示的"键盘首选项"对话框，在"常规"选项卡中拖动滑块调整重复键的延时和速度，以及光标是否闪烁及闪烁速度。此外可在"布局"、"辅助功能"、"鼠标键"、"打字间断"选项卡中进行相关设置。

图 2-77　"鼠标首选项"对话框　　　　　　图 2-78　"键盘首选项"对话框

步骤 3　设置声音

选择"系统"→"首选项"→"声音"菜单命令，弹出如图 2-79 所示的"声音首选项"对话框，在"声音效果"选项卡中设置输出音量大小、报警音量大小、报警声音。

【提示】右击顶部面板右端（屏幕右上角）的"音量调节器"按钮，在弹出的快捷菜单中选择"声音首选项"菜单命令，也可以弹出如图 2-79 所示的"声音首选项"对话框。

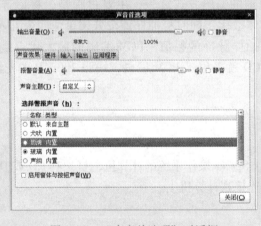

图 2-79　"声音首选项"对话框

 知识与技能拓展

1. 音量调节滑块

左击顶部面板右端（屏幕右上角）的"音量调节器"按钮，弹出如图 2-80 所示的音量调节器，可调节音量。

2. 测试扬声器

选择"系统"→"管理"→"声音"菜单命令，弹出如图 2-81 所示的"声音首选项"对话框，切换到"硬件"选项卡，单击"测试扬声器"按钮，弹出如图2-82所示的对话框进行测试。

图2-80 音量调节器　　　图2-81　"声音首选项"的"硬件"选项卡　　　图2-82　测试扬声器对话框

任务总结

通过本任务的实施，应掌握下列知识和技能：

- 设置鼠标特性的方法
- 设置键盘特性的方法
- 设置声音效果的方法

2.6　子情境：设置打印机

任务描述

由于工作需要，某项目小组购买了一台HP激光打印机，需要将它安装到装有Linux操作系统的计算机上，使其能正常打印。同时，本项目小组成员也可以通过网络使用该打印机。

任务实施流程

相关资讯

RHEL 6. x Server 采用 **CUPS**（Common UNIX Printing System，**通用 UNIX 打印系统**）来实现打印管理。CUPS 包含一系列打印工具，能为很多打印机提供服务。

Linux 支持的打印机没有 Windows 的多，要知道某款打印机是否能在 Linux 下使用，可访问 http：//www. linuxprinting. org/ 查询。linuxprinting 组织将打印机分为 4 个级别，级别越高，则在 Linux 环境中的打印效果越好，而级别太低的打印机则不能用于 Linux 环境。

在 Linux 系统中，无论打印文本还是图像，打印作业都不是直接被送到打印机，而是先被送到打印缓冲区，排列成脱机打印队列后才由打印机打印。Linux 中的每一台打印机都有自己的打印缓冲区。

 任务准备

1. 一台装有 RHEL 6. x Server 操作系统的计算机，且配有 CD 或 DVD 光驱、音箱或耳机。
2. 一台 HP LaserJet 1010 打印机，连接到计算机上并通电。

任务实施

步骤1 添加本地打印机

（1）选择设备

选择"系统"→"管理"→"打印"菜单命令，弹出如图 2-83 所示的打印机配置窗口，默认情况下没有安装任何打印机。

单击工具栏中的"新建"按钮，弹出如图 2-84 所示的选择设备窗口，在左侧的"设备"列表框中选择 HP LaserJet 1010 选项。

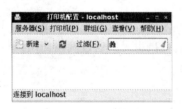

图 2-83　打印机配置窗口

图 2-84　选择设备

（2）设置新打印机名

单击"前进"按钮，弹出如图 2-85 所示的窗口，在"打印机名"文本框中输入"hp - LaserJet - 1010"。

【提示】在图 2-85 的"描述"和"位置"文本框中可输入对此打印机的描述、位置信息，这里保持默认。

（3）打印测试页

单击"应用"按钮，等待几秒钟后弹出如图 2-86 所示的对话框，单击"是"按钮，弹出如图 2-87 所示的对话框，单击"确定"按钮，打印一张测试页。检查测试页的打印效果，一切正常，表示打印机已配置成功。

图 2-85 "描述打印机"窗口   图 2-86 打印测试页提示对话框

步骤 2 设置打印机的属性

测试页打印完毕后弹出如图 2-88 所示的打印机属性对话框，在左侧栏选择"设置"、"策略"、"访问控制"、"打印机选项"和"任务选项"等项后，即可在右侧栏进行相应设置。

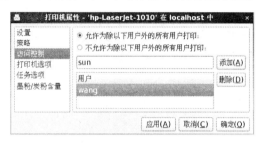

图 2-87 确定打印测试页提示对话框   图 2-88 设置"访问控制"选项

（1）设置"访问控制"选项

在图 2-88 左侧栏选中"访问控制"选项，然后在右侧栏选中"允许为除以下用户外的所有用户打印"单选按钮，并在"用户"列表框中添加禁止用户。

【提示】也可选中"不允许为除以下用户外的所有用户打印"单选按钮，在"用户"列表框中添加允许用户。

（2）设置"打印机选项"选项

在图 2-88 左侧栏选中"打印机选项"选项，然后在右侧栏设置纸张大小、颜色模式、打印质量、是否双面打印等，如图 2-89 所示。

（3）设置"任务选项"选项

在图 2-89 左侧栏选中"任务选项"选项，然后在右侧栏设置打印张数、页边距等，如图 2-90 所示。

（4）保存设置

单击图 2-90 对话框下部的"应用"按钮保存设置，然后关闭该对话框（或直接单击"确定"按钮）。

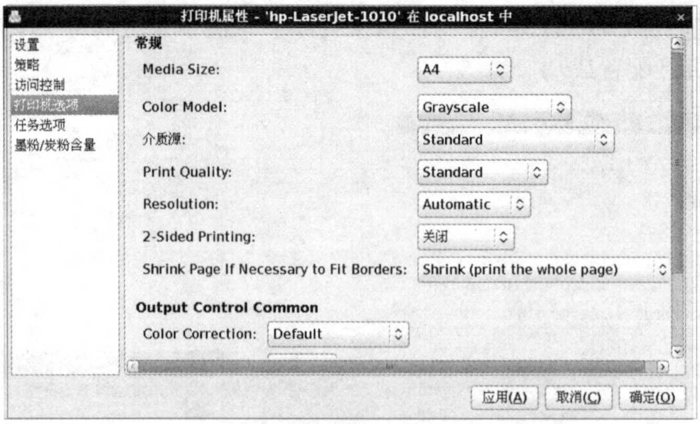

图 2-89 设置"打印机选项"选项

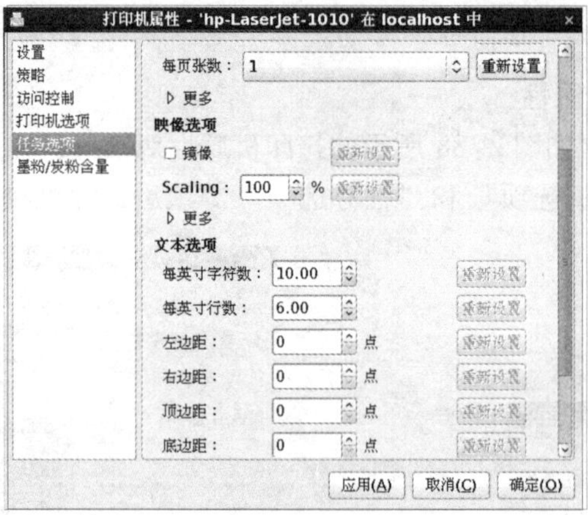

图 2-90 设置"任务选项"选项

步骤3 设置默认打印机

如果计算机中连接了多台打印机，可以选择某一台为默认打印机。

在打印机配置窗口中，选中打印机 hp - LaserJet - 1010 后右击，弹出快捷菜单，如图 2-91 所示，选择"设为默认"命令，弹出如图 2-92 所示的"设置默认打印机"对话框，选中"设置为系统范围的默认打印机"单选按钮，然后单击"确定"按钮，将该打印机设置为默认打印机（默认打印机图标上有一个 ⊘ 标记）。

图 2-91 打印机快捷菜单

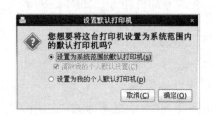

图 2-92 "设置默认打印机"对话框

任务检测

用文本编辑器 gedit 编辑好一份文件，然后在 gedit 应用程序中打印文件。

（1）打印预览

选择 gedit 应用程序菜单栏上的"文件"→"打印预览"菜单命令，预览打印效果，如果不满意可返回修改。

（2）打印

选择 gedit 应用程序菜单栏上的"文件"→"打印"菜单命令（或单击工具栏上的"打印"按钮），弹出如图 2-93 所示的"打印"对话框，在"常规"选项卡中保持选中默认的打印机"hp－LaserJet－1010"、在"范围"选项组中保持默认的"所有页面"选项、在"副本"选项组中保持默认的打印份数为"1"。在"页面设置"、"文本编辑器"、"任务"等选项卡中，均保持默认设置，然后单击"打印"按钮进行打印。

图 2-93 "打印"对话框

 知识与技能拓展

1. 设置默认打印机

选择"系统"→"首选项"→"默认打印机"菜单命令，弹出"默认打印机"对话框，也可以设置默认打印机。

2. 添加网络中 Windows 系统上的共享打印机

方法参见"9.1 子情境：Samba 服务器的安装与配置"中"知识与技能拓展"的相关内容。

 任务总结

通过本任务的实施，应掌握下列知识和技能：

● 配置打印机的方法（重点）
● 打印文件的方法

2.7 子情境：架设本地源 yum

任务描述

某公司职员在安装 Linux 操作系统时没有注册，当选择顶部面板上的"系统"→"管理"→"添加/删除软件"菜单命令时，弹出如图 2-94 所示的"添加/删除软件"窗口，但该窗口提示"组别列表不合法"，无法正常使用"添加/删除软件"窗口。经过查询和向同事请教，得知需要架设本地源 yum，才能正常使用"添加/删除软件"命令，架设本地 yum 后的窗口如图 2-95 所示。

图 2-94 组别列表不合法的"添加/删除软件"窗口

图 2-95 架设本地源 yum 后的"添加/删除软件"窗口

任务实施流程

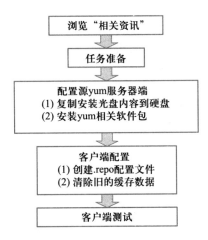

 相关资讯

yum（Yellow dog Updater，Modifiey）是一个在 Fedora、RedHat、SUSE、CentOS 等的 Shell 前端软件包管理器，其主要功能是更方便、快捷地添加/删除/更新 RPM 包，它能自动处理依赖性关系，并一次安装所有依赖的软件包，无须烦琐地一次次安装，便于管理大量的系统更新问题。

 任务准备

1. 一台装有 RHEL 6. x Server 操作系统的计算机，且配有 CD 或 DVD 光驱、音箱或耳机。
2. RHEL 6. x Server 安装光盘一张（DVD）。

 任务实施

步骤 1　配置源 yum 服务器端

（1）从 **RHEL 6. x Server** 安装光盘中复制软件包到硬盘

右击桌面空白处，弹出快捷菜单，选择"在终端中打开"命令，打开一个终端窗口，在其中输入"mkdir"、"mount"、"cp"等命令，如图 2-96 所示。其中，"/repo/ DVD"是安装光盘的挂载点，"/repo/rhel6"是安装光盘文件复制到硬盘的存放目录。

图 2-96　复制 RHEL 6. 3 Server 安装光盘的内容到硬盘

（2）安装 yum 相关软件包

在终端输入"rpm －qa | grep yum"命令，安装 yum 相关软件包，如图 2-97 所示。

步骤 2　配置客户端

（1）创建 . repo 配置文件

在终端输入"vi ／etc/yum. repos. d/rhel6－local. repo"命令，弹出 vi 编辑器，如图 2-98 所示，输入如图 2-99 所示的内容，保存并退出 vi 编辑器，回到终端命令状态。

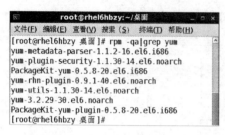

图 2-97　安装 yum 相关软件包

图 2-98　打开 vi 编辑器

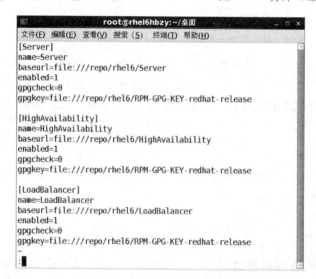

图 2-99　用 vi 编辑 . repo 配置文件

（2）清除旧的缓存数据

在终端输入"yum clean all"命令，清除旧的缓存数据，如图 2-100 所示。

至此，yum 配置完毕。

图 2-100　清除旧缓存数据

任务检测

1. 使用 yum 下载安装软件

在终端输入"yum list"命令，列出所有的可安装软件清单；输入"yum grouplist"命令，列出所有的包组。

可以使用"yum update"命令安装所有更新软件，还可以使用"yum install bind"、"yum install bind – chroot"等命令下载并安装 bind、bind – chroot 软件包。

2. 架设好源 yum 后的"添加/删除软件"窗口

选择顶部面板上的"系统"→"管理"→"添加/删除软件"菜单命令，弹出如图 2-95 所示的"添加/删除软件"窗口，可以浏览并安装各项软件包。

 知识与技能拓展

选择"系统"→"首选项"→"软件更新"菜单命令，弹出如图 2-101 所示的"软件更新首选项"对话框，可以进行软件更新。

图 2-101 "软件更新首选项"对话框

 任务总结

通过本任务的实施，应掌握下列知识和技能：

- yum 的概念和作用
- 架设本地源 yum 的方法（配置 yum 服务端、客户端）（重点、难点）
- yum 的使用方法

情境总结

图形化用户界面的成熟为 Linux 操作系统被越来越多的用户，特别是普通用户所接受，使得 Linux 桌面操作系统成为全球最流行的第二大桌面操作系统。

X Window 是 Linux 系统中图形化用户界面的技术标准，目前，X Window 技术已经十分成熟，从而使得 Linux 图形化用户界面与 MS Windows 相比毫不逊色。

目前，Linux 操作系统有 GNOME 和 KDE 两大桌面环境。GNOME 在 Gtk + 图形库的基础上用 C 语言开发完成；KDE 在 Qt3 图形库的基础上用 C++语言开发完成。CNOME 是 RHEL 6. x Server 的默认桌面环境。

> GNOME 桌面环境包括**系统面板**、**主菜单**和**桌面** 3 个组成部分，其中，主菜单是系统管理和运行的核心。GNOME 的文件管理器是 Nautilus。
>
> 在 GNOME 桌面环境中，利用"系统"→"首选项"的级联菜单，用户可调整桌面环境的背景、屏幕保护程序、主题、字体、声音效果等；利用"系统"→"管理"的级联菜单，拥有超级用户权限的用户可设置系统时间、配置打印机等。
>
> "首选项"级联菜单中的命令，只影响登录用户；而"管理"级联菜单中的命令，是对 Linux 系统进行的配置，将影响整个计算机系统（所有用户）的使用。因此"系统"级联菜单中的许多设置都需要超级用户权限。

操作与练习

一、选择题

1. GNOME 图形化用户界面是基于哪个图形库的？是用哪种语言开发的？（ ）
   - A）Qt3 图形库、C 语言
   - B）Qt3 图形库、C ++ 语言
   - C）Gtk + 图形库、C 语言
   - D）Gtk + 图形库、C ++ 语言
2. Linux 最常用的 X Window 图形化用户界面主要有 GNOME 和以下哪项？（ ）
   - A）Gtk
   - B）Qt3
   - C）KDE
   - D）Windows
3. 使用哪组快捷键可以粘贴所选内容？（ ）
   - A）Ctrl + C
   - B）Ctrl + X
   - C）Ctrl + Shift
   - D）Ctrl + V
4. 以下哪组快捷键可轮流切换中英文输入法？（ ）
   - A）Ctrl + BackSpace
   - B）Ctrl + Shift
   - C）Ctrl + Enter
   - D）Ctrl + Space
5. 在 GNOME 中，应用程序窗口的默认字体和字号是以下哪项？（ ）
   - A）Sans 10
   - B）Sans Bold 10
   - C）MonoSpace 12
   - D）Luxi Sans 12
6. Nautilus 中可设置的文件属性不包括哪项内容？（ ）
   - A）徽标
   - B）权限
   - C）打开方式
   - D）修改时间
7. 关于"首选项"级联菜单和"管理"级联菜单的键盘选项，下列说法不正确的是哪项？（ ）
   - A）"首选项"级联菜单中的键盘选项可设置文本区域内的光标闪烁/不闪烁
   - B）"首选项"级联菜单中的键盘选项可设置重复键的延时
   - C）"管理"级联菜单中的键盘选项可设置键盘的类型
   - D）"管理"级联菜单中的键盘选项可设置键盘的型号
8. 关于 Linux 中的打印机，下列说法错误的是哪项？（ ）
   - A）可以添加本地打印机
   - B）可以添加网络上的打印机
   - C）只有超级用户才能添加打印机
   - D）普通用户也可以添加打印机

二、操作题

1. 将桌面背景设置为"绽放"图片。

2. 设置屏幕保护程序。

3. 在桌面创建一个名为"项目资料"的文件夹。

4. 设置底部面板自动隐藏。

5. 在顶部面板上添加、移动和删除对象。

6. 设置主题为"清爽"。

7. 增加启动项：启动桌面环境就自动启动 Web 浏览器。

8. 添加一个输入法。

9. 用 gedit 写一个便笺。

10. 文件浏览器 Nautilus 的基本操作：创建、移动、复制文件夹和文件，修改文件属性。

11. 文件浏览器 Nautilus 的基本操作：查看隐藏文件。

12. 修改日期和时间为当前日期和时间。

13. 更改鼠标的速度和灵敏度。

14. 调整声音大小。

15. 设置防火墙。

学习情境 3
字符界面及文本编辑器

情境引入

　　尽管 Linux 图形化用户界面为用户提供了简便、易用、直观的操作平台，但目前图形化用户界面还不能完成所有的系统操作，部分操作还必须在字符界面下进行。字符界面占用系统资源较少且操作更直接，系统运行更快速和高效，因此从事嵌入式开发和 Linux 服务器管理的人员都喜欢使用字符界面及 Shell 命令来进行工作。

3.1 子情境：字符界面及 Shell 命令简介

 任务描述

一家从事 Linux 嵌入式开发的公司招聘了一名新职员，为尽快让该员工适应工作岗位，公司拟对他进行有关培训，培训的一项内容就是 Shell 命令的使用技巧，以便该员工能尽快熟悉字符界面及 Shell 命令的有关知识和使用方法。

 任务实施流程

 相关资讯

1. Shell 的功能

Linux 中有多种 Shell，其中默认使用的是 Bash。Linux 系统的 Shell 作为操作系统的外壳，是用户和 Linux 内核之间的接口（即为用户提供使用操作系统的接口），它是命令语言、命令解释程序及程序设计语言的统称。当从 Shell 向 Linux 传递命令时，内核会做出相应的反应。从用户登录到用户注销的整个期间，用户输入的每个命令都要经过 Shell 的解释才能执行。

Shell 可执行的用户命令可分为两大类：**内置命令和实用程序**，其中，实用程序又分为 4 类，如表 3-1 所示。

表 3-1 Shell 可执行的用户命令

命令类型	功　能	
内置命令	为提高执行效率，部分常用命令的解释器构筑于 Shell 内部	
实用程序	Linux 程序	存放在/bin、/sbin 目录下的 Linux 自带的命令
	应用程序	存放在/usr/bin、/usr/sbin 等目录下的应用程序
	Shell 脚本	用 Shell 语言编写的脚本程序
	用户程序	用户编写的其他可执行程序

2. 字符界面的使用

Linux 系统的图形化用户界面为用户提供了简便、易用、直观的操作平台，但使用字符界面的工作方式仍然十分常见。在字符界面下使用相关的 Shell 命令可以完成操作系统的所有任务，这主要是因为：

① 目前的图形化用户界面还不能完成所有的系统操作，部分操作仍然必须在字符界面下进行。

② 字符界面占用的系统资源较少，使用相同硬件配置的计算机，运行字符界面比运行图形化用户界面时的速度要快。

③ 对于熟练的系统管理人员而言，字符界面更加直接高效。

熟练运用 Linux 操作系统、字符界面及 Shell 命令是必须掌握的核心内容。掌握 Shell 命令后，无论使用哪种发行版本的 Linux 都会得心应手、运用自如。

3. 虚拟终端

Linux 的字符界面也称为**虚拟终端**（Virtual Terminal）或者**虚拟控制台**（Virtual Console）。

使用安装 Windows 操作系统的计算机时，用户使用的是真实终端。Linux 具有虚拟终端的功能，可为用户提供多个互不干扰、相互独立的工作界面。使用安装 Linux 操作系统的计算机时，用户面对的虽然是一套物理终端设备，但是仿佛在操作多个终端。

RHEL 6. x 默认有 7 个虚拟终端，其中，第 1 ～ 6 号虚拟终端是字符界面；图形化用户界面总是由第 1 号字符终端启动且运行在第 7 号终端，占用第 1 号和第 7 号两个终端（其中第 7 号终端是图形化用户界面，而第 1 号字符终端表现为"死机"状态）。虚拟终端相互独立，用户可用相同或不同的账号登录各虚拟终端，同时使用计算机。虚拟终端之间可以相互切换：

① 使用 Ctrl + Alt + F2 ～ Ctrl + Alt + F6 组合键可从图形化用户界面切换到字符界面的虚拟终端。注意：如果是在 VMware 虚拟机中安装的 Linux 系统，则须长按此组合键直到界面切换。

② 使用 Alt + F1 ～ Alt + F7 组合键可从字符界面的虚拟终端切换到其他虚拟终端。

【提示】在 VMware 虚拟机中安装 RHEL 6. x Server，当系统启动后自动进入图形化用户界面时，总是由第 1 号虚拟终端启动，然后运行在第 7 号虚拟终端，而第 1 号虚拟终端表现为"死机"状态。因此需要按 Alt + F7 组合键返回图形用户界面（按 Alt + F1 组合键时，第 1 号虚拟终端表现为"死机"状态）。

 任务准备

1. 一台装有 RHEL 6. x Server 操作系统的计算机，且配有 CD 或 DVD 光驱、音箱或耳机。
2. 启动计算机，以超级用户"root"（口令为"root123"）登录。

任务实施

步骤 1 **了解 Shell 命令**

（1）Shell 命令提示符

成功登录 Linux 后会出现 **Shell 命令提示符**，例如：

[root@ rhel6hbzy ～]#　　　　　　　#为超级用户的命令提示符

[hbzy@ rhel6hbzy ～] $　　　　　　 $ 为普通用户 hbzy 的命令提示符

其具体含义分别为：

① [ ] 内 @ 之前为已登录的用户名（如 root、hbzy），@ 之后为计算机的主机名（如 rhel6hbzy）。如果没有设置主机名，则默认为 localhost。～表示用户的主目录，超级用户 root 的主目录为/root，普通用户的主目录为/home 中与用户名同名的目录，如 hbzy 的默认主目录为/home/hbzy。

② [ ] 外为 Shell 命令的提示符号，#是**超级用户**的提示符，$ 是**普通用户**的提示符。

（2）Shell 命令格式

Shell 命令由命令名、选项和参数 3 个部分组成，其基本格式如下：

命令名 ［选项］ ［参数］↓

① **命令名**：是描述该命令功能的英文单词或缩写，如查看时间的 date 命令，切换目录的 cd 命令等。在 Shell 命令中，命令名必不可少，且总是放在整个命令行的起始位置。

② **选项**：是执行该命令的限定参数或功能参数。同一命令采用不同的选项，其功能不相同。选项可以有一个，也可以有多个，甚至可以没有。选项通常以"－"开头，当有多个选项时，可以只使用一个"－"符号，如"ls－l－a"命令与"ls－la"命令的功能完全相同；部分选项以"－－"开头，这些选项通常是一个单词；少数命令的选项不需要"－"符号。

③ **参数**：是执行该命令所需的对象，如文件、目录等。根据命令的不同，参数可以有一个、多个或没有。

④ **回车符"↓"**：任何命令行都必须以回车符（用"↓"表示）结束。

需要特别指出的是，在命令基本格式中，方括号部分表示可选部分；命令名、选项与参数之间，参数与参数之间都必须用一个或多个空格分隔。

【提示】 Linux 系统严格区分英文字母的大小写，同一字母的大小写被看作不同的符号。因此，无论是 Shell 的命令名、选项名还是参数名都必须注意大小写。

步骤2 了解 Linux 的运行级别

运行级别是指 Linux 为适应不同的需求，在启动时规定的不同运行模式。Linux 有 7 个运行级别，如表 3-2 所示。

表 3-2 运 行 级 别

运行级别	说　　明	运行级别	说　　明
0	关机	4	保留的运行级别
1	单用户模式	5	完整的多用户模式，自动启动图形化用户界面
2	多用户模式，但不提供网络文件系统（NFS）	6	重新启动
3	完整的多用户模式，仅提供字符界面		

如果运行级别设置为 5（默认情况），系统启动后将自动进入图形化用户界面；如果希望启动后仅出现字符界面，则可将运行级别设置为 3。运行级别的信息保留在/etc/inittab 文件中，修改该文件中的运行级别就可决定图形化用户界面的启动方式。

只有超级用户才能修改/etc/inittab 文件。无论是使用桌面环境下的文本编辑器（gedit），还是利用 vi 文本编辑器，都能对/etc/inittab 文件进行编辑。

步骤 3　学习字符界面的登录

（1）从图形化用户界面切换到虚拟终端

默认情况下，Linux 启动后直接进入图形化用户界面。按 Ctrl + Alt + F2 组合键切换到第 2 个虚拟终端，出现如图 3-1 所示的字符登录界面。注意：对于 VMware 虚拟机中的 Linux 系统，必须长按该组合键直到界面切换。

```
Red Hat Enterprise Linux Server release 6.3 (Santiago)
Kernel 2.6.32-279.el6.i686 on an i686

rhel6hbzy login: _
```

图 3-1　字符登录界面

【提示】在此字符界面上，第 1 行信息表示当前使用的 Linux 发行版本是 Red Hat Enterprise Linux Server，版本号为 6.3，又名 Santiago。第 2 行信息显示 Linux 内核版本是 2.6.32 - 279.el6，以及本机的 CPU 型号是 i686（Linux 将 Intel 奔腾以上级别的 CPU，包括奔腾 II、奔腾 III 和奔腾 IV，都表示为 i686）。第 3 行信息显示本机的主机名为 rhel6hbzy。如果用户未设置主机名，则使用系统的默认主机名 localhost。光标在"login:"后，表明正在等待输入用户名。

输入用户名"root"并按 Enter 键，出现"Password:"字样，输入口令"root123"并按 Enter 键，成功登录 Linux 系统，此时的字符界面如图 3-2 所示，系统等待用户输入 Shell 命令（如果用户名或口令有误，系统会要求重新输入）。

```
Red Hat Enterprise Linux Server release 6.3 (Santiago)
Kernel 2.6.32-279.el6.i686 on an i686

rhel6hbzy login: root
Password:
Last login: Wed Jan 16 12:14:56 on tty2
[root@rhel6hbzy ~]# _
```

图 3-2　成功登录后的字符界面

只要不是第一次登录系统，屏幕都会显示该用户账号上次登录系统的时间及登录的终端号。

由于 Linux 操作系统有内部邮件系统，用户登录后有时会出现类似"You hava a mail"等的信息，提示用户有新的电子邮件。

【提示】与 MS Windows 不同的是，在 Linux 字符界面下输入口令时，屏幕上没有任何显示内容，并不会出现类似"＊＊＊＊＊＊"的字符串来提醒用户已经输入几个字符。

（2）直接启动并登录字符界面

① 启动文本编辑器。选择"应用程序"→"附件"→"gedit 文本编辑器"菜单命令，弹

出如图3-3所示的文本编辑器窗口。

② 打开/etc/inittab文件。单击工具栏上的"**打开**"按钮，弹出如图3-4所示的对话框，单击"输入文件名"按钮，弹出"位置"文本框，然后在"位置"文本框中输入"/etc/inittab"，单击"打开"按钮，打开inittab文件，如图3-5所示。

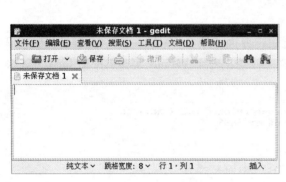

图3-3　文本编辑器　　　　　　　　　　　　　图3-4　"打开文件"对话框

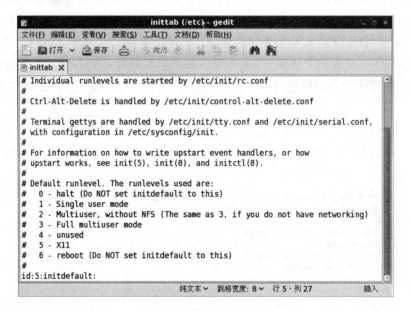

图3-5　inittab文件

③ 修改运行级别。在inittab文件中，将内容为"id：5：initdefault"的行的数字"5"改为"3"，保存并退出文本编辑器。

④ 重启计算机，直接进入如图3-1所示的字符界面，输入用户名和口令登录。

【提示】inittab文件中以"#"开头的内容都是注释信息，"id:5:initdefault"行中的数字5表示启动时自动启动图形界面；数字"3"则表示启动时只出现字符界面。

（3）手工启动图形化用户界面

如果运行级别为"3"，启动时不会自动启动图形化用户界面，而用户却需要使用桌面应用程序，那么用户可从任意一个虚拟终端手工启动图形化用户界面。在 Shell 命令提示符后输入命令"startx"，系统执行与 X Window 相关的一系列程序，出现如图 3-6 所示的图形化登录界面，输入用户名和口令进入图形用户界面。此时启动图形化用户界面的那个虚拟终端将被相关进程占用，而第 7 个虚拟终端会显示图形化用户界面。

图 3-6 图形界面

【提示】桌面操作完成后，可关闭图形化用户界面。以下两种方法均可关闭图形化用户界面：

① 选择顶部面板上的"系统"→"注销"菜单命令，在弹出的对话框中单击"注销"按钮，在弹出的确认对话框中单击"确定"按钮，返回到手工启动图形界面的虚拟终端。

② 按 Ctrl + Alt + Backspace 组合键返回到手工启动图形界面的虚拟终端。

步骤 4　学习字符界面下注销、重启与关机

（1）注销

在命令提示符后输入命令"exit"并按 Enter 键（或按 Ctrl + d 组合键），当前用户退出登录状态，虚拟终端回到如图 3-1 所示的字符登录界面，等待其他用户登录。

【提示】已经登录的用户如果不再需要使用系统，则应该注销，即退出登录状态。Linux 是多用户操作系统，注销表示一个用户不再使用系统，且正在使用计算机的其他用户不会受到影响。

（2）重启

在命令提示符后输入命令"reboot"（或"shutdown　- r　now"）并按 Enter 键，计算机执行重启操作。

【提示】当运行级别为"3"时，重启后进入字符登录界面；当运行级别为"5"时，重启后进入图形化用户登录界面。

（3）关机

在命令提示符后输入命令"halt"（或"shutdown　- h　now"）并按 Enter 键，计算机立即开始进行关机操作。

【提示】在关机（或重启）过程中，Linux 会终止所有在后台运行的守护进程，保存缓存中的有关数据，卸载所有的文件系统，然后关闭电源（或重启）。

知识与技能拓展

1. 字符界面下的中文显示

RHEL 6. x Server 字符界面默认使用英文，即使在安装时指定系统的默认语言为简体中文，字符界面下的中文字符也不能正常显示，需要安装 zhcon 等中文平台。

2. Shell 命令处理方式

① 如果用户输入的是**内置命令**，则由 Shell 的内部解释器进行解释，并交由内核执行。

② 如果用户输入的是**实用程序命令**，且给出了命令路径，则 Shell 按照用户提供的路径在文件系统中查找。如果找到则调入内存，交由内核执行，否则输出提示信息。

③ 如果用户输入的是实用程序命令，但没有给出命令路径，则 Shell 会根据 PATH 环境变量所指定的路径依次查找。如果找到则调入内存，交由内核执行，否则输出提示信息。

3. 关机与重启的实用技巧

由于 Linux 是多用户操作系统，可能有多个用户在同时使用，立即关机（或重启）可能导致其他用户的工作被突然中断。因此，系统管理员在关机（或重启）之前都会发出提示信息，提醒所有登录用户即将关机（或重启），且预留一段时间让用户结束各自的工作并退出登录。常用的关机和重启命令如下：

shutdown – h   10　　　　　　　　10 分钟后关机
shutdown – r   10　　　　　　　　10 分钟后重启

如果在命令提示符后输入命令"shutdown　– h　10"并按 Enter 键，系统会每一分钟向所有终端发送一次"The system is going DOWN for system halt in 10 minutes（系统将在 10 分钟后关闭）"等提醒信息，预定时间到期后执行关机操作。

【提示】在预定时间到期之前，可按 Ctrl + C 组合键取消关机操作，系统停止发送提示信息。

 任务总结

通过本任务的实施，应掌握下列知识和技能：
- 虚拟终端和字符界面的概念
- 字符界面的优点
- Shell 的功能
- Shell 命令类型、命令提示符、格式（重点、难点）
- Linux 的运行级别
- 字符界面的登录（从图形界面切换、直接启动登录）（重点）
- 手工启动图形化用户界面（重点）
- 字符界面下的注销、重启与关机（重点）

3.2 子情境：Shell 命令使用实例

 任务描述

某公司与一所高职学校联合进行"基于工作过程"的教材开发，项目组组长为方便管理，决定创建一个工作目录 work，并在该目录中创建 photo、document 等子目录，以便分类存放相关文档，并将 root 目录下的文件 pict1. png 复制到 photo 子目录下。另外，为合理安排工作进度，还要制定一个工作计划文件 task。

 任务实施流程

 相关资讯

1. Shell 命令的相关帮助方法

Shell 命令是熟练运用 Linux 的基石，但由于 Shell 命令数量众多、选项繁杂，不易掌握，因此学会求助十分重要。

（1）列出 Shell 命令集

① 在字符界面下或图形界面终端中按 Tab 键两次可以显示出所有 Shell 命令（此时，按 Enter 键显示下一行；按空格键显示下一屏；按 q 键退出，下同）。

② 用 help、man builtin 或 man bash 命令可以列出所有的内部命令。

③ 用 ls/bin 命令可以列出 Linux 系统最基础、所有用户都能使用的外部命令。

④ 用 ls/sbin 命令可以列出只有超级用户 root 才能使用的、管理 Linux 系统的外部命令。

⑤ 用 ls/usr/bin 及 ls/usr/local/bin 命令可以列出所有用户都能使用的可执行程序目录。

⑥ 用 ls/usr/sbin、ls/usr/local/sbin 命令可以列出只有超级用户 root 才能使用的涉及系统管

理的可执行程序目录。

（2）man 命令

用 man 命令可以显示指定命令的手册页帮助信息。

格式：man 命令名

例如：输入"man cd"命令后会显示"cd"命令的用法说明，用户可以使用上下方向键、PgDn、PgUp 键前后翻阅帮助信息，按 q 键可退出 man 命令。

（3） −−help 选项

使用 −−help 选项也可以获取命令的帮助信息，但不是所有的命令都有该选项。help 选项提供的帮助信息多为中文。

格式：命令名 −−help

例如：输入"ls −−help│more"命令会显示"ls"命令的帮助信息。由于帮助信息较长，使用管道│和 more 命令可分页显示帮助信息（用│more 分页显示时，按 Enter 键显示下一行；按空格键显示下一屏；按 q 键退出）。

【提示】管道是 Shell 的一大特征，它将多个命令前后连接起来形成一个管道流。管道流中的每一个命令都作为一个单独的进程运行，前一个命令的输出结果作为后一个命令的输入，从左到右依次执行每一个命令。利用符号"│"可实现管道功能。

2. Shell 命令通配符

在 Shell 命令中，可以使用**通配符**来同时引用多个文件以方便操作。Linux 中的 Shell 命令的通配符包括下列几种：

① **通配符"∗"**：代表任意长度的任何字符。

② **通配符"?"**：代表任何一个字符。

③ **字符组通配符"[ ]"、"−"和"!"**："[ ]"表示指定的字符范围，"[ ]"内的任意一个字符都用于匹配。"[ ]"内的字符范围可以由直接给出的字符组成，也可以由起始字符、"−"和终止字符组成（如"a−h"表示 a 至 h 的字母），如果使用"!"，则表示不在这个范围之内的其他字符。

例如：

ls ∗. png	显示当前目录中的所有 . png 图片文件
ls /root/u ∗	显示/root 目录中以 u 开头的所有文件和目录
ls b?	显示当前目录中首字母为 b，文件名只有两个字符的所有文件和目录
ls /bin/[csh] ∗	显示/bin 目录中首字母为 c、s 或 h 的所有文件和目录
ls /bin/[! csh] ∗	显示/bin 目录中首字母不是 c、s 或 h 的所有文件和目录
ls/bin/[a−h] ∗	显示/bin 目录中首字母是 a ～ h 的所有文件和目录

3. 自动补全

自动补全是指用户在输入命令名、文件或目录名时，只需要输入前几个字母，然后利用 Tab 键便可自动找出匹配的命令、文件或目录，大大提高了工作效率。

（1）自动补全命令名

用户只输入命令名的开头一个或几个字母，然后按一次 Tab 键，系统便会自动补全能够识别的部分（若不能识别，则命令名不发生变化）；再按一次 Tab 键，系统会显示出符合条件的所有命令供用户选择。

（2）自动补全文件或目录名

用户在输入文件或目录名时，只输入文件或目录名的开头一个或几个字母，然后按一次 Tab 键，系统便会自动补全能够识别的部分（若不能识别，则文件或目录名不发生变化）；再按一次 Tab 键，系统会显示出所有符合条件的文件或目录供用户选择。

4. 中断 Shell 命令

如果一条命令花费了很长的时间来运行，或在屏幕上产生了大量输出，可按 Ctrl + c 组合键来中断它（在正常结束之前，中止它的执行）。

任务准备

1. 一台装有 RHEL 6. x Server 操作系统的计算机，且配备有 CD 或 DVD 光驱、音箱或耳机。
2. 启动 Linux，切换到字符界面，以超级用户"root"（口令为"root123"）登录。

任务实施

步骤 1　查看当前路径

输入命令"pwd"，会显示当前目录的**绝对路径**，如图 3-7 所示。

命令格式：pwd

```
[root@rhel6hbzy ~]# pwd
/root
[root@rhel6hbzy ~]# █
```

图 3-7　显示当前目录的绝对路径

【提示】路径分**绝对路径**和**相对路径**。绝对路径是指从根目录"/"到当前目录（或文件）的路径；而相对路径是指从当前目录到其子目录（或文件）的路径。目录之间的层次关系以"/"分隔。

步骤 2　显示当前目录中的子目录及文件

输入命令"ls"，会显示**当前目录**下的子目录及文件，如图 3-8 所示。通常，绿色代表的是文件，蓝色代表的是目录。注意：未装中文平台时则将汉字显示成方块。

```
[root@rhel6hbzy ~]# ls
brasero-0.iso  mying.iso       公共的    视频  下载
brasero-1.iso  pict1.png       机顶盒资料  图片  音乐
brasero.iso    set top boxes   模板      文档  桌面
[root@rhel6hbzy ~]# █
```

图 3-8　显示当前目录下的子目录及文件

【提示】ls 命令有两种格式。

格式（1）：ls　[选项]

功能：查看当前目录的所有文件和子目录。

格式（2）：ls ［选项］文件或目录

功能：查看指定目录或文件的信息。ls 配合不同的选项，显示效果有所不同，如表 3-3 所示。如输入命令"ls/root/user1"，会显示 user1 目录下的子目录及文件。

表 3-3　ls 命令的选项

选项	效　　果
-a	显示所有文件和子目录，包括以"."开头的隐藏文件和隐藏子目录
-A	与 a 选项功能基本相同，只是不显示"."和".."目录
-l	显示文件和子目录的详细信息，包括文件类型和权限、所有者、所属组群、文件大小、最后修改时间、文件名等信息
-d	如果参数是目录，则只显示目录的信息，而不显示其中所包含的文件的信息
-F	显示文件名，并使用一些符号来表示文件类型，如"/"表示其为目录
-t	按照时间顺序显示文件，越新的文件排在越前面
-R	不仅显示指定目录下的文件和子目录信息，而且递归地显示各子目录中的文件和子目录信息
--color	以不同颜色显示文件类型

步骤3　创建工作目录 work

输入命令"mkdir work"，在当前 root 目录下创建工作目录 work，如图 3-9 所示。

命令格式：mkdir ［目录］

```
[root@rhel6hbzy ~]# mkdir work
[root@rhel6hbzy ~]#
```

图 3-9　创建目录 work

接着输入"ls"命令，显示 root 目录下的内容，可以看到 work 已被创建，如图 3-10 所示。

```
[root@rhel6hbzy ~]# ls
brasero-0.iso   myimg.iso       work            模板   文档   桌面
brasero-1.iso   pict1.png       公共的                 视频   下载
brasero.iso     set top boxes   机顶盒项目说明文档   图片   音乐
[root@rhel6hbzy ~]#
```

图 3-10　显示当前目录下的所有文件和子目录

步骤4　切换目录到 work 子目录下

输入命令"cd ／root/work"，从当前目录/root 切换到 work 子目录下，如图 3-11 所示。

命令格式：cd ［目录］

```
[root@rhel6hbzy ~]# cd /root/work
[root@rhel6hbzy work]#
```

图 3-11　切换目录

步骤5　在工作目录 work 下创建子目录 photo、document

输入命令"mkdir photo"和命令"mkdir document"，在当前目录 work 下建立子目录 photo 和 document。接着输入"ls"命令，显示当前目录/root/work 下的内容，如图 3-12 所示。可以看到，所创建的两个子目录已经存在。

```
[root@rhel6hbzy work]# mkdir photo
[root@rhel6hbzy work]# mkdir document
[root@rhel6hbzy work]# ls
document  photo
[root@rhel6hbzy work]#
```

图 3-12　创建子目录并显示

步骤6　复制文件 pict1. png

输入命令"cp　/root/pict1. png　photo/pict1. png"，将/root 目录下的文件 pict1. png 复制到 photo 子目录下。接着输入命令"ls　photo"，显示子目录 photo 下的内容，如图 3-13 所示。可以看到，pict1. png 已被成功复制到 photo 子目录下。

```
[root@rhel6hbzy work]# cp  /root/pict1.png    photo/pict1.png
[root@rhel6hbzy work]# ls photo
pict1.png
[root@rhel6hbzy work]#
```

图 3-13　复制文件

【提示】复制文件的命令格式：cp［源文件名］［目标文件名］

步骤7　创建工作计划文件 task

输入命令"cat　>task"，然后在当前光标处输入字符信息，如图 3-14 所示。按 Ctrl + d 组合键可结束输入，返回到命令提示符状态。

```
[root@rhel6hbzy work]# cat >task
From 1 to 3 weeks: Enterprise survey research.
From 4 to 8 weeks: Write the investigation report in the school.
From 9 to 10 weeks:Outline the preparation of teaching materials.
[root@rhel6hbzy work]#
```

图 3-14　创建文件

【提示】输入输出重定向：

Shell 不使用标准输入、标准输出或标准错误输出端口而重新进行指定的情况称为输入输出重定向。

（1）输出重定向"＞"

输出重定向指命令执行的结果不在标准输出（屏幕）上显示，而是保存到某一文件，用符号"＞"来实现。指定文件不需要预先创建，输出重定向能新建指定文件；如果指定文件已存在，则其内容将被覆盖。

（2）附加输出重定向"＞＞"

功能与输出重定向基本相同，不同之处在于，附加输出重定向将输出内容添加在原来文件已有内容的后面，而不会覆盖其内容。

（3）错误输出重定向"2 >"和"& >"

● 将程序执行结果显示在屏幕上，而将错误信息重定向到指定文件，使用"2 >"符号。

● 将程序执行结果和错误信息都重定向到同一指定文件，使用"& >"符号。

（4）输入重定向" <"

输入重定向与输出重定向完全相反，是指不从标准输入（键盘）读入数据，而是从指定文件读入数据，用符号" <"来实现。输入重定向并不常用，但少数命令（如 path）不接受文件名为参数，必须使用输入重定向。

知识与技能拓展

1. 常用的 Shell 命令

（1）date 命令

格式：date［MMDDhhmm［YYYY］］

功能：查看或修改系统时间。例如：

date   查看系统日期和时间

date 12311608   将系统时间修改为 12 月 31 日 16 时 08 分

（2）cal 命令

格式：cak［YYYY］

功能：显示日历。例如：

cal   显示本月日历

（3）more 命令

格式：more 文件

功能：分屏显示文本文件的内容。例如：

more   fl. txt   分屏显示文件 fl. txt 的内容。按 Enter 键显示下一行内容；按空格键显示下一屏的内容；按 q 键退出 more 命令

（4）tail 命令

格式：tail［选项］文件

功能：显示文本文件的结尾部分，默认显示文件的最后 10 行。

主要选项：- n 数字   指定显示的行数

例如：

tail - n 5 /root/work/task   显示文件 task 的最后 5 行内容

tail - 1 /root/work/task   显示文件 task 的最后一行

（5）head 命令

格式：head［选项］文件

功能：显示文本文件的开头部分，默认显示文件的开头 10 行。

主要选项：- n 数字   指定显示的行数

例如：

head - n 5 /root/work/task   显示文件 task 的开头 5 行内容

（6）清屏

格式：clear

功能：清除当前终端的屏幕内容。

2. 命令执行的历史记录

Linux 系统在每个用户的个人主目录下都有一个名为 .bash.history 的**隐藏文件**，该文件保存曾执行过的 Shell 命令。Bash 默认最多保存 1 000 条 Shell 命令的历史记录。

（1）翻阅历史记录并执行

按上、下方向键，在 Shell 命令提示符后将出现已执行过的命令，直接按 Enter 键可以再次执行这一命令，也可对出现的命令进行编辑后再执行。

（2）命令 history

格式：history　［数字］

功能：查看最近执行过的指定个数的 Shell 命令。如果不使用数字参数，则查看所有 Shell 命令的历史记录。例如：

history 5　　　　显示最近执行过的 5 个 Shell 命令

（3）再次执行指定序号的 Shell 命令

格式：! 序号

功能：执行指定序号的 Shell 命令。序号是用命令 history 显示出的历史记录列表中的命令序号。例如：

! 82　　　　执行序号为 82 的 Shell 命令

!!　　　　执行刚执行过的 Shell 命令

3. 别名

别名是按照 Shell 命令的标准格式所写的命令行的缩写，用来减少键盘的输入。用户只要输入别名命令，就可以执行相关的 Shell 命令。用 alias 命令可以查看和设置别名。

格式：alias　［别名 ='标准 Shell 命令行 '］

功能：查看或设置别名命令。例如：

alias　　　　　　　　　　　查看用户可使用的所有别名命令

alias　ei ='vi /etc/inittab'　　　设置别名命令 ei

【提示】Shell 规定，当别名命令与标准 Shell 命令同名时，别名命令优先于标准 Shell 命令执行；如果要使用标准的 Shell 命令，则需要在命令名前添加 "＼" 字符。如输入 "ls" 命令，则执行 "ls – color = tty" 别名命令；输入 "＼ ls" 命令，则执行标准的 Shell 命令。

alias 命令设置的用户别名命令，其有效期仅持续到用户退出登录为止。如果希望别名命令在每次登录时都有效，必须将 alias 命令写入用户主目录下的 .bashrc 文件中。

 任务总结

通过本任务的实施，应掌握下列知识和技能：

● Shell 命令的求助方法（重点）

- Shell 命令通配符（重点、难点）
- 自动补全方法（重点）
- Shell 命令中断方法
- 常用命令的使用（重点、难点）
- 输入输出重定向（重点、难点）
- 命令执行历史记录（重点）
- 别名命令

3.3　子情境：vi 编辑器的使用

 任务描述

　　某公司承接了一个嵌入式产品的开发项目，组建了一个包括 5 个成员的项目小组：hbzy、hb-vtc、pan、shen、wei。其中，成员 hbzy 是项目组长，他是超级用户 root。为方便管理及确保信息安全，项目组长决定批量创建包括他本人的 5 个普通用户，为此需要创建这 5 个用户的信息文件。

 任务实施流程

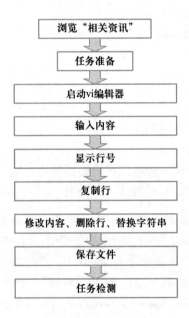

 相关资讯

1. vi 文本编辑器简介

　　尽管利用 cat 命令可以创建文件，但不能方便地对文件进行编辑，如查找、替换、复制、粘贴等。vi 是 UNIX/Linux 操作系统中最经典的文本编辑器，几乎所有的 UNIX/Linux 发行版本都提供这一编辑器。vi 是全屏幕文本编辑器，只能编辑字符，不能对字体、段落等进行排版；既可以新建文件，也可以编辑文件；没有菜单，只有命令，且命令繁多。

虽然 vi 的操作方式与其他常用的文本编辑器（如 gedit）大不相同，但由于其运行于字符界面，并可用于所有的 UNIX/Linux 环境，因此目前仍被经常使用。

2. vi 的工作模式

vi 有 3 种工作模式：**命令模式、文本编辑模式和最后行模式**。不同工作模式下的操作方法有所不同。

（1）命令模式

命令模式是启动 vi 后进入的工作模式，可转化为文本编辑模式和最后行模式。在命令模式下，从键盘上输入的任何字符都被当作编辑命令来解释，而不会在屏幕上显示。如果输入的字符是合法的 vi 命令，则 vi 完成相应的动作，否则 vi 会响铃警告。

（2）文本编辑模式

文本编辑模式用于字符编辑。在命令模式下输入"i"（插入命令）、"a"（附加命令）等命令后可进入文本编辑模式，此时输入的任何字符都被 vi 当作文件内容显示在屏幕上。**按 Esc 键可从文本编辑模式返回到命令模式。**

（3）最后行模式

在命令模式下，按"："键可进入**最后行模式**，此时 vi 会在屏幕的底部显示"："符号，作为最后行模式的提示符，等待用户输入相关命令。命令执行完毕后，vi 自动回到命令模式。

为了实现跨平台操作并兼容不同类型的键盘，在 vi 编辑器中，无论是命令还是输入内容，都使用字母键。例如，按字母键 i，在文本编辑模式下表示输入"i"字母，而在命令模式下则表示将工作模式转换为文本编辑模式。

vi 的 3 种工作模式之间的相互转换的关系如图 3-15 所示。

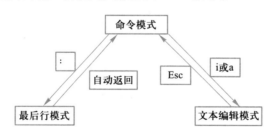

图 3-15　vi 的 3 种工作模式转换关系

任务准备

1. 一台装有 RHEL 6. x Server 操作系统的计算机，且配有 CD 或 DVD 光驱、音箱或耳机。

2. 启动 Linux，切换到字符界面，以超级用户"root"（口令为"root123"）登录。

3. 准备批量创建的 5 个用户，分别为 hbzy、hbvtc、pan、shen、wei，这些用户都属于 mygroup 组群，组群 GID 为 600。

 **任务实施**

步骤1 **启动 vi 编辑器以便编辑 new 文件**

输入如图 3-16 所示的命令"vi new",按 Enter 键,屏幕进入 vi 状态,最后一行显示为
"new"〔New File〕,表示文件"new"是新文件。

```
[root@rhel6hbzy ~]# vi new █
```

图 3-16 启动 vi 编辑器

【提示】① 启动 vi 文本编辑器的命令格式是 vi〔文件〕。如果不指定文件,则新建一文
本文件,退出 vi 时必须指定文件;如果启动 vi 时指定文件,则新建指定的文件,或者打开
指定的文件。此时,vi 处于命令模式,正在等待用户输入命令。光标停在屏幕上第一行的起
始位置。行首有"~"符号,表示此行为空行。

② vi 的界面可分为两部分:**编辑区**和**状态/命令区**。状态/命令区在屏幕的最下面的一
行,用于输入命令,或者显示出当前正在编辑的文件的名称、状态、行数和字符数。其他区
域都是编辑区,用于进行文本编辑。

步骤2 **在文件第 1 行输入内容**

按"i"键,将工作模式转换为文本编辑模式,输入插入文本,如图 3-17 所示。

```
hbzy:x:601:600::/home/hbzy:/bin/bash█
~
~
~
-- INSERT --
```

图 3-17 在 vi 文本编辑模式下输入内容

在文本编辑模式下,按上、下、左、右方向键可移动光标,按 **Del** 键和 **BackSpace** 键可删
除字符,按 **Esc** 键回到命令模式。

【提示】在命令模式下输入"i"、"I"、"a"、"A"、"o"、"O"命令中的任意一个命
令,即可进入文本编辑模式。此时,在状态/命令区出现"-- INSERT --"字样。例如:

i   从当前的光标位置开始输入字符

I   将光标移动到当前行的行首,开始输入字符

a   从当前的光标的下一个位置开始输入字符

A   将光标移动到当前行的行尾,开始输入字符

o   在光标所在行之下新增一行

O   在光标所在行之上新增一行

步骤3 **显示行号**

按 **Esc** 键返回命令模式,再按":"键切换到最后行模式,输入"set nu"命令,每一行

前都会出现行号，如图 3-18 所示。

```
    1 hbzy:x:601:600::/home/hbzy:/bin/bash
    2 █
~
~
:set nu
```

图 3-18 显示行号

步骤 4 复制行

按 ":" 键进入最后行模式，输入 "1, 1 co 1"，将第 1 行复制到第 1 行的后面，如图 3-19 所示。

```
    1 hbzy:x:601:600::/home/hbzy:/bin/bash
    2 hbzy:x:601:600::/home/hbzy:/bin/bash
    3 █
~
:1,1 co 1
```

图 3-19 复制第 1 行

仿照上述方法，在最后行模式下输入 "1, 2 co 2"，将第 1 ~ 2 行复制到第 2 行的后面；输入 "1 co 4"，将第 1 行复制到第 4 行的后面。这两次复制的结果如图 3-20 所示。

```
    1 hbzy:x:601:600::/home/hbzy:/bin/bash
    2 hbzy:x:601:600::/home/hbzy:/bin/bash
    3 hbzy:x:601:600::/home/hbzy:/bin/bash
    4 hbzy:x:601:600::/home/hbzy:/bin/bash
    5 hbzy:x:601:600::/home/hbzy:/bin/bash
    6 █
~
:1 co 4
```

图 3-20 复制行

【提示】在最后行模式下可对多行文本（**块文本**）进行复制、移动、删除和字符串替换等操作。例如：

set nu	每一行前出现行号
set nonu	不显示行号
r 文件名	读入文件的内容
n1, n2 co n3	将从 n1 行到 n2 行之间（包括 n1、n2 行本身）的所有文本复制到 n3 行之下
n1 co n2	将 n1 行复制到 n2 行之下
n1, n2 m n3	将从 n1 行到 n2 行之间（包括 n1、n2 行本身）的所有文本移动到 n3 行之下

| n1，n2 d | 删除从 n1 行到 n2 行之间（包括 n1、n2 行本身）的所有文本 |
| n1，n2 s/字符串 1/字符串 2/g | 将 n1 行到 n2 行之间（包括 n1、n2 行本身）的所有字符串 1 用字符串 2 替换 |

步骤 5　修改用户名和用户识别码 UID

按 Esc 键返回命令模式，再按"i"键切换到文本编辑模式，将光标移到第 2 行，将第 2 行的用户名 hbzy 改为 hbzyvtc，将用户识别码 601 改为 602。

按相同的方法，依次将第 3～5 行的用户名 hbzy 改为 pan、shen、wei，将用户识别码 601 分别改为 603、604、605，如图 3-21 所示。

```
1 hbzy:x:601:600::/home/hbzy:/bin/bash
2 hbzyvtc:x:602:600::/home/hbzyvtc:/bin/bash
3 pan:x:603:600::/home/pan:/bin/bash
4 shen:x:604:600::/home/shen:/bin/bash
5 wei:x:605:600::/home/wei:/bin/bash
6 █
~
-- INSERT --
```

图 3-21　修改用户名和用户 UID

步骤 6　删除第 6 行

按 Esc 键返回命令模式，接着按：键进入最后行模式，输入"6 d"，将第 6 行删除，如图 3-22 所示。

```
1 hbzy:x:601:600::/home/hbzy:/bin/bash
2 hbzyvtc:x:602:600::/home/hbzyvtc:/bin/bash
3 pan:x:603:600::/home/pan:/bin/bash
4 shen:x:604:600::/home/shen:/bin/bash
5 █ei:x:605:600::/home/wei:/bin/bash
~
~
:d 6
```

图 3-22　删除第 6 行

步骤 7　替换字符串

在命令行模式下按：键进入最后行模式，输入"1，5 s/hbzyvtc/hbvtc/g"，将 1～5 行中的字符串"hbzyvtc"替换成"hbvtc"，如图 3-23 所示。

```
1 hbzy:x:601:600::/home/hbzy:/bin/bash
2 █bvtc:x:602:600::/home/hbvtc:/bin/bash
3 pan:x:603:600::/home/pan:/bin/bash
4 shen:x:604:600::/home/shen:/bin/bash
5 wei:x:605:600::/home/wei:/bin/bash
~
~
:1,5 s/hbzyvtc/hbvtc/g
```

图 3-23　替换字符串

步骤 8 **保存文件**

在命令模式下，按 ":" 键进入最后行模式，输入 "wq"，保存编辑内容并退出 vi，如图 3-24 所示。

```
   1 hbzy:x:601:600::/home/hbzy:/bin/bash
   2 hbvtc:x:602:600::/home/hbvtc:/bin/bash
   3 pan:x:603:600::/home/pan:/bin/bash
   4 shen:x:604:600::/home/shen:/bin/bash
   5 wei:x:605:600::/home/wei:/bin/bash
~
~
~
:wq
```

图 3-24 文件存盘退出

【提示】在命令模式下，连续按两次 z 键，也将保存编辑内容并退出 vi。不过，与文件处理相关的命令，大多在最后行模式下才能执行。退出 vi 的常用命令如下：

w 文件　　　　保存为指定的文件

Q　　　　　　退出 vi

如果文件内容有改动，将出现提示信息。使用下面两个命令才能退出 vi：

q!　　　　　　不保存文件，直接退出 vi

wq　　　　　　存盘并退出 vi

 任务检测

显示 new 文件内容

输入命令 "cat new"，显示 new 文件内容，如图 3-25 所示。

```
[root@rhel6hbzy ~]# cat new
hbzy:x:601:600::/home/hbzy:/bin/bash
hbvtc:x:602:600::/home/hbvtc:/bin/bash
pan:x:603:600::/home/pan:/bin/bash
shen:x:604:600::/home/shen:/bin/bash
wei:x:605:600::/home/wei:/bin/bash
[root@rhel6hbzy ~]#
```

图 3-25 显示 new 文件内容

【提示】也可使用 "vi new" 命令进行显示。

 知识与技能拓展

1. 查找字符串

在命令模式下输入以下命令可查找指定的字符串。

/字符串　　　　按 / 键，状态/命令区出现 "/" 字样，继续输入要查找的内容，按 Enter 键，vi 将从光标的当前位置开始向文件尾查找，如果找到，光标将停留在该字符串的首字母上

? 字符串	按？键，状态/命令区出现"？"字样，继续输入要查找的内容，按 Enter 键，vi 将从光标的当前位置开始向文件头查找，如果找到，光标将停留在该字符串的首字母上
n	继续查找满足条件的字符串
N	改变查找的方向，继续查找满足条件的字符串

2. 撤销与重复

在命令模式下，输入以下命令可撤销或重复编辑工作。

u	按 u 键将撤销上一步操作
.	按 . 键将重复上一步操作

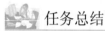 任务总结

通过本任务的实施，应掌握下列知识和技能：
- vi 的 3 种工作模式与切换方法（重点）
- vi 编辑器的启动方法
- 命令模式下的命令使用方法（重点）
- 最后行模式下的命令（复制、移动、删除、替换等）使用方法（重点、难点）
- vi 编辑器的退出方法

情境总结

　　Linux 既能在图形化用户界面下运行，也能在字符界面下运行，在这两种界面间可相互切换。通过修改/etc/inittab 文件中启动时的运行级别能改变 Linux 启动时的运行界面。

　　在字符界面下，Shell 负责解释用户输入的命令或程序、调用相应命令或程序，并由 Linux 内核负责其执行。Linux 具有**虚拟终端**功能，默认有 7 个虚拟终端，其中，第 1～6 个虚拟终端总是字符界面，而第 7 个虚拟终端总是图形化用户界面且在启动图形化用户界面后才存在。

　　使用 Alt + Fl ～ Alt + F6 组合键可从字符界面的虚拟终端切换到其他虚拟终端。

　　使用 Ctrl + Alt + F2 ～ Ctrl + Alt + F7 组合键可从图形化用户界面切换到字符界面的虚拟终端。注意：如果是在 VMware 虚拟机中安装的 Linux 系统，则须长按此组合键直到界面切换。

　　Shell 默认的命令提示符形式是[当前用户名@ 主机名 当前目录]提示符号。其中，**超级用户**的提示符号为#，**普通用户**的提示符号为 $ 。

　　Shell 命令行可由命令名、选项和参数 3 部分组成。最简单的 Shell 命令只有命令名，而复杂的 Shell 命令可以包括多个选项和参数。命令名、选项与参数之间、参数与参数之间都必须用空格分隔。Shell 命令行可使用 " * "、"？""[ ]"" － "和"！"等**通配符**。

Linux 的标准输入是键盘，标准输出和标准错误输出是屏幕。利用**输入输出重定向**可以改变输入或输出的方向。管道可将多个 Shell 命令连接起来。

可以利用**自动补全**功能（按 Tab 键一次或两次）来帮助和简化命令及文件名的输入，还可以利用命令的执行历史记录来再次执行曾经执行过的命令。

vi 是字符界面下最常用的文本编辑器，它有 3 种工作模式，不同工作模式下的操作不相同，在此编辑器下能方便地进行文本的编辑，适用于大量字符的编写。

操作与练习

一、选择题

1. Linux 默认有几个虚拟终端？（　　　）

    A）6   B）7   C）8   D）9

2. 普通用户登录的提示符是什么？（　　　）

    A）@   B）#   C）$ D）～

3. 从虚拟终端（字符界面）启动图形化用户界面可用以下哪个命令？（　　　）

    A）startx   B）run   C）quit   D）以上都可

4. 在字符界面下注销可用什么方法？（　　　）

    A）输入"exit"命令或使用 Ctrl + d 组合键

    B）quit

    C）输入"reboot"或"shutdown – h now"命令

    D）都可以

5. 显示 Shell 命令帮助信息的方式是什么？（　　　）

    A）输入"man　命令名"   B）输入"命令名 – help"

    C）输入"命令名 ?"   D）输入"命令名 – ?"

6. Shell 命令的通配符有哪些？（　　　）

    A）＊ 和?   B）［］   C）– 和!   D）以上都是

7. 使用自动补全功能时，输入命令名或文件名的前一个或几个字母后按什么键？（　　　）

    A）Ctrl 键   B）Tab 键   C）Alt 键   D）Esc 键

8. 用户的个人主目录是什么？（　　　）

    A）/home 目录下与用户名相同的子目录

    B）根目录下与用户名相同的子目录

    C）超级用户是/root，普通用户是/home 下与用户名相同的子目录

    D）都不对

9. pwd 命令的功能是什么？（　　　）

    A）设置用户的口令   B）显示用户的口令

    C）显示当前目录的绝对路径   D）查看当前目录的文件

10. 当用户输入"cd . . '命令并按 Enter 键后，将有什么结果？（　　　）

    A）当前目录切换到根目录   B）切换到当前目录

    C）当前目录切换到用户主目录   D）切换到上一级目录

11. 如何快速切换到登录用户 hbzy 自己的主目录？（　　）

    A）cd @ hbzy   B）cd #hbzy   C）cd   D）cd ～ hbzy

12. 已知某用户 user，其用户目录为/home/user，如果当前目录为/home，使用以下哪个命令后可进入/home/user/test 目录？（　　）

    A）cd　test   B）cd /user/test   C）cd　user/test   D）cd　home

13. 1s 命令的哪个参数可显示所有文件和子目录（含以 "."开头的隐藏文件和子目录）？（　　）

    A）– a   B）– d   C）– R   D）– t

14. 如果用户想详细了解某一个命令的功能和用法，可以使用哪个命令？（　　）

    A）ls   B）help   C）man   D）/?

15. 在 vi 编辑器中，当编辑完文件，要保存文件并退出 vi 返回到 Shell，应用何命令？（　　）

    A）exit   B）wq   C）q!   D）以上都不对

二、操作题

1. 查看 ls 命令的 – s 选项的帮助信息。

2. 查看当前目录。

3. 用 cat 命令在用户主目录下创建一个名为 stu1 的文本文件，内容自定。

4. 向 stu1 文件增加内容 "Can I help you?"。

5. 分页显示/etc 目录中所文件和子目录的信息。

6. 显示/bin/目录中所有首字母是 v、w、x、y、z 的文件和目录。

7. 设置开机不启动图形化用户界面。

8. 新建目录 student。

9. 利用 vi 在 student 目录下新建文件 stu2，内容自定，输入完毕保存退出。

10. 打开文件 stu2，并显示行号。

11. 在第 1 行的前面插入内容 "excise vi"，并在最后一行后添加内容 "I have finished"。

12. 复制第 1 行到第 3 行的前面。

13. 删除第 1 行。

14. 将 "I" 替换成 "we"。

15. 保存后退出。

第二部分

Linux 操作系统基本应用

学习情境 4
用户与组群管理

情境引入

Linux 是一款多用户操作系统，从本机或从远程登录的多个用户能同时使用同一台计算机，能同时访问同一个外部设备。很多企业对自身资源设有不同的商业密级，对不同的用户和不同的组群设置不同的权限，从而在保证安全性的前提下，最大限度地发挥企业资源的价值。

6,202,00
1,053,11

4.1 子情境：创建用户和组群

任务描述

某公司承接了一个嵌入式产品的开发项目，该项目计划在 2014 年 1 月前完成。因此组建了一个 5 人项目小组：hbzy、hbvtc、pan、shen、wei。其中，成员 hbzy 是项目组长，他也是超级用户 root。为保证项目成员之间资源共享及信息安全，项目组长决定创建包括他本人在内的 5 个普通用户，这 5 个用户属于同一组群，方便进行统一管理。

任务实施流程

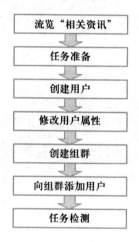

相关资讯

1. 用户

无论是从本地还是从远程登录 Linux 系统，都必须拥有**账号**。用户登录时，系统将检验输入的用户名和密码，只有当用户名存在，且密码与用户名相匹配时，用户才能进入 Linux 系统。此外，系统还会根据用户的默认配置建立用户的工作环境。

（1）用户的类型

Linux 中的用户分为三大类型：超级用户、系统用户和普通用户。

① **超级用户**：又称 root 用户，拥有计算机系统的最高权限，所有的系统设置和修改都只有超级用户才能进行。

② **系统用户**：是与系统服务相关的用户，通常在安装相关软件包时自动创建，一般不需要改变其默认设置。

③ **普通用户**：在安装后由超级用户创建，其权限有限，只能操作其拥有权限的文件和目

录，只能管理自己启动的进程。

（2）用户的属性

在 Linux 中，无论哪种类型的用户都具有如下 7 项属性信息。

① 用户名：用户登录时使用的名字，必须是唯一的，由字母、数字和符号组成。

② 密码：用于在用户登录时验证身份。

③ 用户 ID（UID）：用户 ID 是 Linux 中每个用户都拥有的唯一数字标识码。超级用户的 UID 为 0；1～499 的 UID 专供系统用户使用；从 500 开始的 UID 供普通用户使用。安装完成后，新建的第 1 个用户的 UID 默认为 500，第 2 个用户的 UID 默认为 501，以此类推。

④ 组群 ID（GID）：每个用户都属于某个组群。组群 ID 是 Linux 中每个组群都拥有的唯一的识别号码。和 UID 类似，超级用户所属组群（即 root 组群）的 GID 为 0；1～499 的 GID 专供系统组群使用；从 500 开始的 GID 供普通组群使用。安装完成后，新建的第 1 个私人组群的 GID 默认为 500，第 2 个私人组群的 GID 默认为 501，以此类推。

⑤ **用户主目录**：专属于某个用户的目录，用于保存该用户的自用文件，相当于 MS Windows 中的 My Documents 目录。用户登录 Linux 后会默认进入此目录。默认情况下，普通用户的主目录是"/home/"下与用户同名的目录（如用户 hbzy，其用户主目录默认是"/home/hbzy"）；而超级用户比较特殊，其主目录是"/root"。

⑥ 全名：用户的全称，是用户账号的附加信息，可以为空。

⑦ 登录 Shell：用户登录 Linux 后进入的 Shell 环境。Linux 中默认使用 Bash，用户一般不需要修改登录 Shell。

2. 组群

Linux 将具有相同特性的用户划归为一个组群，可以大大简化用户的管理，方便用户之间的文件共享。任何一个用户都至少属于一个组群。

（1）组群的类型

组群按照其性质分为系统组群和私人组群。

① **系统组群**：安装 Linux 及部分服务性程序时系统自动设置的组群，其默认 GID < 500。

② **私人组群**：安装完成后，由超级用户新建的组群，其默认 GID ≥ 500。

一个用户只能属于一个**主组群**，但可以同时属于多个**附加组群**。用户不仅拥有其主组群的权限，还同时拥有其附加组群的权限。

（2）组群的属性

无论是系统组群还是私人组群，Linux 中的每个组群都具有如下的属性信息。

① 组群名：组群的名称，由数字、字母和符号组成。

② 组群 ID（GID）：用于识别不同组群的唯一数字标识码。

③ 组群密码：默认情况下，组群没有密码，必须进行一定操作才能设置组群密码。

④ 用户列表：组群的所有用户列表，用户之间用","分隔。

任务准备

1. 一台装有 RHEL 6. x Server 操作系统的计算机，且配备有 CD 或 DVD 光驱、音箱或耳机。

2. 启动计算机，以超级用户"root"（密码为"root123"）登录图形化用户界面。

 任务实施

1. 图形化方式（方案一）

步骤 1 新建用户 hbzy

（1）打开"用户管理者"窗口

以超级用户登录图形化用户界面后，选择"系统"→"管理"→"用户和组群"菜单命令，弹出如图 4-1 所示的"用户管理者"窗口，该窗口中默认显示所有的普通用户。

（2）创建用户 hbzy

单击"用户管理者"窗口中的"添加用户"按钮，弹出如图 4-2 所示的"添加新用户"窗口。在"用户名"文本框中输入"hbzy"，在"密码"和"确认密码"文本框中输入"hbzy1a2b"，其他采用默认设置，单击"确定"按钮即可完成用户 hbzy 的创建。

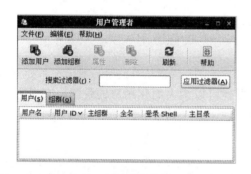

图 4-1　"用户管理者"窗口　　　　图 4-2　"添加新用户"窗口

【提示】在"添加新用户"对话框中，用户的"全称"可以省略；可以选择用户的"登录 Shell"；如果想更改创建用户的主目录，可在"主目录"文本框中进行设置；可以选择是否为该用户创建私人组群；另外，还可以为该用户指定一个 ID 号，一般采用系统自动生成的 ID 号即可。

步骤 2 添加其余 4 个用户

按上述方法，依次创建用户 hbvtc、pan、shen、wei（密码分别为 hbvtc1a2b、pan1a2b、shen1a2b、wei1a2b）。图 4-3 所示为新建的普通用户列表。

步骤 3 修改用户 hbzy 的属性

（1）打开"用户属性"窗口

在"用户管理者"窗口中选中用户 hbzy，单击工具栏上的"属性"按钮，弹出如图 4-4 所示的"用户属性"窗口，该窗口有"用户数据"、"账号信息"等 4 个选项卡。

图 4-3　添建的普通用户列表

【提示】在"用户数据"选项卡中显示"用户名"、"全称"、"密码"、"主目录"、"登录 Shell"等用户基本信息，可以进行修改。

（2）设置账号过期的日期

"账号信息"选项卡如图 4-5 所示，选中"启用账号过期"复选框，并在下面的文本框中输入账号过期的日期。

图 4-4　"用户属性"窗口

图 4-5　"账号信息"选项卡

【提示】在"账号信息"选项卡中，选中"本地密码被锁"复选框，可禁止更改该账号的信息。

（3）设置密码过期信息

"密码信息"选项卡如图 4-6 所示，该选项卡的底部显示了用户上次修改密码的日期。选中"启用密码过期"复选框，然后进行下列设置：

① 在"需要更换的天数"文本框中输入"60"，强制用户在上次修改密码后的 60 天之内必须修改密码，即密码的有效期为 60 天。

② 在"更换前警告的天数"文本框中输入"10"，指定密码到期前 10 天开始提醒用户修改密码（即用户在密码到期前 10 天内登录系统时，屏幕会显示类似"Warning：your password will expire in 8 days"）。

【提示】①"允许更换前的天数"文本框可设置改变密码之前必须经过的天数,0表示没有时间限制。

②"账号被取消激活前的天数"文本框可指定当用户密码到期后还没有设定新密码时账号仍保留的天数。设置为0或-1,表示密码到期后未修改将立即关闭;如果设置为3,则密码到期后的3天内该账号仍可使用,但登录后系统将强制用户修改密码。

(4) 设置用户所属的附加组群

"组群"选项卡如图4-7所示,选中"hbvtc"复选框,把用户hbzy加入组群hbvtc。在"主组群"下拉列表中可以选择该用户账号的主组群。单击"确定"按钮完成用户hbzy的属性设置,返回"用户管理者"窗口。

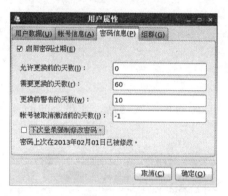

图4-6 "密码信息"选项卡

图4-7 "组群"选项卡

【提示】在图4-3所示的"用户管理者"窗口中,选择需要删除的用户账号,然后单击工具栏上的"删除"按钮,弹出确认对话框,单击"是"按钮,即可删除用户账号并返回"用户管理者"窗口。默认情况下,删除用户的同时还将删除该用户的主目录、该用户的相关邮件和临时文件,即与该用户相关的所有文件将一并被删除。

步骤4 修改其余4个用户的属性

按同样的方法,依次修改用户hbvtc、pan、shen、wei的属性。

需要注意的是,要将这4个用户都加入项目组长hbzy所属的组群hbzy中。

步骤5 添加组群

在图4-3所示的"用户管理者"窗口中,单击工具栏上的"添加组群"按钮,弹出如图4-8所示的"添加新组群"窗口。在"组群名"文本框中输入"linux-group",单击"确定"按钮,完成新组群的创建。也可以手动指定新建组群的GID。

图4-8 "添加新组群"窗口

步骤6 向组群中添加用户

在图4-3所示的"用户管理者"窗口中切换到"组群"选项卡,如图4-9所示。选中组群"linuxgroup",单击工具栏上的"属性"按钮,弹出如图4-10所示的"组群属性"窗口。

选择"组群用户"选项卡,依次选中hbzy、hbvtc、pan、shen、wei复选框,如图4-10所示，单击"确定"按钮，则这 5 个用户加入组群 linuxgroup 中（在此窗口中也可以减少组群中的用户）。

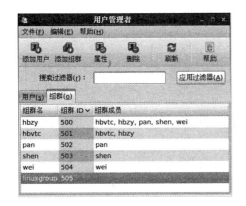

图 4-9　"组群"选项卡

图 4-10　选择加入该组群的用户

【提示】（1）删除组群

在图 4-9 所示的"用户管理者"窗口的"组群"选项卡中选择需要删除的组群，然后单击工具栏上的"删除"按钮，弹出确认对话框，单击"是"按钮即可删除选定组群。

（2）所有用户的显示及过滤器的使用

在"用户管理者"窗口中选择"编辑"→"首选项"菜单命令，弹出如图 4-11 所示的"首选项"对话框，取消选择"隐藏系统用户和组"复选框，单击"关闭"按钮关闭该对话框。那么：

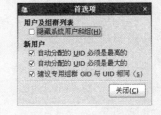

图 4-11　"首选项"对话框

① 在"用户管理者"窗口的"用户"选项卡中就能显示包括超级用户和系统用户在内的所有用户。在"搜索过滤器"文本框中输入用户名的前几个字符（如"hb"），然后单击"应用过滤器"按钮，就会显示过滤后的用户列表。要恢复显示所有用户，清除"搜索过滤器"文本框中的内容，并按 Enter 键即可。单击列表名按钮可改变用户的排列顺序。

② 在"组群"选项卡中能显示包括超级组群和系统组群在内的所有组群。同样可以过滤显示相关组群，或改变组群的排列顺序。

2. Shell 命令方式（方案二）

步骤 1　创建用户 hbzy，并设置初始密码

（1）打开终端

在桌面环境下选择顶部面板上的"应用程序"→"系统工具"→"终端"菜单命令（或右击桌面空白处，在弹出的快捷菜单中选择"在终端中打开"命令），弹出如图 4-12 所示的终端窗口。

（2）创建用户 hbzy

在命令提示符后输入命令"useradd　hbzy"，如图 4-12 所示。

图 4-12 在终端窗口创建用户

【提示】useradd 命令的功能是新建用户账号。只有超级用户才能使用此命令。

命令格式：useradd ［选项］ 用户名

主要选项如下：

-c 全名	指定用户的全称，即用户的注释信息
-d 主目录	指定用户的主目录
-e 有效期限	指定用户账号的有效期限
-f 缓冲天数	指定密码过期后多久将关闭此账号
-g 组群 ID｜组群名	指定用户所属的主要组群；若不指定，则新建与用户同名的私有组群
-G 组群 ID｜组群名	指定用户所属的附加组群
-s 登录 Shell	指定用户登录后启动的 Shell 类型
-u 用户 ID	指定用户的 UID

使用 useradd 命令新建用户账号后，将在"/etc/passwd"和"/etc/shadow"文件中增加新用户的记录。如果同时还新建了私人组群，则还将在"/etc/group"和"/etc/gshadow"文件中增加记录。

(3) 设置初始密码

输入命令"passwd hbzy"，并根据提示两次输入密码"hbzy1a2b"（注意：密码不显示），如图 4-13 所示。

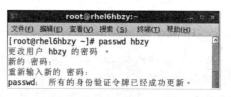

图 4-13 设置密码

【提示】超级用户使用 useradd 命令新建用户账号后，还必须使用 passwd 命令为其设置初始密码，否则此用户账号将被禁止登录。

passwd 命令的功能是设置或修改用户的密码及密码属性。

命令格式：passwd ［选项］ ［用户］

主要选项如下：

-d 用户名	删除用户的密码，则该用户账号无需密码即可登录系统
-l 用户名	锁定指定的用户账号，必须解除锁定才能继续使用
-u 用户名	解除指定用户账号的锁定

-S 用户名　　　　　　　显示指定用户账号的状态

-x 密码有效天数　　　　设置账号的密码有效天数

-w 天数　　　　　　　　设置密码过期前多少天开始提醒用户

超级用户可以修改所有普通用户的密码，且不需要先输入原来的密码；普通用户使用passwd 命令修改密码时不能使用参数，只能修改自己的密码，并要先输入原来的密码。

步骤 2　创建其余 4 个用户并设置初始密码

按照上述方法，依次创建用户 hbvtc、pan、shen、wei 并设置其初始密码（hbvtc1a2b、pan1a2b、shen1a2b、wei1a2b）。

步骤 3　修改用户 hbzy 的属性

（1）设置账号过期的日期

在命令提示符后输入命令 "usermod －e 2014－01－02 hbzy"，如图 4-14 所示。

图 4-14　输入账号过期的命令

【提示】 执行 usermod 命令将修改 "/etc/passwd" 文件中指定用户的信息。

usermod 命令的功能是修改用户的属性。只有超级用户才能使用此命令。

命令格式：usermod ［选项］ 用户名

主要选项如下：

-c 全名　　　　　　　　指定用户的全称，即用户的注释信息

-d 主目录　　　　　　　指定用户的主目录

-e 有效期限　　　　　　指定用户账号的有限期限

-f 缓冲天数　　　　　　指定密码过期后多久将关闭此账号

-g 组群 ID│组群名　　　指定用户所属的主要组群

-G 组群 ID│组群名　　　指定用户所属的附加组群

-s 登录 Shell　　　　　 指定用户登录后启动的 Shell 类型

-u 用户 ID　　　　　　　指定用户的 UID

-l 用户名　　　　　　　指定用户的新名称

（2）设置密码有效期、失效多少天开始提醒用户

输入命令 "passwd －x 60 hbzy"，设置 hbzy 用户的密码有效期，如图 4-15 所示。

输入命令 "passwd －w 10 hbzy"，设置 hbzy 用户的密码失效前 10 天开始提醒用户，如图 4-16 所示。

图 4-15　设置密码有效期为 60 天　　　　　图 4-16　设置密码失效前 10 天开始提醒用户

步骤 4 修改其余 4 个用户的属性

按同样的方法,依次修改用户 hbvtc、pan、shen、wei 的属性。需要注意的是,要将这 4 个用户都加入项目组长 hbzy 所属的组群 hbzy。

注意:需要依次执行"usermod – G hbzy hbvtc"、"usermod – G hbzy pan"、"usermod – G hbzy shen"、"usermod – G hbzy wei"等命令将 hbvtc、pan、shen、wei 用户加入到 hbzy 组群。

步骤 5 创建组群

输入命令"groupadd linuxgroup",如图 4-17 所示。

> **【提示】** groupadd 命令的功能是新建组群。只有超级用户才能使用此命令。
>
> 命令格式:groupadd [选项] 组群名
>
> 主要选项如下:
>
> – g 组群 ID   指定组群的 GID

步骤 6 向组群中添加用户

输入命令"gpasswd – a hbzy linuxgroup",如图 4-18 所示。

按同样的方法,依次将用户 hbvtc、pan、shen、we 用户添加到组群 linuxgroup 中。

图 4-17 创建组群

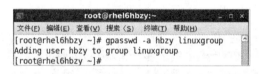

图 4-18 添加用户

> **【提示】** ① gpasswd 命令的功能是为组群添加或删除成员。只有超级用户才能使用此命令。
>
> 命令格式:gpasswd [选项] 组群名
>
> 主要选项如下:
>
> – a 用户名   添加组成员
>
> – d 用户名   删除组成员
>
> ② groupmod 命令的功能是修改指定组群的属性。只有超级用户才能使用此命令。
>
> 命令格式:groupmod [选项] 组群名
>
> 主要选项如下:
>
> – g 组群 ID   指定组群的 GID
>
> – n 组群名   指定组群的新名字

 任务检测

1. 试验用户 hbzy 能否顺利登录

① 选择"系统"→"注销"菜单命令,在弹出的对话框中单击"切换用户"按钮。

② 在图形化登录界面分别输入用户名"hbzy"和密码"hbzy1a2b"(如果不能登录,则需

要以超级用户登录以排除问题）。

2. 显示用户的 UID、GID 和所属组群

输入命令"id　hbzy"，如图 4-19 所示。

图 4-19　显示用户 hbzy 的 UID、GID 和所属的组群

【提示】id 命令的功能是显示用户账号的相关信息。
命令格式：id　［选项］　用户名
主要选项如下：
- g　　　　显示用户的主要组群
- G　　　　显示用户所在所有组群的 ID
- u　　　　显示用户 ID

3. 试验其他用户能否顺利登录

按相同方法对用户 hbvtc、pan、shen、wei（密码分别为 hbvtc1a2b、pan1a2b、shen1a2b、wei1a2b）进行登录试验。

知识与技能拓展

1. 锁定用户账号

输入命令"passwd　-l　hbzy"，可以锁定用户 hbzy，如图 4-20 所示。

用户因放假、出差等原因短期不使用系统时，出于安全考虑，系统管理员可以暂时锁定用户账号。用户账号一旦被锁定，则必须解除其锁定后才能继续使用。

2. 显示用户状态

输入命令"passwd　-S　hbzy"，显示用户 hbzy 当前已被锁定，如图 4-21 所示。

图 4-20　锁定用户　　　　　　　　　图 4-21　显示用户状态

3. 用户解锁

输入命令"passwd　-u　hbzy"，解除 hbzy 用户账号的锁定，如图 4-22 所示。

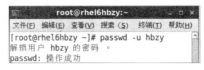

图 4-22　用户解锁

4. userdel 命令

格式：userdel　[–r] 用户名

功能：删除指定的用户账号，只有超级用户才能使用此命令。

使用"–r"选项，系统不仅删除此用户账号，而且还将该用户的主目录一并删除；如果不使用"–r"选项，则只删除用户账号。

如果新建该用户账号时创建了私人组群，且该私人组群当前没有其他用户，则在删除用户的同时也一并删除这一私人组群。

正在使用系统的用户不能被删除，必须先终止该用户的所有进程才能删除该用户。

5. su 命令

格式：su　[–]　[用户名]

功能：切换用户身份。超级用户可以切换为任意普通用户，且不需要输入密码；普通用户转换为其他用户时需要输入被转换用户的密码。切换为其他用户后就拥有该用户的权限。使用"exit"命令可以返回到本来的用户身份。例如：

su　　　　　　　　普通用户切换为超级用户

su　hbvtc　　　　切换为 hbvtc 用户，且当前工作目录不变

su　–　hbvtc　　　切换为 hbvtc 用户，且当前工作目录切换到 hbvtc 的主目录（"–"和
　　　　　　　　　"hbvtc"之间有空格）

6. groupdel 命令

命令格式：groupdel 组群名。

功能：删除指定的组群，只有超级用户才能使用此命令。在删除指定组群之前必须保证该组群不是任何用户的主要组群，否则需要首先删除那些以此组群作为主要组群的用户，然后才能删除这个组群。

 任务总结

通过本任务的实施，应掌握下列知识和技能：
- 用户和组群的概念、类型、属性
- 以图形化方式创建用户和组群、修改用户和组群的属性（重点）
- 用 Shell 命令创建用户和组群、修改用户和组群的属性（重点、难点）
- 其他管理用户及组群的 Shell 命令

4.2　子情境：批量创建用户

 任务描述

在 4.1 子情境中，项目组长以超级用户身份依次为 5 个小组成员创建了账号。因工作需

要，公司为他的计算机更换了一个更大的硬盘。在重装系统后，他要重新为小组成员创建账号。由于这 5 个用户除用户名与密码不同外，都属于一个组群，创建的过程基本相同，为了简化操作步骤，提高效率，项目组长决定采用批量创建用户的办法。

 任务实施流程

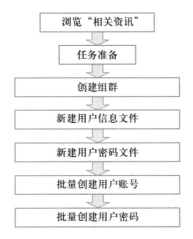

 相关资讯

作为**系统管理员**（超级用户），有时需要新建多个用户账号，如果使用图形化方式或 Shell 命令方式逐一创建，非常费时且容易出错。

对于用户和组群的设置，本质上是修改"/etc/passwd"、"etc/shadow"、"/etc/group"、"/etc/gshadow"等文件的内容。用户账号信息文件"/etc/passwd"保存除密码之外的用户账号信息；用户密码信息文件"/etc/shadow"保存用户的密码信息。因此，首先编写用户信息文件和密码文件，然后利用 newusers 等命令能实现批量添加用户账号的功能。

1. 与用户相关的文件

（1）用户账号信息文件"/etc/passwd"

用户账号信息文件"etc/passwd"用于保存除密码之外的用户账号信息。所有用户都可以查看"/etc/passwd"文件的内容。图 4-23 所示是"/etc/passwd"文件的部分内容。

【提示】"/etc/passwd"文件中的每一行代表一个用户账号，而每个用户账号的信息又用"："划分为 7 个字段来表示用户的属性信息，这些字段从左到右依次为用户名、密码、UID、用户所属主组群的 GID、全名、用户主目录、登录 Shell。其中，密码字段的内容总是以"x"来填充，加密后的密码保存在"/etc/shadow"文件中。

（2）用户密码信息文件"/etc/shadow"

用户密码信息文件"/etc/shadow"依据"/etc/passwd"文件产生，只有超级用户才能查看其内容。在"/etc/shadow"文件中保留的是用 MD5 算法加密的密码。由于 MD5 算法是一种单向算法，理论上认为用 MD5 算法加密的密码无法破解，因此进一步提高了安全性。图 4-24

所示是"/etc/shadow"文件的部分内容。

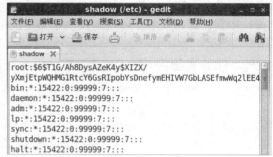

图4-23 "/etc/passwd"文件的部分内容　　　　图4-24 "/etc/shadow"文件的部分内容

【提示】与"/etc/passwd"文件类似,"/etc/shadow"文件中的每一行代表一个用户账号,而每个用户账号的信息又用":"划分为多个字段来表示用户的属性信息,各字段的含义如表4-1所示。

表4-1 "/etc/shadow"文件各字段的含义

位置	含　义
1	用户名,其排列顺序与"/etc/passwd"文件保持一致
2	34位加密密码。如果是"!!",则表示这个账号无密码,不能登录。部分系统用户账号无密码
3	从1970年1月1日起到上次修改密码日期的间隔天数。对于无密码的账号而言,是指从1970年1月1日起到创建该用户账号的间隔天数
4	自上次修改密码后,要隔多少天才能再次修改。若为0,则表示没有时间限制
5	自上次修改密码后,多少天之内必须再次修改。若为99999,则表示用户密码未设置为必须修改
6	若为密码设置了时间限制,则在过期多少天前向用户发送警告信息,默认为7天
7	若将密码设置为必须修改,而到达期限后仍未修改,则系统将推迟关闭账号的天数
8	从1970年1月1日起到用户账号到期的间隔天数
9	保留字段未使用

2. 与组群相关的文件

(1) 组群账号信息文件"/etc/group"

组群账号信息文件"/etc/group"用于保存组群账号的信息,所有用户都可以查看其内容。图4-25所示是"/etc/group"文件的部分内容。

【提示】"/etc/group"文件中的每一行表示一个组群的信息,有4个字段,各字段之间用":"分隔,这些字段从左到右依次为组群名、密码、GID、用户列表。其中,密码字段的内容总是以"x"来填充。

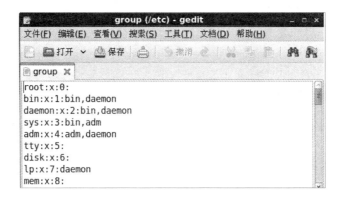

图 4-25 "/etc/group" 文件的部分内容

（2）组群密码信息文件 "/etc/gshadow"

组群密码信息文件 "/etc/gshadow" 依据 "/etc/group" 文件而产生（与 "/etc/shadow" 文件类似），主要用于保存加密的组群密码，只有超级用户才能查看 "/etc/gshadow" 文件的内容。

 任务准备

1. 一台装有 RHEL 6.x Server 操作系统的计算机，且配备有 CD 或 DVD 光驱、音箱或耳机。

2. 启动计算机，以超级用户 "root"（密码为 "root123"）登录图形化用户界面。

任务实施

步骤 1 **创建组群**

选择顶部面板上的"应用程序"→"系统工具"→"终端"菜单命令（或右击桌面空白处，在弹出的快捷菜单中选择"在终端中打开"命令），弹出终端窗口。

在命令提示符后输入命令"groupadd －g 600 workgroup"，如图 4-26 所示，新建组群 workgroup，GID 为 600。

步骤 2 **新建用户信息文件 "new"**

在命令提示符后输入命令"vi new"，启动 vi 编辑器，在 vi 编辑器中输入文件内容，如图 4-27 所示。

图 4-26 创建组群   图 4-27 编辑文件 "new"

【提示】用户信息必须符合"/etc/passwd"文件的格式，每一行内容为一个用户账号的信息，字段排列顺序必须与"/etc/passwd"文件完全相同。每个用户账号的用户名和 UID 必须不相同，在密码字段中输入"x"。

步骤 3　新建用户密码文件"newpasswd"

在命令提示符后输入命令"vi　newpasswd"，启动 vi 编辑器，在 vi 编辑器中输入文件内容，如图 4-28 所示。

【提示】密码文件中的每一行为一个用户账号的信息，用户名与上述用户信息文件的内容相对应。

步骤 4　批量创建用户账号

输入命令"newusers　<new"，批量新建用户账号，如图 4-29 所示。

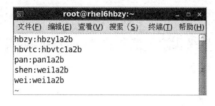

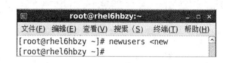

图 4-28　编辑文件"newpasswd"　　　　图 4-29　批量新建用户账号

【提示】超级用户利用 newusers 命令能批量创建用户账号，只需要把用户信息文件重定向给 newusers 程序，系统就会根据文件中的信息新建用户账号，并在"/home/"目录中为每个账号创建一个主目录。如果没有出错信息，查看"/etc/passwd"文件便会发现 new 文件的内容出现在"/etc/passwd"中。

步骤 5　批量设置密码

（1）暂时取消 shadow 加密

输入命令"pwunconv"，暂时取消 shadow 加密，如图 4-30 所示。

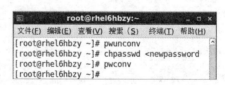

图 4-30　暂时取消、批量设置、恢复用户密码

【提示】为使用户密码文件中指定的密码可用，必须取消原有的 shadow 加密。超级用户利用 pwunconv 命令便能将"/etc/shadow"文件中的加密密码解密后保存于"/etc/passwd"文件，并删除"/etc/shadow"文件。

（2）批量设置用户密码

输入命令"chpasswd　<newpassword"，批量设置用户密码，如图 4-30 所示。

【提示】超级用户利用 chpasswd 命令能批量设置用户的密码，只要把用户密码文件重定向给 chpasswd 命令，系统就会根据该文件中的信息设置用户的密码。如果没有出错信息，查看"/etc/passwd"文件便会发现"newpassword"文件中的密码信息出现在"/etc/passwd"文件中相应用户的密码字段中。

（3）恢复 shadow 加密

输入命令"pwconv"，恢复 shadow 加密，如图 4-30 所示。

【提示】pwconv 命令的功能与 pwunconv 命令相反，它将"/etc/passwd"文件中的密码进行 shadow 加密并保存到"/etc/shadow"文件中。

 任务检测

1. 查看与用户相关的文件

分别在图形界面下和字符界面下查看"/etc/passwd"文件中是否建立了 5 个用户账号；查看"/etc/shadow"文件中是否存在 5 个账号的加密密码。

2. 查看与组群相关的文件

分别在图形界面下和字符界面下查看"/etc/group"文件中是否建立了组群；查看"/etc/gshadow"文件中是否存在组群账号的加密口令。

3. 以新创建的 5 个用户登录

分别以用户 hbzy、hbvtc、pan、shen、wei 进行登录试验。

 知识与技能拓展

1. chmod 命令

功能：为文件/目录设置权限。

格式一：chmod［who］［opt］［mode］文件/目录名

主要选项说明如下。

在 who 中，u（表示文件所有者），g（表示同组用户），o（表示其他用户）。

在 opt 中，+（表示增加权限），-（表示取消权限），=（表示唯一设定权限）。

在 mode 中，r（表示可读取），w（表示可写入），x（表示可执行）。

格式二：chmod abc 文件名

主要选项说明如下。

a、b、c 各为一个数字，分别表示 User、Group、Other 的权限。r = 4，w = 2，x = 1。若要 rwx 属性，则 4 + 2 + 1 = 7；若要 rw- 属性，则 4 + 2 = 6；若要 r-x 属性，则 4 + 1 = 5；以此类推。

例如，chmod ug = rwx，o = x a. txt 等同于 chmod 771 a. txt（这两条命令都设定自己、同组用户对文件 a. txt 具有读、写和可执行权限，其他用户对文件具有可执行权限）。

2. chown 命令

功能：将指定文件的所有者改为指定的用户或组。

格式：chown［选项］用户或组 文件

主要选项说明如下。

－R　　　　递归式地改变指定目录及其下的所有子目录和文件的拥有者

－v　　　　　显示 chown 命令所做的工作

用户可以是用户名或 UID；组可以是组名或 GID。

文件是以空格分开的要改变所有者的文件列表，支持通配符。

例如，chown　－R　hbzy　/home/hbzy（该条命令将/home/hbzy 下所有子目录和文件的所有者改变为用户 hbzy）。

 任务总结

通过本任务的实施，应掌握下列知识和技能：

● 与用户和组群相关的文件（重点）

● 批量创建多个用户账号的方法（重点）

● newusers、pwunconv、chpasswd、pwconv、chmod、chown 等命令的用法

情境总结

　　Linux 是多用户多任务的操作系统，允许多个用户同时从本机或远程登录，这些用户可能属于相同或不同的组群，因此用户与组群管理是 Linux 系统管理非常基本的内容之一，主要包括用户和组群的增加、删除、修改及查看等。

　　Linux 用户分为**超级用户**、**系统用户**和**普通用户**。超级用户 root 拥有系统的最高权限，在安装时创建并设置密码；系统用户是与系统服务相关的用户账号，通常不需要修改；普通用户由超级用户创建，权限有限。由于超级用户 root 的权限太大，为安全起见，Linux 管理员通常以普通用户登录，只有在需要进行那些必须有超级用户权限的操作时，才用 su －命令切换为超级用户，执行完成后用 exit 命令返回普通用户。

　　Linux 中的每个**用户账号**都包括用户名、密码、UID、所属组群 ID、登录 Shell、用户主目录等信息。"/etc/passwd" 和 "/etc/shadow" 文件分别保存用户账号和密码信息。

　　Linux 将具有相同特征的多个用户划分为一个**组群**，每个组群都包括组群名、GID、用户列表等信息。"/etc/group" 和 "/etc/gshadow" 文件保存组群信息。

　　无论是利用图形界面中的用户管理器还是利用 Shell 命令来进行用户和组群管理，本质上都是修改上述 4 个文件的内容。

操作与练习

一、选择题

1. RHEL 6. x Server 中的超级用户提示符是以下哪个符号？（　　）

    A）$ B）&   C）#   D）～

2. 以下哪个文件保存用户账号的加密信息？（　　）

    A）/etc/passwd   B）/etc/shadow   C）/boot/shado   D）/etc/inittab

3. 以下哪个文件保存组群账号的加密信息？（　　）

    A）/etc/group   B）/etc/gshadow   C）/boot/gshadow   D）/etc/ginittab

4. 超级用户 root 的 UID 是什么？（　　）

    A）0   B）1   C）500   D）600

5. 普通用户的 UID 是什么？（　　）

    A）0 ～ 100   B）1 ～ 400   C）500   D）500 和 500 以上

6. root 组群的 GID 是什么？（　　）

    A）0   B）1   C）500   D）600

7. 普通组群的 GID 是什么？（　　）

    A）0 ～ 100   B）1 ～ 400   C）500   D）500 和 500 以上

8. 对于创建用户时使用的 useradd 命令，如果要指定用户的 UID，则需要哪个选项？（　　）

    A）－g   B）－d   C）－u   D）－s

9. 对于 passwd 命令，如果要删除用户口令，则需要哪个选项？（　　）

    A）－d   B）－u   C）－l   D）－S

10. 下面哪个命令可以删除一个名为 hbzy 的用户并同时删除用户的主目录？（　　）

    A）rmuser－r hbzy   B）deluser－r hbzy

    C）userdel－r hbzy   D）usermgr－r hbzy

11. 在 RHEL 6. x Server 系统中，系统默认哪个用户对整个系统拥有完全的控制权？（　　）

    A）root   B）guest   C）administrator   D）supervisor

12. 当系统管理员以普通账号登录 Linux 后，若要变成超级用户身份，可执行什么命令？（　　）

    A）root   B）su －   C）administrator   D）admin

13. 向一个组群中添加用户的命令是什么？（　　）

    A）groupadd   B）groupmod   C）gpasswd   D）chpasswd

14. 文件"/etc/passwd"中的一行代表一个用户账号，而每个用户账号的信息用什么符号分隔？（　　）

    A）| B）/   C），   D）：

15. 删除一个用户可用什么命令？（　　）

    A）usermod   B）userdel   C）su   D）groupdel

二、操作题

以下 1 ～ 12 题分别用图形化方式和 Shell 命令方式完成，13 ～ 15 题用 Shell 命令方式完成。

1. 新建用户 usersun，口令为"abcd1234"。

2. 将 usersun 用户的口令改为"supersun2009"。

3. 设置 usersun 用户每隔 10 天必须更改口令。

4. 新建用户 userpub，该用户不需密码就能登录。

5. 新建组群 boxgroup。

6. 将用户 usersun 和 userpub 添加为 boxgroup 组成员。

7. 查看用户 usersun 和 userpub 的相关信息。

8. 锁定用户 usersun。

9. 一次性删除用户 userpub 及其工作目录。

10. 为用户 usersun 解锁。

11. 将组群 boxgroup 更名为 ourgroup。

12. 删除组群 ourgroup。

13. 新建组群 newgroup，组群号为 600。

14. 批量新建用户 zhao、qian、sun、li、zhou、wu，所有用户都属于 newgroup 组群。

15. 查看文件 "/etc/passwd"。

学习情境 5
文件系统及文件管理

情境引入

某公司从事 Linux 嵌入式产品的研发工作，一位职员负责其中应用程序及相关文档的编写工作。在工作的过程中，需要了解 Linux 环境下的文件系统，要会管理 U 盘、光盘等设备以便于文件的存储，对文件和目录的一些基本操作应比较熟练。

6,202,00
1,053,11

5.1 子情境：管理 U 盘及安装 RPM 包

 任务描述

某公司职员正在进行一个"机顶盒"项目开发，经常在网上下载有关 PDF 格式的技术文档，帮助自己解决项目开发中的技术难题。同时，为防止工作文档意外丢失，他还每天用 U 盘备份这些工作文档，有时也复制到家中的计算机上以方便加班。

 任务实施流程

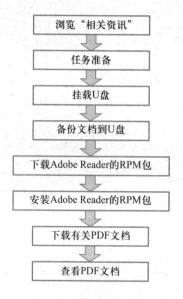

 相关资讯

操作系统中负责管理和存储文件信息的模块称**文件管理系统**，简称文件系统。文件系统由 3 部分组成：与文件管理有关的软件、被管理的文件、实施文件管理所需的数据结构。从系统角度来看，文件系统是对文件存储器空间进行组织和分配、负责文件的存储并对存入的文件进行保护和检索的系统。从用户角度来看，文件系统为用户提供统一简洁的接口，方便用户使用各种硬件资源。

1. Linux 的基本文件系统

（1）ext4 文件系统

Linux 中保存数据的磁盘分区通常采用 ext2、ext3 或 ext4 文件系统，而实现虚拟存储的 swap 分区必须采用 swap 文件系统。

ext（Extended File System）文件系统是专为 Linux 设计的文件系统，它继承 UNIX 文件系

统的主要特色，采用三级索引结构和目录树形结构，并将设备作为特别文件处理。ext2 诞生于 1993 年，其功能强大、方便安全，是 Linux 系统中最常用的文件系统。ext3 诞生于 2001 年，是 ext2 的增强版本，强化了系统日志管理功能，由 Red Hat 公司随 Red Hat Linux 7.0 版本推出。RHEL 5.x 的默认文件系统是 ext3。ext4 是自 Linux kernel 2.6.28 开始正式支持的文件系统，ext4 文件系统可支持最高 1 EB 的分区与最大 16 TB 的文件，RHEL 6.x 的默认文件系统就是 ext4。

（2）proc 文件系统

proc 文件系统是系统专用的文件系统，只存在内存中，而不占用磁盘空间，它以文件系统的方式为访问系统内核数据的操作提供接口。用户和应用程序可通过 proc 得到系统的信息，并可改变内核的某些参数。由于系统的信息（如进程）是动态改变的，所以用户或应用程序读取 proc 文件时，proc 文件系统是动态地从系统内核读出所需信息并提交的。/proc 目录与 proc 文件系统相对应，/proc 目录的以下子目录主要提供以下信息。

① bus：总线信息。

② driver：内核所使用的设备信息。

③ fs：系统所引入的 NFS 文件系统信息。

④ ide：IDE 设备信息。

⑤ irq：IRQ 信息。

⑥ net：网络信息。

⑦ scsi：SCSI 设备信息。

⑧ sys：系统信息。

⑨ tty：TTY 设备信息。

不是所有的目录在 Linux 系统中都有，这取决于内核配置和装载的模块。在/proc 目录下还有一些以数字命名的目录，它们是进程目录。系统中当前运行的每一个进程在/proc 下都有对应的一个目录，以进程的进程号为目录名，是读取进程信息的接口。

（3）sysfs 文件系统

sysfs 文件系统是一种类似于 proc 文件系统的特殊文件系统，用于将系统中的设备组织成层次结构，并向用户程序提供详细的内核数据结构信息。与 sysfs 文件系统相对应的是/sys 目录，其下的子目录主要有以下几种。

① block 目录：包含所有的块设备。

② bus 目录：包含系统中所有的总线类型。

③ class 目录：系统中的设备类型（如网卡设备、声卡设备等）。

④ devices 目录：包含系统所有的设备，并根据设备挂载的总线类型组织成层次结构。

（4）tmpfs 文件系统

tmpfs 是一种**虚拟内存文件系统**。由于 Linux 的虚拟内存由物理内存（RAM）和交换分区组成，所以 tmpfs 的最大存储空间是物理内存和交换分区大小之和。tmpfs 既可以使用物理内存，也可以使用交换分区。

tmpfs 文件系统的大小不固定，是随着所需要的空间而动态增减的。由于 tmpfs 文件系统建立在虚拟内存之上，因此读写速度很快，常被用于提升服务器的性能。

（5）swap 文件系统

swap 文件系统用于 Linux 的交换分区。在 Linux 中，使用整个交换分区来提供**虚拟内存**，其分区大小一般是系统物理内存的两倍。交换分区（或称 swap 分区）是 Linux 正常运行所必需的分区，在安装 Linux 操作系统时，必须创建采用 swap 文件系统的交换分区。交换分区由操作系统自行管理。

2. Linux 支持的文件系统

由于采用了**虚拟文件系统技术**，Linux 支持多种常见的文件系统，并允许用户在不同的磁盘分区上安装不同的文件系统，这大大提高了 Linux 的灵活性，且易于实现不同操作系统环境之间的信息资源共享。Linux 支持的文件系统类型主要有以下几种。

① msdos：MS DOS 采用的 FAT 文件系统。
② vfat：Windows 中常用的 FAT32 文件系统。
③ sysV：UNIX 中最常用的 system V 文件系统。
④ nfs：网络文件系统（Network File System）。
⑤ iso9660：CD – ROM 的标准文件系统。

3. 文件系统的挂载与卸载

在 Linux 中，无论是硬盘、软盘、光盘、移动硬盘还是 U 盘，都必须经过挂载才能进行文件存取操作。**挂载**就是将存储介质的内容映射到指定的目录中，此目录即为该设备的挂载点，对介质的访问就变成对挂载点目录的访问。一个挂载点一次只能挂载一个设备。

通常，硬盘上的各磁盘分区都会根据"/etc/fstab"文件的默认设置，在 Linux 启动过程中自动挂载到指定的目录，并在关机时自动卸载。而软盘、光盘、移动硬盘、U 盘等移动存储介质既可以在启动时自动挂载，也可以在需要时手工**挂载**（mount 命令）或**卸载**（umount 命令）。当移动存储介质使用完成后，必须正确卸载后才能取出，否则会造成一些不必要的错误。

某"/etc/fstab"文件的内容如图 5-1 所示。该文件中的每一行表示一个文件系统，而每个文件系统的信息用 6 个字段来表示，字段之间用空格分隔。从左到右字段的信息分别介绍如下。

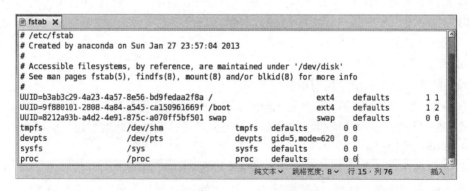

图 5-1　某"/etc/fstab"文件内容

① 标签名：指定不同的设备逻辑名，对于 proc 等特殊的文件系统，则显示文件系统名。采用逻辑卷管理（LVM）的分区显示为逻辑卷名，如"/dev/VolGroup00/LogVol00"。

② 挂载点：指定每个文件系统的挂载位置，其中，swap 分区不需指定挂载点。

③ 文件系统类型：指定每个文件系统所采用的文件系统类型。

④ 命令选项：每个文件系统都可以设置多个命令选项，命令选项之间必须用逗号分隔。常用的命令选项有 defaults、noauto、auto、ro、rw、usrquota、grpquota 等。

⑤ 检查标记：0 表示该文件系统不进行文件系统检查；1 表示需要进行文件系统检查。

⑥ 检查顺序标记：0 表示不进行文件系统检查；1 表示先检查根分区；2 表示先检查别的文件系统。

4. RPM 软件包

传统的 Linux 软件包多为 .tar.gz 文件，必须经过解压缩和编译才能进行安装和设置。这对一般用户而言极为不便，因此 Red Hat 公司推出 **RPM（Red Package Manager）软件包**管理程序，大大简化了软件包的安装。目前，RPM 已成为 Linux 中公认的软件包管理标准。

典型的 RPM 软件包的文件名采用固定格式："软件名 - 主版本号 - 次版本号 . 硬件平台类型 . rpm"。如 vsftpd - 2.0.5 - 10.el5.i386.rpm，其中，vsftpd 表示软件名称，2.0.5 - 10.el5 表示软件版本号，i386 表示此软件包适用于 Intel x86 硬件平台。

 任务准备

1. 一台装有 RHEL 6.x Server 操作系统的计算机，且配有 CD 或 DVD 光驱、音箱或耳机。
2. 启动计算机，以 hbzy 用户（密码 hbzy1a2b）登录。
3. 在 /home/hbzy 目录中创建"机顶盒项目相关文档"目录，该目录中存放相关文件。
4. 一个 U 盘。

任务实施

1. 图形化方式（方案一）

步骤 1 挂载 U 盘

将 U 盘插入 USB 接口，U 盘将被自动挂载，并自动打开文件浏览器来显示 U 盘的内容。同时桌面上（或双击桌面上的"计算机"图标，在弹出的文件浏览器窗口中）会出现 U 盘图标，如图 5-2 所示。/media 是系统默认的移动设备挂载点。

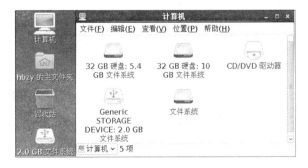

图 5-2　U 盘图标

【提示】如果是 VMware 9.0 虚拟机中的 Linux 操作系统，将 U 盘插入计算机的 USB 接口后，则可以选择 VM Removable Devices Genesys Logic USB Storage Connect（Disconnect form Host）菜单命令，使 U 盘插入 VMware 虚拟机（该虚拟机为 Linux 操作系统）。

步骤 2　复制内容到 U 盘

将/home/hbzy 的"机顶盒项目相关文档"目录复制到 U 盘。双击桌面上的"hbzy 的主文件夹"图标，弹出文件管理器窗口，右击"机顶盒项目相关文档"目录图标，弹出如图 5-3 所示的快捷菜单，选择"复制"命令。

双击桌面上的 U 盘图标，弹出文件管理器窗口，右击该窗口中的空白处，在弹出的快捷菜单中选择"粘贴"命令，即开始粘贴。

复制完毕后，右击桌面上的 U 盘图标，弹出快捷菜单，选择"卸载"命令卸载 U 盘，如图 5-4 所示。

图 5-3　快捷菜单

图 5-4　选择"卸载"命令

步骤 3　下载 Adobe Reader 的 RPM 包

选择顶部面板上的"应用程序"→"Internet"→"Firefox Web Browser"菜单命令，弹出 Firefox 浏览器窗口，在位置栏输入"ftp://ftp.adobe.com/pub/adobe/reader/unix/9.x/9.5.1/enu/"并按 Enter 键，进入 Adobe 的 FTP 站点，单击"AdbeRdr9.5.1-1_i486linux_enu.rpm"下载 RPM 包，如图 5-5 所示。下载文件一般保存在用户主目录下的"下载"子目录（"/home/hbzy/下载/"）中，如图 5-6 所示。

图 5-5　选择 AdobeReader 包

图 5-6　RPM 包

步骤 4　安装 Adobe Reader 的 RPM 包

右击图 5-6 中的 RPM 图标，弹出如图 5-7 所示的快捷菜单，选择"用软件包安装程序打开"命令，弹出"是否要安装此文件"对话框，单击"安装"按钮，弹出"正在安装"、"正在解析依赖关系"、"等待认证"等一系列信息提示框，最后弹出"授权"对话框，输入 root密码（root123）进行安装即可。

安装完毕后，在顶部面板上的"应用程序"→"办公"菜单中会出现 Adobe Reader 9 命令，如图 5-8 所示。

图 5-7　RPM 包快捷菜单

图 5-8　安装结果

步骤 5　下载 PDF 文档

在 Firefox 浏览器的搜索栏中输入"机顶盒 PDF"并按 Enter 键，在搜索结果页面中会显示很多关于机顶盒的 PDF 文档，单击中意的下载链接即可开始下载，下载的文档存放在用户主目录下的"下载"子目录中。这里下载"CATV 机顶盒设计的原理与实现 . pdf"文档。

步骤 6　打开并查看 PDF 文档

依次双击桌面上的"hbzy 的主文件夹"→"下载"图标，打开"/home/hbzy/下载/"目录，然后右击"CATV 机顶盒设计的原理与实现 . pdf"图标，弹出快捷菜单，选择"用 AdobeReader 9 打开"命令，弹出 Adobe Reader 9 窗口并打开该文档，从中即可查看，如图 5-9所示。

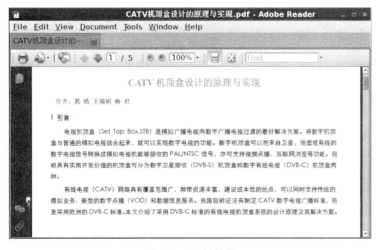

图 5-9　运行结果

2. Shell 命令方式（方案二）

步骤 1 挂载 U 盘

① 将 U 盘插入 USB 接口，右击"hbzy 的主文件夹"图标，弹出快捷菜单，选择"在终端中打开"命令，打开一个终端，在该终端中输入命令"df − h"或"fdisk − l"，查看 U 盘在 Linux 下是否被识别，如图 5-10 所示。从图中可以看出，系统已识别出 USB 存储设备，设备名是 sdb1。

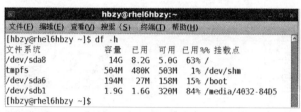

图 5-10 查看 U 盘是否被识别

② 在终端命令提示符后输入命令"su − "，并根据提示输入 root 用户密码（root123），切换到 root 用户，如图 5-11 所示。

③ 在终端命令提示符后输入命令"mkdir /media/usb"并按 Enter 键，如图 5-11 所示。即为 U 盘建立一个挂载点。挂载点目录可以不为空，但必须已存在。

④ 输入命令"mount − t vfat /dev/sdb1 /media/usb/"并按 Enter 键，挂载 U 盘，如图 5-11 所示。

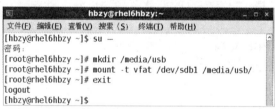

图 5-11 输入命令

⑤ 输入"exit"命令，返回 hbzy 用户。

【提示】 只有 root 用户才可以使用 mount 挂载。

步骤 2 复制内容到 U 盘

① 用 cp 命令复制"/home/hbzy/"目录中的"机顶盒项目相关文档"目录到 U 盘中，如图 5-12 所示。

【提示】 用 cp 命令进行复制。如果复制的是目录，则需要加上 − r，否则只能一个一个地复制；如果复制的是文件，则不需要。

② 复制完毕后用"su − "命令切换到 root 账号，然后用"umount /media/usb"命令卸载 U 盘，最后用"exit"命令返回 hbzy 用户，如图 5-12 所示。

步骤 3 下载 Adobe Reader 的 RPM 包

与方案一的步骤 3 相同。

图 5-12　复制文件并卸载 U 盘

步骤 4　安装 Adobe Reader 的 RPM 包

用"su　–"命令切换到 root 账号，然后用 rpm 命令安装 AdbeRdr9.5.1–1_i486linux_
enu.rpm 包，安装完毕后用 exit 命令返回 hbzy 账户，如图 5-13 所示。

图 5-13　安装 RPM

步骤 5　下载 PDF 文档

与方案一的步骤 5 相同。

步骤 6　打开并查看 PDF 文档

与方案一的步骤 6 相同。

 知识与技能拓展

1. 管理磁盘的 Shell 命令

（1）mount 命令

功能：将磁盘设备挂载到指定的目录，该目录即为此设备的**挂载点**。挂载点目录可以不为
空，但必须已存在。磁盘设备挂载后，该挂载点目录的原文件暂时不能显示且不能访问，取代
它的是挂载设备上的文件。原目录上的文件待到挂载设备卸载后才能重新访问。

格式：mount　［选项］　设备名称　挂载点

主要选项说明如下。

–f	模拟一个文件系统的挂装过程，用它可以检查一个文件系统是否可以正确挂装
–n	挂装一个文件系统，但不在 fstab 文件中生成与之对应的设置项
–s	忽略文件系统不支持的安装类型，从而不导致安装失败
–v	命令进展注释状态，给出 mount 命令每个操作步骤的注释
–w	以可读写权限挂装一个文件系统

–r	以只读权限挂装一个文件系统
–t type	定义准备挂装的文件系统的类型
–a	把"/etc/fstab"文件中列出的所有文件系统挂装好
–o option	根据各参数选项挂装文件系统,参数选项跟在 –o 后面,用逗号隔开

例如:

mount				显示已挂载的所有文件系统
mount	–t	iso9660	/dev/cdrom	/media/cd	挂载光盘,/dev/cdrom 为设备名,/media/cd 为挂载点
mount	–t	vfat	/dev/sda1	/media/usb	挂载 U 盘,/dev/sda1 为设备名,/media/usb 为挂载点
mount	–t	auto	/dev/fd0	/media/floppy	挂载软盘,/dev/fd0 为设备名,/media/ floppy 为挂载点

(2) umount 命令

功能:卸载指定的设备,既可使用设备名,也可以使用挂载目录名。

格式:umount 设备/目录(设备或目录为实际的设备名或目录名)

例如:

umount /dev/sda1	卸载 U 盘,U 盘的识别格式为 sda1
umount /media/usb	卸载 U 盘,其挂载点为/media/usb
umount /media/cd	卸载光盘,其挂载点为/media/cd

(3) df 命令

功能:显示文件系统的相关信息。

格式:df [选项]

主要选项说明如下。

–a	显示全部文件系统的使用情况
–t 文件系统类型	仅显示指定文件系统的使用情况
–x 文件系统类型	显示除指定文件系统以外的其他文件系统的使用情况
–h	以易读方式显示文件系统的使用情况

例如,显示当前文件系统信息,如图 5–14 所示。

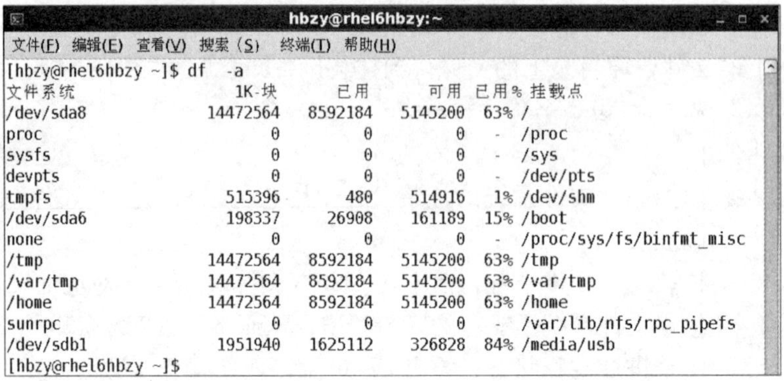

图 5–14　显示系统文件信息

（4）mkfs 命令

功能：在磁盘上建立文件系统，也就是进行磁盘格式化。

格式：mkfs ［选项］ 设备

主要选项说明如下。

－t 文件系统类型　　　建立指定的文件类型

－c　　　　　　　　　建立文件系统前首先检查磁盘坏块

例如，将 U 盘格式化为 FAT32 格式，使用"mkfs. vfat ／dev/sdb1"命令，如图 5 - 15 所示。

```
                          root@rhel6hbzy:~                        _ □ ×
文件(F) 编辑(E) 查看(V) 搜索(S) 终端(T) 帮助(H)
[hbzy@rhel6hbzy ~]$ su -
密码：
[root@rhel6hbzy ~]# df
文件系统              1K-块        已用        可用 已用% 挂载点
/dev/sda8         14472564    8592432    5144952  63% /
tmpfs               515396        480     514916   1% /dev/shm
/dev/sda6           198337      26908     161189  15% /boot
/dev/sdb1          1951940       2284    1949656   1% /media/782B-4717
[root@rhel6hbzy ~]# umount /dev/sdb1
[root@rhel6hbzy ~]# mkfs.vfat /dev/sdb1
mkfs.vfat 3.0.9 (31 Jan 2010)
[root@rhel6hbzy ~]#
```

图 5-15　格式化 U 盘

【提示】格式化 U 盘必须切换到 root 账户，且要用 umount 命令卸载 U 盘后才能用 mkfs 命令格式化 U 盘。注意，卸载前可用 df 命令查询文件系统，得到 U 盘的设备名或挂载点，以便卸载。

（5）fdisk 命令

功能：磁盘分区

格式：fdisk ［选项］ 设备

主要选项说明如下。

－m　　　列出所有的分区命令

－p　　　显示分区情况

－d　　　删除原有的分区

－n　　　增加新分区

－t　　　改变分区类型

－l　　　查看分区类型

－a　　　设置活动分区

－w　　　保存退出

－q　　　不保存退出

（6）fsck 命令

功能：检查并修复文件系统。

格式：fsck 设备

例如，检查 U 盘上的文件系统，如图 5-16 所示。

图 5-16   检查文件系统

2. 管理 RPM 软件包的命令

rpm 命令可实现 RPM 软件的安装、升级、删除、查询和验证。

（1）安装 RPM 软件包

格式：rpm   -i［选项］   软件包文件

功能：安装 RPM 软件包。

主要选项说明如下。

-v   显示安装过程

-h   显示"#"符号来反映安装的进度

--replacepkgs   若已安装某软件包，用此参数可强制系统再次安装软件包

例如，rpm   -ivh   vsftpd-2.0.5-10. el5. i386. rpm。

（2）升级 RPM 软件包

格式：rpm   -U［选项］   软件包文件

功能：升级 RPM 软件包。当出现更新版本的软件包时，进行升级操作，软件包升级后，旧版本的设置文件将被保存。如果当前系统中未安装指定的软件包，则直接安装。

主要选项说明如下。

-v   显示升级过程

-h   显示"#"符号来反映升级的进度

（3）查询 RPM 软件包

功能：查询软件包的相关信息。

格式 1：rpm   -q［选项］   软件包

主要选项说明如下。

-l   查询已安装软件包所包含的所有文件

-i   查询已安装软件包的详细信息

格式 2：rpm   -q［选项］

主要选项说明如下。

-a   查询已安装的所有软件包

-f 文件   查询指定文件所属的软件包

例如，用"rpm   -q   AdobeReader_enu"命令查询已安装的 AdbeRdr9. 5. 1-1_i486linux_enu. rpm 包。

（4）验证 RPM 软件包

格式 1：rpm   -V   软件包

格式 2：rpm   -V［选项］

主要选项说明如下。

－a　　　　　验证所有的已安装软件包

－f 文件　　　验证指定文件所属的软件包

例如，用"rpm　－V　AdobeReader ＿ enu"命令验证 AdbeRdr9. 5. 1 － 1 ＿ i486linux ＿ enu. rpm 包。

(5) 删除 RPM 软件包

格式：rpm　－e　软件包

例如，用"rpm　－e　AdobeReader ＿ enu"命令删除 AdbeRdr9. 5. 1 － 1 ＿ i486linux ＿ enu. rpm 包。

3. 配额管理

(1) 配额的基本概念

文件系统配额是一种磁盘空间的管理机制，使用文件系统配额可限制用户或组群在某个特定文件系统中所能使用的最大空间。Linux 针对不同的限制对象，可进行用户级和组群级的配额管理。配额管理文件保存于实施配额管理的那个文件系统的挂载目录中，其中，aquota. user 文件用于保存用户级配额的内容；aquota. group 文件用于保存组群级配额的内容。可只采用用户级或组群级，也可同时采用用户级和组群级的配额管理。

只有采用 ext2、ext3 和 ext4 的文件系统（磁盘分区）才能进行配额管理，通常对/home 目录所对应的文件系统进行配额管理。只有超级用户才能实施配额管理。

(2) 设置文件系统配额的方法

首先，超级用户必须编辑"/etc/fstab"文件，指定实施配额管理的文件系统及实施何种（usrquota 或 grpquota）配额管理。其次，用 quotacheck 命令检查进行配额管理的文件系统并创建 aquota. user（或 aquota. group）文件。接着，用 edquota 命令编辑配额管理文件 aquota. user（或 aquota. group）。最后，用 quotaon 启动配额管理。用户可以用 quota 命令查看指定用户或组群的配额设置。详细方法请参看有关书籍。

任务总结

通过本任务的实施，应掌握下列知识和技能：

- Linux 的基本文件系统、支持的文件系统
- 文件系统（如 U 盘）的挂载和卸载（重点）
- 管理磁盘的 Shell 命令（重点、难点）
- RPM 包的下载和安装（重点）
- rpm 命令的用法（重点、难点）
- 磁盘配额管理的概念和方法

5.2 子情境：文件权限、归档与刻录光盘

 任务描述

某公司的"机顶盒"项目开发进行到后期，某职员要负责相关文档的制定，如产品使用说明书、售后服务指南、维修单等。在完成这些文档并定稿后，将不再允许其他人员随意更改，因此需要设定这些文档的权限，并将这些文档进行压缩和刻录成光盘，以便移交给公司销售部进行印刷或刻录光盘，以随产品出售。

 任务实施流程

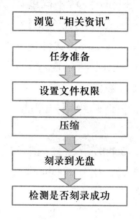

 相关资讯

1. Linux 文件系统布局

Linux 遵行**文件系统层次标准**（Filesystem Hierarchy Standard），按树形目录结构组织和管理系统的所有文件。它将所有的文件系统连在唯一的根目录（/）下，形成树形结构（不使用设备标识符，如 A、C、D 等），往下连接多个分支如/bin、/usr 等，如图 5-17 所示。

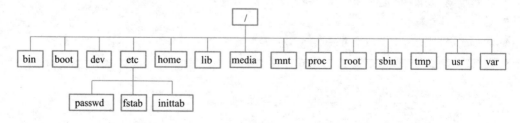

图 5-17　Linux 文件系统布局

各 Linux 发行版本会存在一些小的差异，但总体来说都差不多。主要目录用途如下。

/：文件系统的入口，也是最高一级的目录。

/bin：最基本的、且超级用户和普通用户都可使用的命令放在此目录，如 ls、cp 等。

/boot：存放 Linux 的内核及引导系统所需要的文件，包括引导装载程序。

/dev：存放所有的设备文件，比如声卡、磁盘等。

/etc：存放系统配置文件，如 passwd、fstab、inittab 等。一些服务器的配置文件也放在这里。

/home：包含普通用户的个人主目录，如 hbzy 用户的个人主目录为/home/hbzy。

/lib：包含二进制文件的共享库。

/media：即插即用型存储设备如 U 盘、光盘等的自动挂载点在此目录下创建。

/mnt：用于存放临时性挂载存储设备，如光驱可挂载到/mnt/cdrom 下。

/proc：存放进程信息及内核信息，由内核在内存中产生。

/root：Linux 超级用户 root 的根目录。

/sbin：存放系统管理命令，一般只有超级用户才能执行。

/tmp：公用的临时文件目录。/var/tmp 目录与此目录相似。

/usr：存放应用程序及其相关文件，比如命令、帮助文件等。

/var：存放系统中经常变化的文件，如/var/log 目录存放系统日志。

DOS 和 Windows 操作系统也采用目录树的结构，但是与 Linux 的略有不同。DOS 和 Windows 操作系统以每个分区为树根，由于有多个分区，所以形成了多个树并列的情形，如图 5-18 所示。

图 5-18　DOS 和 Windows 文件系统布局

2. Linux 文件类型

为了便于管理和识别不同的文件，Linux 系统将文件分成四大类别：普通文件、目录文件、链接文件和设备文件。

① **普通文件**：普通文件是用户最常用的文件，分为二进制文件和文本文件。二进制文件直接以二进制形式存储，一般是图形、图像、声音、可执行程序等文件。文本文件以 ASCII 编码形式存储，Linux 中的配置文件大多是文本文件。

② **目录文件**：目录文件简称目录，它存储相关文件的位置、大小等信息。

③ **链接文件**：链接文件可分为**硬链接文件**和**符号链接文件**。硬链接文件保留所链接文件的索引节点（磁盘的具体物理位置）信息，即使被链接文件更名或者移动，硬链接文件仍然有效。Linux 要求硬链接文件与被链接的文件必须属于同一分区，并采用相同的文件系统。符号链接文件类似于 Windows 中的快捷方式，其本身并不保存文件内容，而只记录所链接文件的路径。如果被链接文件更名或者移动，则符号链接文件无效。

④ **设备文件**：是存放 I/O 设备信息的文件。Linux 中的每个设备都用一个设备文件表示。

3. Linux 文件名的命令规则

文件名是文件的唯一标识符。Linux 中的文件名遵循以下原则。

① 除 "/" 以外的所有字符都可使用，但为避免系统混乱，尽量不用以下特殊字符。

　?　$　#　*　&　!　\，，；＜　＞　[　]　{　}　(　)　^@　%　|　"　'　、

② 可使用长文件名，并严格区分大小写字母。

③ 尽量设置代表文件内容和类型的有意义的文件名。

DOS 和 Windows 中的所有文件都以"文件主名. 扩展名"的格式表示，文件扩展名表示文件的类型。Linux 不强调文件扩展名的作用，如 abc. txt 文件就不一定是文本文件，也可能是可执行文件。文件甚至还可以没有扩展名，但通常还是使用"文件主名. 扩展名"格式，并遵循一定的扩展名规则。Linux 中的文件扩展名与文件类型的关系如表 5-1 ~ 表 5-4 所示。

表 5-1　系统文件的扩展名

扩展名	文 件 类 型
. rpm	RPM 软件包文件
. conf 或 . cfg	系统配置文件
. deb	Debian 二进制包文件
. lock	锁定文件

表 5-2　归档和压缩文件的扩展名

扩展名	文 件 类 型
. zip	zip 压缩文件
. tar	归档文件
. gz	gzip 命令产生的压缩文件
. bz2	bzip2 命令产生的压缩文件

表 5-3　程序和脚本文件的扩展名

扩展名	文 件 类 型
. c	C 语言源程序代码文件
. cpp	C ++ 语言源程序代码文件
. o	程序对象文件
. so	库文件
. sh	Shell 脚本文件

表 5-4　多媒体文件的扩展名

扩展名	文 件 类 型
. gif	GIF 图像文件
. jpg	JPEG 图像文件
. png	PNG 图像文件
. htm 或 . html	HTML 超文本文件
. wav	音频波形文件

4. 文件的归档与压缩

归档文件是文件和目录的集合，而这个集合被存储在一个文件中。归档文件没有经过压缩，也就是说，它所使用的磁盘空间是其中所有文件和目录的总和。**压缩文件**也是文件和目录的集合，且这个集合也被存储在一个文件中，但它经过了压缩，其所占用的磁盘空间比所有文件和目录的总和要少。

用户经常需要将多个文件和目录归档为一个文件，以供备份或传输，为减少文件所占用的存储空间，通常也对文件进行压缩。

5. 权限

为保证文件和系统的安全，Linux 采用比较复杂的**文件权限管理机制**。所谓的权限，是指用户对文件和目录的访问权限，包括读权限、写权限和执行权限，3 种权限之间相互独立。

Linux 中的文件权限取决于文件的所有者、文件所属组群，以及文件所有者（Owner）、同组用户（Group）和其他用户（Other）各自的访问权限。

超级用户负责整个系统的管理和维护，拥有系统中所有文件的全部访问权限。

文件初始访问权限在创建时由系统赋予，文件所有者和超级用户可以修改其权限。

权限可以用字母或数字来表示。

（1）字母表示法

在 Linux 中，每个文件的访问权限可用 9 个字母表示，用"ls –l"命令可列出每个文件的权限，其表示形式和含义如图 5–19 所示。

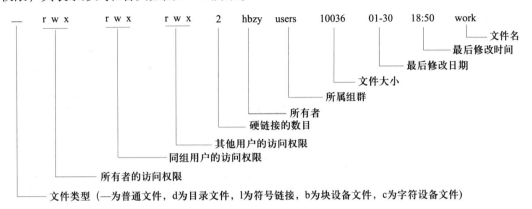

图 5–19 文件权限的字母表示法

每一组访问权限的位置固定，依次为读、写和执行权限。如果无此项权限，则用"–"表示。例如，"drwxr–xr–x"表示该文件是目录，文件所有者拥有全部权限，同组用户和其他用户仅有读取和执行的权限。

（2）数字表示法

每一类用户的访问权限也可以数字的方式表示出来，如表 5–5 所示。

表 5–5 文件权限的数字表示法

字母 表示形式	十进制数 表示形式	权限含义	字母 表示形式	十进制数 表示形式	权限含义
– – –	0	无任何权限	r – –	4	可读
– – x	1	可执行	r – x	5	可读和可执行
– w –	2	可写	rw –	6	可读和可写
– wx	3	可写和可执行	rwx	7	可读、可写和可执行

 任务准备

1. 一台装有 RHEL 6.x Server 操作系统的计算机，且配备有 CD–RW 或 DVD–RW。

2. 启动计算机，以 hbzy 用户（密码 hbzy1a2b）登录。

3. 在个人主目录中创建"机顶盒项目相关文档"目录，在该目录中存放相关文件。

4. 一张空白 CD 光盘。

任务实施

1. 图形化方式（方案一）

步骤1 设置文件权限

① 选择桌面顶部面板上的"应用程序"→"系统工具"→"文件浏览器"菜单命令，弹出文件管理器窗口，双击"机顶盒项目相关文档"目录图标进入该目录。

② 选中该目录中的所有文件（按下鼠标左键不放并拖动，框住目录中的全部文件），在选中文件中的任意一个文件图标上右击，弹出快捷菜单，选择"属性"命令，弹出如图 5-20 所示的"属性"对话框。

③ 选中"权限"选项卡，在"所有者"、"群组"和"其他"下方的"访问"下拉列表框中均选择"只读"选项，如图 5-21 所示，最后单击"关闭"按钮。

图 5-20 "属性"对话框

图 5-21 在"权限"选项卡中设置只读权限

步骤2 归档压缩

在文件浏览器中，双击"机顶盒项目相关文档"目录图标进入该目录，选中该目录中的全部文件，右击选中的任意一个文件图标，在弹出的快捷菜单中选择"压缩"命令，弹出"如图 5-22 所示的"压缩"对话框。将压缩类型改为 .zip，保存位置改为用户主目录"/home/hbzy"，归档文件名不变，如图 5-23 所示。最后单击"创建"按钮，便会在"/home/hbzy"目录出现一个"机顶盒项目相关文档 .zip"图标。

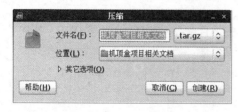

图 5-22 "压缩"对话框

图 5-23 更改压缩类型

【提示】归档管理器支持多种压缩格式，主要包括以下几种。

● tar：未压缩的 tar 文件

● tar.gz：用 gzip 压缩的 tar 文件

● tar.bz2：用 bz2 压缩的 tar 文件

● tar.xz：用 tar –cvf 和 xz –z 压缩的文件（解压则依次用 xz –d 和 tar –xvf）

● zip：用 zip 压缩文件

● gz：用 gz 压缩文件

● bz2：用 bz2 压缩文件

● jar：Java 环境下常用的压缩文件，用 jar 压缩

步骤 3 刻录光盘

（1）准备刻录目录 set top boxes

在用户主目录下新建一个"set top boxes"目录，右击"机顶盒项目相关文档.zip"文件图标，弹出快捷菜单，选择"复制"命令。双击"set top boxes"图标进入该目录，右击窗口空白处，弹出快捷菜单，选择"粘贴"命令，将"机顶盒项目相关文档.zip"文件复制到该目录中。

（2）启动 Brasero 光盘刻录器

选择"应用程序"→"影音"→"Brasero 光盘刻录器"菜单命令，如图 5-24 所示，打开 Brasero 光盘刻录器主窗口，如图 5-25 所示。

图 5-24　选择打开路径的菜单命令　　　　图 5-25　Brasero 光盘刻录器主窗口

【提示】在 Linux 下有很多方法能够把文件和目录刻录到光盘。Brasero 光盘刻录器是一个用来创建和复制光盘的图形化应用程序，它除了有刻录数据的功能外，还具有刻录音频、视频等功能。

（3）刻录光盘

单击"数据项目"按钮，弹出"新数据光盘项目"窗口。单击窗口工具栏中的"＋"按钮，如图 5-26 所示，弹出如图 5-27 所示的"选择文件"对话框，选择该对话框右侧栏的

"set top boxes"目录,单击"添加"按钮,自动返回到"新数据光盘项目"窗口,如图5-28所示,从图中可以看出,该程序将为选中的目录生成一个名为 brasero.iso 的映像文件。单击"刻录"按钮,弹出"映像文件位置"对话框,可以在此对话框中重新设置映像文件的文件名和保存路径,如图5-29所示。单击"刻录"按钮,出现如图5-30所示的"正在创建映像"对话框,完成后单击"关闭"按钮。

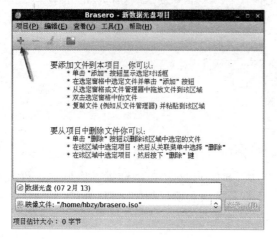

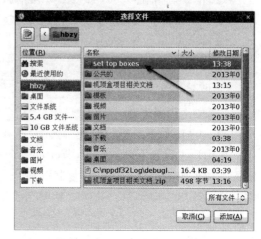

图5-26 在"新数据光盘项目"窗口中单击"+"按钮　　图5-27 "选择文件"对话框

图5-28 返回的"新数据光盘项目"窗口

图5-29 设置映像文件　　　　　　　图5-30 正在创建映像对话框

2. Shell 命令方式（方案二）

步骤1 设置文件权限

右击桌面"hbzy 的主文件夹"图标,弹出快捷菜单,选择"在终端中打开"命令,弹出一个终端窗口。

在终端命令行提示符后输入命令"chmod 555 机顶盒项目相关文档"，将"机顶盒项目相关文档"目录的权限修改为555，如图5-31所示。注意，线标记位置显示了权限的改变。

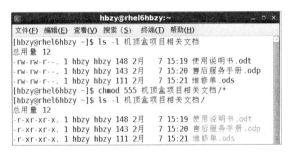

图5-31 更改"机顶盒项目相关文档"目录权限

用命令"chmod 555 机顶盒项目相关文档/＊"将"机顶盒项目相关文档"目录中的所有文件的权限修改为555，如图5-32所示。

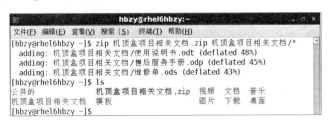

图5-32 更改目录中所有文件的权限

步骤2 归档压缩

输入"zip"命令，将"机顶盒项目相关文档"目录及其中的所有文件归档并压缩成名为"机顶盒项目相关文档.zip"的文件，如图5-33所示。

图5-33 归档压缩

步骤3 刻录光盘

（1）准备 set top boxes

在终端命令提示符后输入"cp"命令，将"机顶盒项目相关文档 . zip"文件复制到"set top boxes"目录中，如图 5-34 所示，以便将"set top boxes"目录刻录到光盘。

图 5-34 复制文件

【提示】 在 Linux 的 Shell 命令中，如果目录或文件名中包含空格，可用转义字符"\ "加空格表示。

（2）制作映像文件

在命令提示符后输入"mkisofs – o myimg. iso set\ top\ boxes"命令，将"set top boxes"目录制成 iso9660 格式的"myimg. iso"文件，以供刻录光盘，如图 5-35 所示。

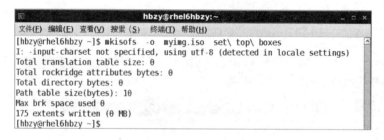

图 5-35 制作映像文件

【提示】 由于本例的文件较小，所以显示的大小为 0，具体的数据视具体情况而定。

（3）查看本系统支持的 SCSI 传输模式

在命令提示符后输入"cdrecord　dev = help"命令，查看本系统支持的所有 SCSI 传输模式，如图 5-36 所示。常见的传输模式包括 sg、ATA、RSCSI 等。

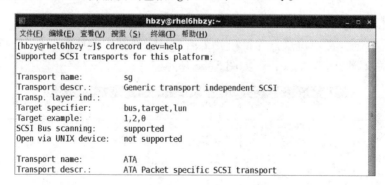

图 5-36 查看传输模式

（4）刻录

在命令提示符后输入"cdrecord －v －eject myimg.iso"命令，将映像文件刻录到光盘，部分示意图如图5-37所示。其中，myimg.iso为映像文件名，用户可以自己定义。刻录完成后，CD自动从刻录机中弹出。

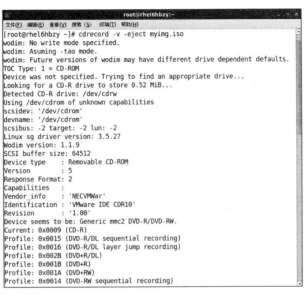

图5-37　刻录成盘

 任务检测

将光盘放入光驱，双击桌面上的光盘图标，弹出如图5-38所示的窗口，显示所刻光盘的内容。打开至"机顶盒项目相关文档.zip"文档，右击，弹出快捷菜单，选中"解压缩到此处"命令，开始解压缩，解压缩的结果如图5-39所示。

图5-38　查看光盘内容窗口

图5-39　解压缩后的结果

 知识与技能拓展

1. 修改目录和文件权限的 Shell 命令

（1）chmod 命令

功能：修改文件的**访问权限**。

格式1：chmod　数字组合　文件/目录列表

说明：数字组合由一组 0 ～ 7 的 3 位数字表示（数字含义如表 5-5 所示），如 755、555 等。

格式 2：chmod ［who］［+｜-｜=］［mode］文件/目录

主要选项说明如下。

who（对象）　　　u 表示文件所有者；g 表示同组用户；o 表示其他用户；a 表示所有用户

操作符　　　　　+ 表示增加权限；- 表示删除权限；= 表示赋予给定权限

mode（权限）　　r 表示读取权限；w 表示写入权限；x 表示执行权限

例如：

chmod　755　picture　　　　将 picture 的访问权限修改为 755

chmod　g - w　docum　　　　取消同组用户对 docum 文件的写权限

（2）chown 命令

功能：更改文件或目录的**属主**（一并修改其属组）。

格式：chown［选项］文件所有者［:组群］　文件

主要选项说明如下。

- R　　　递归式地改动指定目录及其下的所有子目录和文件的所有者

- v　　　显示 chown 命令所做的工作

例如：

chown　pan　hbzy. txt　　　　　　　把当前目录下 hbzy. txt 文件的所有者改为 pan

chown　- R　pan：users　/hbzy　　　把/hbzy 及其下所有文件和子目录的属主改成 pan，
　　　　　　　　　　　　　　　　　　将属组改成 users

（3）chgrp 命令

功能：更改文件或目录的**属组**。

格式：chgrp　组群　文件/目录列表

例如：

chgrp　users　docum　　　　将 docum 文件所属组群改为 users

2. 归档压缩文件的 Shell 命令

（1）tar 命令

功能：将多个文件或目录归档为 tar 文件，如果使用相关选项还可压缩归档文件。

格式：tar　选项　归档/压缩文件　［文件/目录列表］

主要选项说明如下。

- c　　　创建归档/压缩文件

- r　　　向归档/压缩文件追加文件和目录

- t　　　显示归档/压缩文件的内容

- u　　　更新归档/压缩文件

- x　　　还原归档/压缩文件中的文件和目录

- v　　　显示命令的执行过程

- z　　　采用 gzip 方式压缩/解压缩归档文件

- j　　　采用 bzip2 方式压缩/解压缩归档文件

- f　　　tar 命令的必需选项

例如：

tar - cvf hbzy. tar /root/ * . txt	将/root 目录下的所有 . txt 文件归档为 hbzy. tar 文件
tar - xvf /root/hbzy. tar	将 hbzy. tar 文件还原到当前目录

（2）gzip 命令

功能：压缩/解压缩文件。无选项参数时执行压缩操作，压缩后产生扩展名为 . gz 的压缩文件，并删除源文件。

格式：gzip ［选项］ 文件/目录列表

主要选项说明如下。

- d　　解压缩文件，相当于使用 gunzip 命令

- r　　参数为目录时，按目录结构递归压缩目录中的所有文件

- v　　显示文件的压缩比例

例如：

gzip　 *	采用 gzip 格式压缩当前目录下的所有文件
gzip　 - d　 *	解压缩当前目录下的所有 . gz 文件

【提示】gzip 命令没有归档功能，当压缩多个文件时将分别压缩每个文件，使之成为 . gz 文件。

（3）bzip2 命令

功能：压缩/解压缩文件。压缩后产生扩展名为 . bz2 的压缩文件。

格式：bzip2 ［选项］ 文件/目录列表

主要选项说明如下。

- d　　解压缩文件，相当于使用 bunzip2 命令

- v　　显示文件的压缩比例等信息

例如：

bzip2　 - v　hbzy. txt	压缩当前目录下的 hbzy. txt 文件，并显示压缩比例
bzip2　 - d　 * . bz2	解压缩当前目录下的所有 . bz2 文件

【提示】无选项参数时执行压缩并删除源文件，bzip2 命令也没有归档功能。

（4）zip 命令

功能：将多个文件归档后压缩。

格式：zip ［选项］ 压缩文件 ［文件/目录列表］

主要选项说明如下。

- m　　压缩完成后删除源文件

- r　　按目录结构递归压缩目录中的所有文件

例如：

zip　hbzy. zip　 *	将当前目录下的所有文件压缩为 hbzy. zip 文件

（5）unzip 命令

功能：解压缩扩展名为 . zip 的压缩文件。

格式：unzip ［选项］ 压缩文件

主要选项说明如下。

－l　　　　　查看压缩文件所包含的文件

－t　　　　　测试压缩文件是否已损坏

－d　目录　　指定解压缩的目标目录

－n　　　　　不覆盖同名文件

－o　　　　　强制覆盖同名文件

例如：

unzip　－d　hbzy1　hbzy. zip　　　　　将 hbzy. zip 文件解压缩到 hbzy1 目录下

（6）xz 命令

功能：压缩/解压缩文件。压缩后产生扩展名为 . xz 的压缩文件，并删除源文件。

格式：xz ［选项］ 文件

主要选项说明如下。

－z　　　压缩文件

－d　　　解压缩

－v　　　显示命令的执行过程

例如：

xz　－zv　*　　　分别压缩当前目录下的所有文件（目录除外），并删除源文件

xz　－dv　*. xz　将当前目录下的所有 . xz 文件解压到当前目录，并删除 . xz 文件

任务总结

通过本任务的实施，应掌握下列知识和技能：

- Linux 文件系统的布局、文件类型、命名规则
- 文件归档和压缩的概念
- 文件权限及其表示方法
- 设置文件权限的方法（图形化方式、命令方式）（重点）
- 归档压缩方法（图形化方式、命令方式）（重点）
- 刻录光盘的方法（图形化方式、命令方式）（重点、难点）
- 修改目录和文件权限的 Shell 命令（重点）
- 归档压缩文件的 Shell 命令（重点）

5.3　子情境：Linux 系统与 Windows 系统资源互访

任务描述

某职员的个人计算机中安装了 MS Windows 和 Linux 双操作系统，由于工作需要，当工作

于 MS Windows 环境时，可能需要用到 Linux 系统中的某些文档；有时当工作于 Linux 环境时，又可能需要用到 MS Windows 系统中的某些文档。因此，实现 Linux 操作系统与 MS Windows 操作系统的资源共享能大大方便该职员的工作。

 任务实施流程

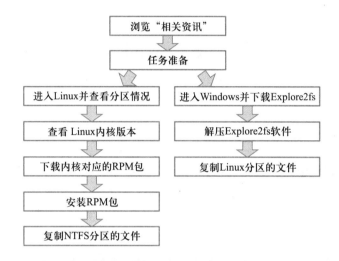

 相关资讯

1. Linux 分区与 MS Windows NTFS 分区的互访

Linux 支持的文件系统类型包括 msdos（FAT、FAT16）、vfat（FAT32）、iso9660（CD-ROM）、sysV、nfs 等。但是对于在 MS Windows 中常用的 NTFS 文件系统，绝大多数 Linux 版本都不支持。为了使 Linux 系统能够访问 NTFS 分区上的数据，需要加载与 Linux 内核相匹配的 RPM 包。

同样，要在 MS Windows 系统访问 Linux 分区的资源，必须要使用工具软件如 Explore2fs、fsdext2、DiskInternals Linux Reader、Ext2 Installable File System For Windows 等来实现。

2. 内核及其版本号

Linux 内核是可使计算机中的软硬件相互配合以便完成指定工作的代码集合，也称为"**核心**"。它负责管理系统的进程、内存、设备驱动程序、文件和网络系统，决定着系统的性能和稳定性。用户可以根据需要制定、修改并编译内核。

Linux 内核的版本号包括测试版本号和正式版本号。版本号由以"."分隔的 3 个数字来表示不同内核。以版本号 2.6.32 为例，2 代表主版本号，6 代表次版本号，32 代表修改号。其中，第二位为偶数表示这是一个稳定的正式版本，可以公开发行，如 2.6.34；第二位为奇数表示这是一个测试版本，还不太稳定，仅供测试，如 3.7.9。

3. 内核编译模式

要增加对某部分功能的支持，可以把相应部分编译到内核中，也可以把该部分编译成模块以动态调用。如果编译到内核中，则在内核启动时就可以自动支持相应部分的功能，优点是方便、速度快，机器一启动，就可以使用这部分功能；缺点是会使内核变得庞大起来，不管是否需要这部分功能，它都会存在，建议将经常使用的部分直接编译到内核中，比如网卡。

如果编译成模块，就会生成对应的 .o 文件，在使用的时候可以动态加载，优点是不会使内核过分庞大，缺点是需要自行来调用这些模块。

任务准备

1. 一台装有 RHEL 6.x Server 和 Windows 双操作系统的计算机，且配备有 CD 或 DVD 光驱。

2. 启动计算机，以 root 用户（密码 root123）登录。

任务实施

1. Linux 下访问 Windows NTFS 资源

步骤 1　进入 Linux 系统并查看系统分区情况

右击桌面上的"root 的主文件夹"图标，弹出快捷菜单，选择"在终端中打开"菜单命令，打开一个终端窗口，在命令提示符后输入"fdisk　−l"命令，查看分区情况，如图 5-40 所示。

```
                        root@rhel6hbzy:~                       _ □ ×
文件(F) 编辑(E) 查看(V) 搜索 (S) 终端(T) 帮助(H)
[root@rhel6hbzy ~]# fdisk -l

Disk /dev/sda: 32.2 GB, 32212254720 bytes
255 heads, 63 sectors/track, 3916 cylinders
Units = cylinders of 16065 * 512 = 8225280 bytes
Sector size (logical/physical): 512 bytes / 512 bytes
I/O size (minimum/optimal): 512 bytes / 512 bytes
Disk identifier: 0x0b600b60

   Device Boot      Start         End      Blocks   Id  System
/dev/sda1   *           1        1275    10241406    7  HPFS/NTFS
/dev/sda2            1276        3915    21205800    f  W95 Ext'd (LBA)
/dev/sda5            1276        1928     5245191    b  W95 FAT32
/dev/sda6            1929        1954      204800   83  Linux
/dev/sda7            1954        2085     1048576   82  Linux swap / Solaris
/dev/sda8            2085        3915    14703616   83  Linux
[root@rhel6hbzy ~]#
```

图 5-40　查看 Windows 分区情况

从该图可以看出，设备/dev/sda1 的文件系统为 NTFS，对应 Windows 的 C 盘；设备/dev/sda2 的类型为 W95 Ext'd，对应 Windows 的扩展分区；设备/dev/sda5 的文件系统是 FAT32，对应 Windows 的 D 盘。

【提示】RHEL 6 默认不支持 NTFS 文件格式，必须加载与本机器 Linux 内核版本相匹配的 RPM 包才可以挂载并访问。如果 Windows 分区为 FAT32，则可以直接挂载。

步骤 2　查看本 Linux 系统内核版本

在终端命令提示符后输入"uname　−a"（或 uname −r）命令，查看当前 Linux 系统的内核版本，如图 5-41 所示。从图中可以看出，本机器的 Linux 内核版本为 2.6.32−279.el6.686。

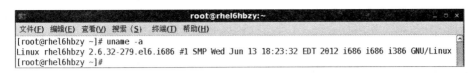

图 5-41 查看 Linux 内核版本

步骤 3　下载本内核对应的 RPM 包

选择顶部面板上的"应用程序"→"Internet"→"Firefox Web Browser"菜单命令，弹出 Firefox 浏览器窗口，在位置栏输入"http：//dl.fedoraproject.org/pub/epel/6/i386/"并按 Enter 键进入该站点，找到适合本机内核的 RPM 包"ntfs－3g－2011.4.12－5.el6.i686.rpm"，开始下载，如图 5-42 所示。

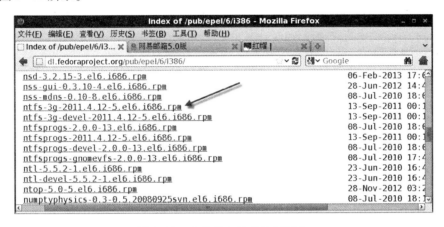

图 5-42　内核版本对应的 RPM 包

【提示】由于网站可能会变化，因此下载方法也可能要相应改变，请读者根据实际情况处理。

步骤 4　安装下载的 RPM 包

下载的 RPM 包一般放在用户主目录下的"下载"子目录中，用 rpm 命令可安装此 RPM 包，如图 5-43 所示。

图 5-43　安装 RPM 包及加载 NTFS 模块

步骤 5　打开 Windows 的 NTFS 分区（或挂载 NTFS 分区）

双击桌面上的"计算机"图标，弹出文件管理窗口，该窗口中的"32 GB 硬盘：10 GB 文件系统"图标对应着 Windows 操作系统下 NTFS 格式的 C 盘（NTFS 格式），如图 5-44 所示。双击该图标，即可打开 Windows 操作系统下的 C 盘，如图 5-45 所示。

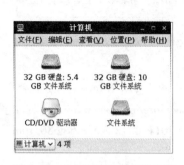

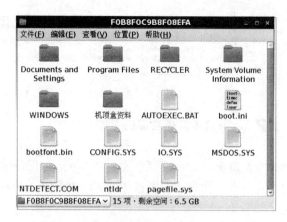

图 5-44 选择 NTFS 格式的盘符　　　　图 5-45 打开 Window 的 NTFS 磁盘分区

【提示】也可以用"mount － t ntfs /dev/sda1 /mnt/windows"命令挂载/dev/sda1
（Windows 的 C 盘）或/dev/sda5（Windows 的 D 盘）到"/mnt/windows"目录。

步骤 6 复制 Windows 的 C 磁盘中的文件到 Linux 文件系统下

右击"机顶盒资料"目录图标，在弹出的快捷菜单中选择"复制"命令，然后在 Linux 用
户主目录窗口中右击空白处，在弹出的快捷菜单中选择"粘贴"命令即可。

【提示】也可以用"cp － r /mnt/windows/机顶盒资料 /root"命令复制 Windows 中
的"机顶盒资料"到 Linux 用户主目录。

2. Windows 下访问 Linux 资源

步骤 1 进入 Windows 操作系统并下载 Explore2fs 软件

重启计算机，进入 Windows 操作系统。双击桌面上的 Internet Explorer 图标，弹出 IE 浏览
器窗口，在百度搜索文本框输入"ext2explore 下载"并按 Enter 键（或单击"百度一下"按
钮）进行搜索，如图 5-46 所示。选择合适的条目，下载 ext2explore. exe 文件到桌面，如
图 5-47 所示。

图 5-46 下载 ext2explore. exe 软件　　　　图 5-47 ext2explore. exe 文件图标

【提示】因为 MS Windows 本身没有访问 Linux 分区的命令，因此必须借助于第三方软件，常用的有 Ext2explore、Explore2fs、fsdext2、DiskInternals Linux Reader 等。其中，Ext2explore 能查看 ext2/3/4 文件系统，十分方便。

步骤 2　复制文件

双击桌面上的 ext2explore.exe 文件图标，弹出 Ext2explore 应用程序窗口，如图 5-48 所示，其中，"/dev/sda6"对应 Linux 的 boot 分区，"/dev/sda8"对应 Linux 的根分区。

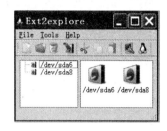

图 5-48　Ext2explore 窗口

依次双击"/dev/sda8"、"home"、"hbzy"，再选中"set top boxes"目录，然后单击工具栏上的 Save 按钮（或右击，弹出快捷菜单，选择 Save 命令），弹出"浏览文件夹"对话框，选中"桌面"选项，单击"确定"按钮，如图 5-49 所示。复制"set top boxes"目录到 Windows 系统桌面，结果如图 5-50 所示。

图 5-49　复制文件

图 5-50　复制结果

 知识与技能拓展

1. 管理目录和文件的 Shell 命令

（1）cp 命令

功能：复制文件或目录。

格式：cp　［选项］　源文件/目录　目标文件/目录

主要选项说明如下。

– a	保留链接、文件属性，并递归地复制目录，其作用等于 – dpr 选项的组合
– d	复制时保留链接
– f	强制覆盖已存在的目标文件而不提示
– i	和 – f 选项相反，在覆盖目标文件之前将提示用户确认
– p	除复制源文件的内容外，还把其修改时间和访问权限也复制到新文件中

　－r 或－R　　　若源文件是目录，则复制该目录下的所有子目录和文件

　－l　　　　　　不进行复制，只是链接文件

例如：

cp　　－f　　txt1　　txt2　　　　将文件 txt1 复制为 txt2，若 txt2 存在，则覆盖原来的文件，不
　　　　　　　　　　　　　　　　　提示

（2）mv 命令

功能：移动或重命名文件或目录。

格式：mv　［选项］　源文件/目录　　目标文件/目录

主要选项说明如下。

　－i　　　如果目标文件或目录已存在，在覆盖目标文件之前将提示用户确认

　－f　　　强制覆盖已存在的目标文件而不提示

例如：

mv　/root/project　/usr　　　　将/root/ project 目录移动到/usr 下

mv　try. txt　trynew. txt　　　　将当前目录下的 try. txt 更名为 trynew. txt

（3）rm 命令

功能：删除文件或目录。

格式：rm　［选项］　文件/目录

主要选项说明如下。

　－f　　　　　　强制删除，忽略不存在的文件，从不给出提示

　－r 或－R　　　按递归方式删除全部目录和子目录

　－i　　　　　　进行交互式删除

例如：

rm　　－rf　　project　　　　删除 project 及以下的所有子目录和文件，不提示

rm　　try. txt　　　　　　　删除当前目录下的 try. txt 文件

（4）mkdir 命令

功能：创建目录。

格式：mkdir　［选项］　目录

主要选项说明如下。

　－m 访问权限　　　对新建目录设置存取权限

　－p　　　　　　　可以是一个路径名称，即一次性创建多个目录

例如：

mkdir　　project　　　　　　　　　在当前路径创建 project 目录

mkdir　　－p　　test/docum/cha1　　在当前路径创建多级目录

（5）rmdir 命令

功能：删除空目录。

格式：rmdir　［选项］　目录

主要选项说明如下。

　－p　　　递归删除指定目录，当子目录删除后，其父目录为空时，也一同被删除

【提示】rmdir 命令只能删除空目录。如果要删除一个非空目录，可以用"rm －r dir"命令。

例如：

rmdir －p test /docum/cha1　　　　删除当前路径下的多级空目录。

（6）cd 命令

功能：改变工作目录。

格式：cd ［目录］

例如：

cd　　　　　　切换到用户主目录

cd ／dev　　　切换到/dev 目录

cd ／　　　　　切换到根目录

（7）pwd 命令

功能：显示当前工作目录的绝对路径。

格式：pwd

（8）ls 命令

功能：列出目录的内容。

格式：ls ［选项］［文件/目录］

主要选项说明如下。

－a　　　　显示指定目录下的所有子目录与文件，包括隐藏文件

－A　　　　显示指定目录下的所有子目录与文件，包括隐藏文件，但不列出"."和".."

－l　　　　以长格式来显示文件的详细信息

－L　　　　若指定的名称为一个符号链接文件，则显示链接所指向的文件

－p　　　　在目录后面加一个"/"符号

－q　　　　将文件名中的不可显示字符用"?"代替

－r　　　　按字母逆序或最早优先的顺序显示输出结果

－R　　　　递归式地显示指定目录的各个子目录中的文件

－t　　　　按修改时间（最近优先）而不是按名字排序

例如：

ls －l ／（或 ls ／ －l）　　　以长格式显示根目录下的所有文件及文件夹

（9）ln 命令

功能：建立链接文件，默认建立硬链接文件。

格式：ln ［选项］目标文件　链接文件

主要选项说明如下。

－b　　　　若存在同名文件，则覆盖前备份原来的文件

－s　　　　建立符号链接文件

例如：

ln －s ／etc/passwd passwd. lnk　　　建立/etc/passwd 文件的符号链接文件 passwd. lnk

（10）cat 命令

功能 1：查看文件内容。

格式：cat ［选项］ 文件

主要选项说明如下。

－A　　　　　　显示文件内容，显示^I 标记（Tab 键），显示 $ 标记（换行符）

－b　　　　　　显示文本行号，空行不包含在内

－n　　　　　　每行前都显示行号，空行也包括在内

－e　　　　　　显示文本行，同时显示换行标记 $

－E　　　　　　在每行的结尾显示 $ 符号

－T　　　　　　显示 Tab 键，标记为^I

－s　　　　　　当遇到大于两行以上空白时，只显示一行

－t　　　　　　与 － vT 等价

－－help　　　　显示帮助信息并离开

例如：

cat　－n　try. txt　　　　查看当前目录下的 try. txt 文件内容，并在每行前加上行号

功能 2：创建或连接文件。

格式：cat　>　文件

例如：

cat　> try. txt　　　　　　　　　在当前目录下创建 try. txt 文件，按 Ctrl + c 组合键结束录入

cat　try1. txt　try2. txt > try12. txt 把两个文件内容合并到新文件 try12. txt 中

 任务总结

通过本任务的实施，应掌握下列知识和技能：

- Linux 内核及其编译模式
- Linux 系统访问 Windows 的 NTFS 分区的方法（重点、难点）
- Windows 下访问 Linux 分区的方法（重点）
- 管理目录和文件的 Shell 命令（重点）

情境总结

　　习惯用 MS Windows 操作系统的用户会发现，在 Linux 操作系统图形化用户界面中，对文件的复制、移动、删除、压缩等操作，与 MS Windows 操作系统基本类似。但在 Linux 操作系统中，除了能在图形化界面中进行这些操作外，还能在字符界面中用 Shell 命令进行这些操作，且功能更加强大。

　　对磁盘的管理，比如分区、格式化等操作，用简单的命令就能完成。工作过程中要进行数据交换时，会用到 U 盘、光盘、移动硬盘等设备，这时需要挂载这些设备。

在使用双操作系统的计算机中，数据交换也能通过挂载或工具软件来实现。

通过本学习情境的学习，可以掌握下列知识和技能：

- Linux 的基本文件系统、支持的文件系统
- Linux 文件系统的布局、文件类型、命名规则
- 文件系统（如 U 盘）的挂载和卸载、管理磁盘的 Shell 命令
- 管理目录和文件的 Shell 命令
- 文件权限、设置文件和目录权限的方法（图形化方式、命令方式）
- RPM 包的下载和安装、rpm 命令的用法
- 文件归档和压缩的概念
- 归档压缩方法（图形化方式、命令方式）、归档压缩文件的 Shell 命令
- 刻录光盘的方法（图形化方式、命令方式）
- Linux 分区和 Windows 分区相互访问的方法

操作与练习

一、选择题

1. 从当前系统中卸载一个已挂载的文件系统应使用什么命令？（ ）

　　A）mount － u 　　　　B）umount 　　　　C）unmount 　　　　D）mount － un

2. Linux 通过 VFS 支持多种不同的文件系统。Linux 默认的文件系统是什么？（ ）

　　A）vfat 　　　　　　B）iso9660 　　　　C）ext 系列 　　　　D）NTFS

3. Linux 规定了 4 种文件类型：普通文件、目录文件、链接文件和什么？（ ）

　　A）设备文件 　　　　B）特殊文件 　　　　C）程序文件 　　　　D）系统文件

4. 存放系统配置文件的目录是哪个？（ ）

　　A）/etc 　　　　　　B）/root 　　　　　C）/boot 　　　　　D）/lib

5. 对于文件权限，读、写、执行的 3 种标志符号依次是什么？（ ）

　　A）rxw 　　　　　　B）rwx 　　　　　　C）wxr 　　　　　D）rdx

6. 用"chmod 551 doument"命令对文件 document 进行了修改，它的权限是什么？（ ）

　　A）－ rwxr － xr － x 　　　　　　　　　B）－ rwxr － － r － －

　　C）－ r － － r － － r － － 　　　　　　　D）－ r － xr － x － － x

7. 文件 test 的访问权限为 rw － r － － r － － ，要增加所有用户的执行权和同组用户的写权限，以下哪个命令正确？（ ）

　　A）chmod　765　test 　　　　　　　　B）chmod　o ＋ x　test

　　C）chmod　g ＋ w　test 　　　　　　　D）chmod　a ＋ x, g ＋ w　test

8. 某一属性为 lrw － r － x － wx 的文件，下列叙述正确的是哪项？（ ）

　　A）是一个链接文件 　　　　　　　　　B）同组用户可写

　　C）文件所有者可执行 　　　　　　　　D）其他用户可读

9. 使用什么命令可删除一个非空子目录/study？（ ）

　　A）del／study／ 　　　　　　　　　　B）rm － af／study

　　C）rmdir － ra／study／ 　　　　　　　D）rm － rf／study／＊

10. 若 hbzy/doc1 文件不存在，但目录 hbzy 已存在，则 "mv doc1 hbzy/doc2" 命令将会怎样？（ ）

    A）把 doc1 移动到 hbzy，并重命名为 doc2

    B）将 doc1 复制到 hbzy，并命名为 doc2

    C）doc1 将被删除

    D）报错，因为以上不是有效的命令

11. 用 mkdir 命令创建新目录时，哪个参数当父目录不存在时会先创建父目录？（ ）

    A）－m   B）－d   C）－f   D）－p

12. 在 cat 命令中，用哪个符号可以将两个文件合并在一个文件中？（ ）

    A）>   B）=   C）@   D）\

13. 要知道 test.rpm 软件包在系统里安装了哪些文件，可用什么命令？（ ）

    A）rpm －Vp test.rpm   B）rpm －ql test.rpm

    C）rpm －i test.rpm   D）rpm －Va test.rpm

14. 要改变文件的所有者，可用什么命令？（ ）

    A）cat   B）touch   C）chown   D）chmod

15. 要将光盘 CD－ROM（hdc）挂载到/mnt/cdrom 目录，应用什么命令？（ ）

    A）mount /dev/hdc   B）mount /mnt/cdrom /dev/hdc

    C）mount /dev/hdc /mnt/cdrom   D）mount /mnt/cdrom

16. 用 rm 命令删除非空目录，需要加上哪个参数？（ ）

    A）r   B）f   C）t   D）c

17. CD－ROM 的标准文件系统类型是什么？（ ）

    A）ext3   B）iso9660   C）vfat   D）msdos

18. 用命令 "ls －al" 显示出文件 document 的信息如下

－rwxr－xr－－ 1 root root 666 pan 10 17：12 abc

则该文件的类型是什么？（ ）

    A）普通文件   B）硬链接   C）目录   D）符号链接

19. 删除文件的命令是什么？（ ）

    A）mv   B）rmdir   C）rm   D）mkdir

20. root 用户和普通用户新建的普通文件默认权限分别是什么？（ ）

    A）644 和 666   B）740 和 666   C）644 和 664   D）640 和 600

21. 用 rpm 命令删除 RPM 包应使用什么参数？（ ）

    A）i   B）U   C）q   D）e

二、问答题

1. Linux 文件系统中包括的主要文件类型有哪些？

2. Linux 支持哪些文件系统？

3. Linux 文件名的命名遵守什么规则？如果目录或文件名中包含空格，则命令中怎么表示？

4. 哪个命令可以切换工作目录？如何显示当前所在的目录？

5. 新建、移动、删除和复制文件分别使用什么命令？

6. 新建、移动、删除和复制目录分别使用什么命令？

7. 如何在命令行方式下挂载和卸载光盘？

8. 常用的文件压缩命令有哪些？

9. Linux 文件的权限有哪些？如何表示文件权限？如何显示和设置文件权限？

10. RPM 软件包的文件名采用什么格式？

三、操作题

1. 将某一目录的权限设置为只有文件所有者才具有读、写、执行权限，同组用户及其他用户只有读和执行权。

2. 在 Linux 系统下插入一个在 Windows 下使用过的 U 盘，要求在此 U 盘中新建 project 目录，并在此目录下新建一个文件 example，内容任意，再将该文件复制到桌面中，最后安全取出 U 盘。用命令方式完成，要求写出相关的命令行。

3. 在 Windows 和 Linux 系统并存的计算机上，进入 Linux 系统，将 Windows 系统的 C 盘（NTFS 格式）中的某一目录复制到个人主目录中，并将此目录压缩，刻录成光盘。用命令方式完成，要求写出相关的命令行。

4. 在 Linux 系统下下载一个 QQ 应用程序的 RPM 包并安装。

学习情境 6
进程管理与系统监视

情境引入

某公司建成了自己的网络中心，用 Linux 系统配置了各种服务器，系统管理员需要进行系统监视与维护，以保证公司 Linux 系统安全而稳定地运行。对于开发人员而言，每天对工作文档进行备份是必须和重要的工作，而采用调度的方式可以轻松地完成这项工作。

6,202,00
1,053,11

6.1 子情境：进程/作业管理与系统监视

 任务描述

某公司的 Linux 系统管理员接到公司通知，要求其到外地工作一个月，公司安排另一位职员临时接替其工作。为保证公司 Linux 系统的正常运行，他要让这位同事尽快掌握进程管理与系统监视的相关知识和技能，以便该同事能更好地接替他的工作。

 任务实施流程

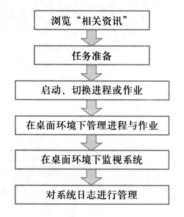

 相关资讯

1. 进程

进程是具有独立功能的程序的一次运行过程，是系统进行资源分配和调度的基本单位。Linux 创建新进程时会为其指定一个唯一的号码，即进程号（PID），以此区别不同的进程。

进程不是程序，但由程序产生。程序是一系列指令的集合，是静态的概念；而进程是程序的一次执行过程，是动态的概念。程序可长期保存；而进程只能暂时存在，动态地产生、变化和消亡。进程与程序并不一一对应，一个程序可启动多个进程；一个进程可调用多个程序。

2. 作业

正在执行的一个或多个相关进程可形成一个作业。使用管道和重定向命令，一个作业可启动多个进程。根据运行方式的不同，可将作业分为两大类。

① **前台作业**：运行于前台，用户可对其进行交互操作。

② **后台作业**：运行于后台，不接收终端的输入，但向终端输出执行结果。

作业既可在前台运行也可在后台运行，但同一时刻每个用户只能有一个前台作业。

3. 进程的状态

Linux 中的进程有以下几种基本状态。

① **就绪状态**：进程已获得除 CPU 以外的运行所需的全部资源。

② **运行状态**：进程占用 CPU 正在运行。

③ **等待状态**：进程正在等待某一事件或某一资源。

除了以上 3 种基本状态以外，Linux 中的进程还有以下状态。

① **挂起状态**：正在运行的进程因为某个原因失去 CPU 而暂时停止运行。

② **终止状态**：进程已结束。

③ **休眠状态**：进程主动暂时停止运行。

④ **僵死状态**：进程已停止运行，但是相关控制信息仍保留。

4. 进程的优先级

在 Linux 中，所有的进程根据其所处状态，按时间顺序排列成不同的队列。系统按一定的策略调度就绪队列中的进程。若用户因为某种原因希望尽快完成某个进程的运行，则可以通过修改进程的优先级来改变其在队列中的排列顺序，从而得以尽快运行。

启动进程的用户或超级用户可以修改进程的优先级，但普通用户只能调低优先级，超级用户既可调低也可调高优先级。在 Linux 中，进程**优先级**的取值为 −20 ～ 19 之间的整数，取值越低，优先级越高，默认为 0。

任务准备

1. 一台装有 RHEL 6. x Server 操作系统的计算机。

2. 保证该计算机所处的局域网连接畅通。

3. 启动该计算机，以 root 账号（密码 root123）进入图形化用户界面。

 任务实施

步骤 1 启动、切换进程或作业

（1）手动启动

手动启动是指通过用户输入 Shell 命令直接启动进程，又分**前台启动**和**后台启动**。用户输入一个 Shell 命令后按 Enter 键就启动了一个前台作业。这个作业可能同时启动多个前台进程。

如果在输入的 Shell 命令末尾加上 & 符号，再按 Enter 键，可启动一个后台作业。

【提示】可以用"jobs − l"命令显示作业号、进程号、作业状态和启动作业的命令；"jobs"命令显示作业号、作业状态和启动作业的命令；"jobs − p"命令仅显示进程号。

（2）调度启动

调度启动是系统按用户要求的时间或方式执行特定的进程。Linux 中可实现 **at 调度**、**batch 调度**和 **cron 调度**。

（3）作业的前后台切换

① bg 命令。

格式：bg［作业号］

功能：将前台作业切换到后台运行。若没有指定作业号，则把当前作业切换到后台。

② fg 命令。

格式：fg［作业号］

功能：将后台作业切换到前台运行。若没有指定作业号，则把后台作业序列中的第一个作业切换到前台运行。

步骤2　在桌面环境下管理进程与作业

(1) 打开系统监视器

选择桌面顶部面板上的"应用程序"→"系统工具"→"系统监视器"菜单命令，弹出如图 6-1 所示的"系统监视器"窗口。"进程"选项卡中默认显示当前所有进程的相关信息。

图 6-1　"系统监视器"窗口

【提示】"系统监视器"窗口的"进程"选项卡的进程列表表头有一排属性按钮，它们的含义如下。

① 状态：表示进程的状态，如运行中、睡眠中、已停止或僵死。

② %CPU：表示进程对 CPU 的占用率。

③ Nice：表示进程的优先级数值。

④ ID：表示进程号。

⑤ 内存：表示进程对内存的占用率。

(2) 查看进程

单击"系统监视器"窗口菜单栏上的"查看"菜单，弹出如图 6-2 所示的下拉菜单，可选择查看全部进程、活动进程或当前用户进程等。

(3) 调整"进程"选项卡的显示信息

选择"编辑"→"首选项"菜单命令，弹出如图 6-3 所示的"系统监视器首选项"对话框，在"进程"选项卡中可设置进程的更新速度，以及结束、杀死或隐藏进程时是否出现警告对话框等。

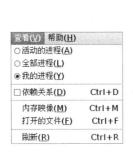

图 6-2 "查看"下拉菜单　　　　图 6-3 设置"进程"选项卡显示信息

（4）查看进程的内存映像

选中"进程"选项卡中的一个进程，选择"查看"→"内存映射"菜单命令，弹出如图 6-4 所示的"内存映射"对话框，可以查看该进程的内存映像。

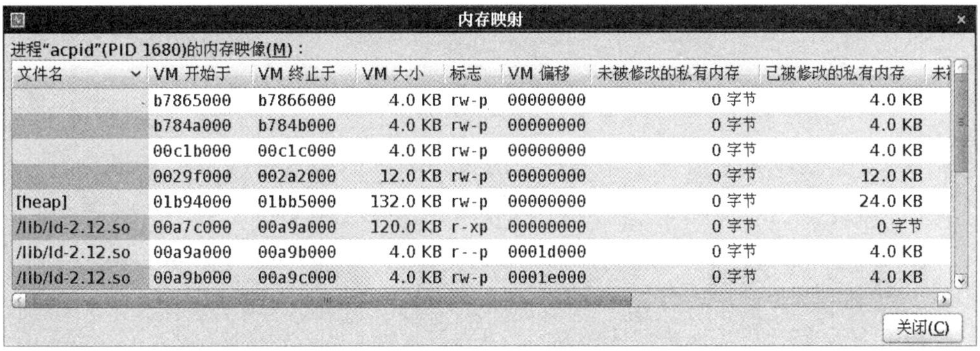

内存映射

进程"acpid"(PID 1680)的内存映像(M)：

文件名	∨ VM 开始于	VM 终止于	VM 大小	标志	VM 偏移	未被修改的私有内存	已被修改的私有内存	未
	b7865000	b7866000	4.0 KB	rw-p	00000000	0 字节	4.0 KB	
	b784a000	b784b000	4.0 KB	rw-p	00000000	0 字节	4.0 KB	
	00c1b000	00c1c000	4.0 KB	rw-p	00000000	0 字节	4.0 KB	
	0029f000	002a2000	12.0 KB	rw-p	00000000	0 字节	12.0 KB	
[heap]	01b94000	01bb5000	132.0 KB	rw-p	00000000	0 字节	24.0 KB	
/lib/ld-2.12.so	00a7c000	00a9a000	120.0 KB	r-xp	00000000	0 字节	0 字节	
/lib/ld-2.12.so	00a9a000	00a9b000	4.0 KB	r--p	0001d000	0 字节	4.0 KB	
/lib/ld-2.12.so	00a9b000	00a9c000	4.0 KB	rw-p	0001e000	0 字节	4.0 KB	

关闭(C)

图 6-4 "内存映射"对话框

（5）管理进程

选中"进程"选项卡中的一个进程，单击菜单栏的"编辑"菜单，弹出如图 6-5 所示的下拉菜单（或右击"进程"选项卡中的一个进程，弹出快捷菜单），选择其中的命令可停止、结束或杀死进程。

选择"更改优先级"菜单命令，可弹出如图 6-6 所示的"改变优先级"对话框，拖动滚动条可改变该进程的优先级。

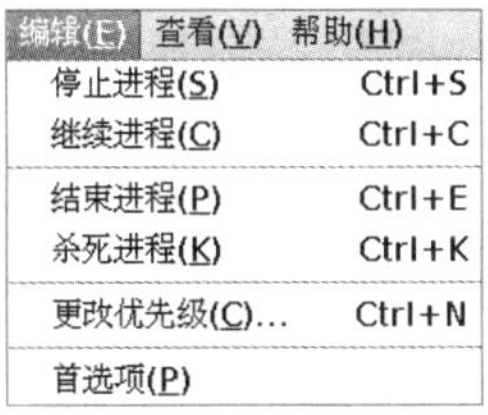

图 6-5 "编辑"下拉菜单　　　　图 6-6 "改变优先级"对话框

步骤 3　在桌面环境下监视系统

（1）对系统资源及网络进行监视

选择桌面顶部面板上的"应用程序"→"系统工具"→"系统监视器"菜单命令，打开"系统监视器"窗口，选中"资源"选项卡，如图 6-7 所示，可对当前系统资源及网络进行实时监视。单击图中的颜色按钮，弹出"拾取颜色"对话框，从中可修改显示颜色，如图 6-8 所示。

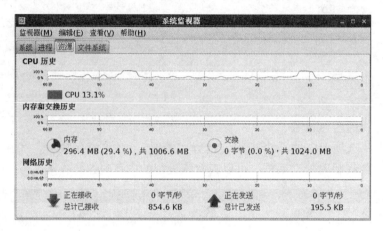

图 6-7　"资源"选项卡

选择"编辑"→"首选项"菜单命令，弹出"系统监视器首选项"对话框，选择"资源"选项卡，可设置 CPU 和内存监视的更新间隔和网速显示单位，如图 6-9 所示。

图 6-8　"拾取颜色"对话框

图 6-9　"资源"选项卡

（2）对文件系统进行监视

选中"系统监视器"窗口中的"文件系统"选项卡，可对文件系统进行实时监视，如图 6-10 所示。要显示全部文件系统的使用情况，选择"编辑"→"首选项"菜单命令，弹出"系统监视器首选项"对话框，选择"文件系统"选项卡，选中"显示全部文件系统"复选框即可，如图 6-11 所示。

步骤 4　对系统日志进行管理

在终端的命令行提示符后输入命令"gedit　/var/log/messages"，可以查看 messages 日志文件的内容（只有超级用户才能打开），如图 6-12 所示。

图 6-10 "文件系统"选项卡

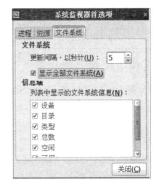

图 6-11 设置"显示全部
文件系统"

图 6-12 messages 日志文件内容

【提示】系统日志记录着系统运行的详细信息。系统管理员查看系统日志，可以了解系统的运行状态，并有助于解决系统运行中出现的相关问题。系统日志文件都保存于/var/log目录中，用户除了可以使用"系统日志查看器"工具来查看相关日志文件的内容外，还可以直接查看/var/log目录中日志文件的内容。重要的日志文件如表6-1所示。

表6-1 日 志 文 件

文 件 名	说 明
boot. log	记录系统引导的相关信息
cron	记录 cron 调度的执行情况
dmesg	记录内核启动时的信息，主要包括硬件和文件系统的启动信息
maillog	记录邮件服务器的相关信息
messages	记录系统运行过程的相关信息，包括 I/O、网络等
rpmpkgs	记录已安装的 RPM 软件包信息
secure	记录系统安全信息
Xorg. 0. log	记录图形化用户界面的 Xorg 服务器的相关信息

知识与技能拓展

进程与作业管理、系统监视也可以使用命令来实现。

1. 管理进程与作业的 Shell 命令

（1）jobs 命令

格式：jobs　［选项］

功能：显示当前所有的作业。

主要选项说明如下。

-p　　　　仅显示进程号

-l　　　　同时显示作业号、进程号、作业状态、启动作业的命令

（2）ps 命令

格式：ps　［选项］

功能：显示进程的状态。无选项时显示当前用户在当前终端启动的进程。

主要选项说明如下。

-a　　　　　　显示当前终端上的所有进程，包括其他用户的进程信息

-e　　　　　　显示系统中的所有进程，包括其他用户进程和系统进程的信息

-l　　　　　　显示进程的详细信息，包括父进程号、进程优先级等

u　　　　　　显示进程的详细信息，包括 CPU 和内存的使用率等

x　　　　　　显示后台进程的信息

-t 终端号　　　显示指定终端上的进程信息

（3）kill 命令

格式1：kill　［选项］　进程号

格式2：kill　%　作业号

功能：终止正在运行的进程或作业。超级用户可终止所有的进程，普通用户只能终止自己启动的进程。

主要选项说明如下。

-9　　　　当无选项的 kill 命令不能终止进程时，可强行终止指定进程

（4）nice 命令

格式：nice　［-优先级值］　命令

功能：指定将要启动的进程的优先级。不指定优先级值时，将优先级设置为10。

（5）renice 命令

格式：renice　优先级值　参数

功能：修改运行中的进程的优先级，设置指定用户或组群的进程优先级。优先级值前无"-"符号。

主要选项说明如下。

-p 进程号　　　修改指定进程的优先级

-u 用户名　　　修改指定用户所启动进程的默认优先级

－g 组群号　　　修改指定组群中所有用户所启动进程的默认优先级

2. 实施系统监视的 Shell 命令

（1）who 命令

格式：who　［选项］

功能：查看当前已登录的所有用户。

主要选项说明如下。

－m　　　　显示当前用户的用户名

－H　　　　显示用户的详细信息

（2）top 命令

格式：top　［－d 秒数］

功能：动态显示 CPU 利用率、内存利用率和进程状态等相关信息，是目前使用最广泛的实时系统性能监视程序。默认每 5 s 更新显示信息，而“－d 秒数”选项可指定刷新频率。

top 命令默认按进程的 CPU 使用率排列所有进程。按 m 键将按内存使用率排列所有进程，按 t 键将按进程的执行时间排列所有进程，而按 p 键将恢复按 CPU 使用率排列所有进程。按 h 键或? 键显示帮助信息。按 Ctrl + c 组合键或 q 键结束 top 命令。

（3）free 命令

格式：free　［选项］

功能：显示内存和交换分区的相关信息。

主要选项说明如下。

－m　　　　以 MB 为单位显示，默认以 KB 为单位

－t　　　　增加显示内存和交换分区的总和信息

－s 秒数　　指定动态显示时的刷新频率

任务总结

通过本任务的实施，应掌握下列知识和技能：

- 进程和作业的概念、进程的状态和优先级
- 进程或作业的启动与前后台切换方法
- “系统监视器”的使用方法（重点）
- 系统日志的查看（重点）
- 管理进程与作业的 Shell 命令（重点、难点）
- 监视系统的 Shell 命令（重点、难点）

6.2　子情境：进程调度

任务描述

某公司的一个项目小组正在进行一个 Linux 嵌入式产品开发，小组成员通过局域网与项目

组长的计算机连接。在开发过程中，小组成员在工作日内要将各自的工作资料传送到项目组长计算机的"/home/hbzy/work"目录中，以便小组成员查阅和使用。因此，项目组长需要在工作日的 17 时 20 分向所有小组成员发送关机提示信息，提醒登录用户结束各自工作后退出登录。且项目组长自己要在 17 时 22 分把存放在"/home/hbzy/work"目录下的所有文件备份到"/home/hbzy/backup"目录（公司下班时间为 17 时 30 分）。

此外，由于 2013 年元旦快到了，项目组长将在 2012 年 12 月 31 日 17 时 10 分向登录在系统上的所有用户发送"Happy new year！"祝福消息。

 任务实施流程

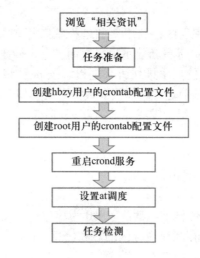

 相关资讯

Linux 允许用户根据需要在指定的时间自动运行指定的进程，也允许用户将非常消耗资源和时间的进程安排到系统比较空闲的时间来执行。**进程调度**有利于提高资源的利用率，均衡系统负载，并提高系统管理的自动化程度。

用户可采用以下方法实现进程调度：

① 对于偶尔运行的进程，采用 at 或 batch 调度。

② 对于特定时间重复运行的进程，采用 cron 调度。

1. at 调度

格式：at　［选项］［时间］

功能：设置指定时间执行指定的命令。

主要选项说明如下。

－f 文件名　　　　从指定文件而非标准输入设备获取将要执行的命令

－l　　　　　　　显示等待执行的调度作业

－d　　　　　　　删除指定的调度作业

进程开始执行的时间可采用以下方法表示。

（1）绝对计时法

HH：MM（小时：分钟）：可采用 24 小时计时制。如果采用 12 小时计时制，则时间后面需加上 AM（上午）或 PM（下午）。

MMDDYY 或 MM/DD/YY 或 DD. MM. YY：指定具体日期，必须写在"HH：MM"后。

（2）相对计时法

now + 时间间隔：时间单位为 minutes（分钟）、hours（时）、day（天）、week（星期）。

（3）直接计时法

today（今天）、tomorrow（明天）、midnight（深夜）、noon（中午）、teatime（下午 4 点）。

2. batch 调度

格式：batch ［选项］［时间］

功能：与 at 命令几乎一样，唯一的区别是，如果不指定运行时间，进程将在系统较空闲时运行。batch 调度适合于时间上要求不高，但运行时占用系统资源较多的工作。batch 命令的选项与 at 命令相同。

3. cron 调度

at 调度和 batch 调度中指定的命令只能执行一次，但实际工作中，有些命令需要在指定的日期和时间重复执行，如每天例行的数据备份，cron 调度可以满足这种需求。cron 调度与 crond 进程、crontab 命令和 crontab 配置文件有关。

（1）crontab 配置文件

用户的 crontab 配置文件保存于"/var/spool/cron"目录中，其文件名与用户名相同。crontab 配置文件保存 cron 调度的内容，共有 6 个字段，从左到右依次为分钟、时、日期、月份、星期和命令，如表 6-2 所示。

表 6-2　crontab 文件的格式

字　段	分　钟	时	日　期	月　份	星　期	命　令
取值范围	0～59	0～23	01～31	01～12	0～6，0 为星期天	

所有字段不能为空，字段之间用空格分开，如果不指定字段内容，则使用"＊"符号。

可使用"－"符号表示一段时间。如在日期字段中输入"1－5"，表示每个月前 5 天每天都要执行该命令。

可使用","符号来表示指定的时间。如在日期字段中输入"5,15,25"，则表示每个月的 5 日、15 日和 25 日都要执行该命令。

如果执行的命令未使用输出重定向，那么系统把执行结果以邮件的方式发送给 crontab 文件的所有者，用户可用 mail 命令查看邮件。

（2）crontab 命令

格式：crontab ［选项］

功能：维护用户的 crontab 配置文件。

主要选项说明如下。

－e 　　　　创建并编辑 crontab 配置文件

－l 　　　　显示 crontab 配置文件的内容

　　- r　　　　删除 crontab 配置文件

（3）crond 进程

crond 进程在系统启动时自动启动，并一直运行于后台。crond 进程负责检测 crontab 配置文件，并按照其设置内容定期重复执行指定的 cron 调度工作。创建或修改了 crontab 配置文件后，要用"service　crond　restart"命令重启 crond 服务。

任务准备

1. 一台装有 RHEL 6.x Server 操作系统的计算机。
2. 保证该计算机所处的局域网连接畅通。
3. 启动该计算机，以 hbzy 账号（密码为 hbzy1a2b）进入图形化用户界面。
4. 在 hbzy 账号的个人主目录"/home/hbzy"中创建"work"目录以存放项目开发文档、创建"backup"目录以存放备份文件，并设置"/home/hbzy"、"/home/hbzy/work"、"/home/hbzy /backup"目录的权限为 770。目录及其权限准备如图 6-13 所示。

任务实施

步骤 1　创建 hbzy 用户的 crontab 配置文件

① 打开编辑器。在桌面顶部面板选择"应用程序"→"系统工具"→"终端"菜单命令，弹出一个终端窗口，在命令提示符后输入命令"crontab　- e"，启动 vi 文本编辑器，创建 crontab 配置文件，如图 6-14 所示。

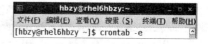

图 6-13　目录及其权限准备　　　　图 6-14　创建 crontab 配置文件

② 输入 cron 调度内容。在 vi 文本编辑器界面输入配置文件内容，输入完毕后按 Esc 键进入最后行模式，输入"wq"并按 Enter 键，保存并退出 vi，如图 6-15 所示。

图 6-15　输入 crontab 配置文件内容

③ 查看 cron 调度内容。在终端命令提示符后输入命令"crontab - l"，查看配置文件内容，如图 6-16 所示。

图 6-16　查看 crontab 配置文件的内容

步骤 2　创建 root 用户的 crontab 配置文件

① 切换到 root 账户。在终端命令提示符后输入命令"su　-"，并根据提示输入超级用户密码（root123），转换为超级用户，如图 6-17 所示。

② 打开编辑器。在桌面顶部面板选择"应用程序"→"系统工具"→"终端"菜单命令，弹出一个终端窗口，在命令提示符后输入命令"crontab　- e"，启动 vi 文本编辑器，创建 crontab 配置文件，如图 6-18 所示。

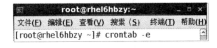

图 6-17　切换到 root 用户　　　　图 6-18　创建 crontab 配置文件

③ 输入 cron 调度内容。在 vi 文本编辑器界面输入配置文件内容，输入完毕后按 ESC 键进入最后行模式，输入"wq"并按 Enter 键，保存并退出 vi，如图 6-19 所示。

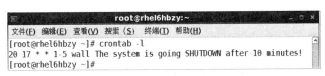

图 6-19　输入 crontab 配置文件内容

④ 查看 cron 调度内容。在终端命令提示符后输入命令"crontab - l"，查看配置文件内容，如图 6-20 所示。

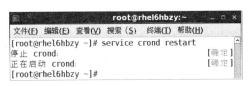

图 6-20　查看 crontab 配置文件的内容

步骤 3　重启 crond 服务

在 root 用户的终端命令提示符后输入"service　crond　restart"命令，重启 crond 服务，如图 6-21 所示。

图 6-21　重启 crond 服务

步骤 4　设置 at 调度

① 在 root 用户的终端命令提示符后输入命令"at　17：10　12312012"。

② 在出现的"at >"提示符后输入调度内容"Wall Happy new year！"，如图 6-22 所示。输入完毕后按 Ctrl + D 组合键结束。

③ 在终端命令提示符后输入命令"at　－l"，显示待执行的 at 调度作业，如图 6-23 所示。

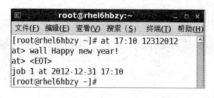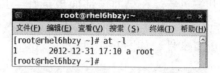

图 6-22　输入 at 调度内容　　　　　　图 6-23　显示待执行的 at 调度作业

【提示】在终端的命令提示符后输入命令"at　－d　作业号"或"at　作业号　－d"，可删除指定作业。

 任务检测

为检测调度作业的执行情况，需要用超级用户身份更改系统日期和时间，然后以普通用户身份登录及查看调度作业的执行情况。检测完毕后，再将系统日期和时间改回正确值。

1. 以多个普通用户登录到字符界面的虚拟终端

① 按 Ctrl + Alt + F2 组合键切换到字符界面的虚拟终端（如果是在 VMware 虚拟机中安装的 Linux 系统，则需长按此组合键，直到界面切换），并以 hbvtc 用户登录（密码 hbvtc1a2b）。

② 再按 Alt + F3 组合键切换到另一个字符界面的虚拟终端，并以 pan 用户登录（密码 pan1a2b）。

③ 然后按 Alt + F7 组合键返回图形用户界面（hbzy 用户）。

2. 检测 cron 调度

① 用"su　－"命令切换到 root 账号，在 root 终端命令提示符后输入 date 命令，将系统时间修改为当天 17 时 18 分，如图 6-24 所示。

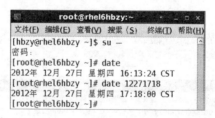

图 6-24　修改系统时间

② 17 时 20 分后，所有登录到系统的用户都收到关机提示的广播信息，如图 6-25 所示。

```
[hbzy@rhel6hbzy ~]$
Broadcast message from root@rhel6hbzy (Thu Dec 27 17:20:01 2012):

The system is going SHUTDOWN after 10 minutes!
```

图 6-25　关机提示信息

③ 17 时 22 分后，输入命令"ls　-l　/home/hbzy/backup"，查看"/home/hbzy/backup"目录，发现已有最新的备份文件，如图 6-26 所示。

3. 检测 at 调度

① 用"su　-"命令切换到 root 账号，在 root 终端命令提示符后输入 date 命令，将系统时间修改为 2012 年 12 月 31 日 17 时 08 分，如图 6-27 所示。

图 6-26　备份文件 work.tar.gz

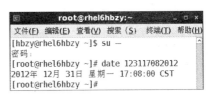

图 6-27　修改系统时间

② 在 2012 年 12 月 31 日 17 时 10 分后，所有登录到系统的用户都收到"Happy new year!"的祝福信息，如图 6-28 所示。

```
[pan@rhel6hbzy ~]$
Broadcast message from root@rhel6hbzy (Mon Dec 31 17:10:00 2012):

Happy new year!
```

图 6-28　祝福信息

4. 改回正确日期和时间

采用前面的操作方法，用 date 命令把系统日期和时间修改为正确值。

 知识与技能拓展

1. 慎用超级用户

由于超级用户 root 的权限太大，为保证系统安全，Linux 系统管理员通常以普通用户身份登录，当要执行必须有超级用户权限的操作时，才用"su　-"命令切换为超级用户，执行完操作后用"exit"命令返回到普通用户。

2. su 命令

格式：su［-］［用户名］

功能：切换用户身份。超级用户可切换为任意普通用户，且不需输入口令；普通用户转换为其他用户时需输入被转换用户的口令。切换为其他用户后就拥有该用户的权限。使用"exit"命令可返回本来的用户身份。若使用"-"选项，则切换为新用户的同时使用新用户的环境变量。

3. 调度作业的创建者

属于广播的调度作业必须由 root 用户账号来创建，如本任务中向所有登录用户发送的关机提示信息和新年祝福信息；而针对某个用户的调度作业，则需要由该用户账号来创建，如本任务中 hbzy 用户每天的备份作业。

 任务总结

通过本任务的实施，应掌握下列知识和技能：
- 3 种进程调度的基本知识
- at 调度方法（重点）
- cron 调度方法（重点、难点）
- 用户切换方法

情境总结

进程是 Linux 操作系统分配和调度资源的基本单位，操作系统用进程号（PID）来区别各个进程。正在执行的一个或多个相关进程可形成一个作业，作业既能在前台运行也能在后台运行，但在同一时刻，每个用户只能有一个前台作业。

Linux 系统中的进程具有优先级，其取值为 −20 ～ 19 之间的整数，取值越低，优先级越高，默认为0。进程的优先级可以被修改，但只有启动进程的用户或超级用户才能进行修改。普通用户只能调低优先级，超级用户既可调低也可调高优先级。

用户既能手工启动进程与作业，也能调度启动进程和作业。调度进程有 at、batch 和 cron 三种方式。at 调度和 batch 调度都可指定命令执行的时间，但只能执行一次。其中，batch 调度如果不指定时间，则将选择系统空闲的时候执行。cron 调度用于调度需要重复执行的命令，可设置命令重复执行的时间。cron 调度与 crond 进程、crontab 命令和 crontab 配置文件有关，其中，用户 crontab 配置文件保存于/var/spool/cron 目录中，其文件名与用户名相同。

系统日志都保存在/var/log 目录中，这些日志文件中记录着系统运行的详细信息，可以帮助系统管理员了解系统的运行状况，并有助于解决系统运行中出现的相关问题。

操作与练习

一、选择题

1. 下列哪种说法是错误的？（　　）

    A）一个进程可以是一个作业　　　　　　　B）一个进程可以是多个作业

    C）多个进程可以是一个作业　　　　　　　D）一个作业可以是一个或多个进程

2. 从后台启动进程，应在命令的结尾加上什么符号？（　　）

    A）$　　　　　　B）#　　　　　　C）@　　　　　　D）&

3. Linux 中的程序运行有 −20～19 共 40 个优先级，以下哪种优先级最高？（　　）

    A）−16　　　B）11　　　C）18　　　D）0

4. 要显示系统中进程的详细信息，应使用哪个命令？（　　）

    A）ps −e　　　B）ps −A　　　C）ps −a　　　D）ps −l

5. 哪种调度命令可以多次执行？（　　）

   A）cron   B）at   C）batch   D）cron、at 和 batch

6. 在某用户的 crontab 文件中有以下记录：

   48 6 * * 5 mycmd

则该行中的命令多久执行一次？（　　）

   A）每小时   B）每周

   C）每年五月的每小时一次   D）每周五

7. 在某用户的 crontab 文件中有以下记录：

   */4 * * * * wall Please see news！

则该行中的命令多久执行一次？（　　）

   A）每 4 分钟执行 1 次   B）每 4 小时执行 1 次

   C）不会运行，格式无效   D）每周四运行

8. 以下说法中正确的是哪个？（　　）

   A）ps 命令可查看当前内存使用情况   B）free 命令可查看当前 CPU 使用情况

   C）bg 命令可将前台作业切换到后台   D）top 命令可查看当前已登录的所有用户

9. 在 Linux 系统中，各种系统日志文件主要存放在系统中的哪个目录？（　　）

   A）/home   B）/var   C）/boot   D）/usr

10. 对于 hbzy 用户的 crontab 配置文件，其路径和文件名是什么？（　　）

   A）/var/cron/hbzy   B）/var/spool/cron/hbzy

   C）/home/hbzy/cron   D）/home/hbzy/crontab

二、操作题

1. 使用 ps 命令显示当前进程的详细信息。

2. 使用 who 命令显示当前已登录用户的详细信息。

3. 使用 top 命令动态监视系统性能，要求每 10 s 刷新一次。

4. 设置 at 调度，要求在 2013 年 12 月 24 日 23 时 59 分向登录到系统上的所有用户发送 "Merry Christmas！" 信息。

5. 设置 cron 调度，要求在每周一下午 5:10 删除/Temporary 目录下的全部内容。

学习情境 7
Linux 应用程序

情境引入

　　某公司已建立网络中心，并用 Linux 配置了多种服务器，公司员工的办公用个人计算机也都安装了 Linux 操作系统。因此在某些情况下，公司员工需要在 Linux 环境下用 OpenOffice.org 处理各种文档，如公司广告部职员经常需要进行广告图案处理，并与公司员工之间或与客户之间进行在线交流和即时通信，销售部门员工经常需要向客户播放产品视频等。

6,202,00
1,053,11

情境分析

要让 Linux 满足日常办公、图形图像处理、在线即时通信、娱乐等的需要，必须安装一些 Linux 操作系统下的应用程序。可在 Linux 环境中使用的应用程序非常丰富，根据使用目的不同，可大致将应用程序分为以下几类。

1. 网络应用

- 上传下载工具：gFTP、Kget。
- 即时聊天软件：Gaim、Kopete、Eva。
- 邮件收发软件：Evolution、Kmail。
- 网页浏览器：Firefox、Konqueror。

2. 文字处理

- 简单文本编辑器：gedit、Kedit、Abiword。
- PDF 文件浏览器：PDF Viewer（Xpdf）、Acrobat Reader。
- 办公软件：OpenOffice. org 办公软件、StarOffice。

3. 图像查看与处理

- 图像查看工具：gThumb 图像浏览器、KuickShow、Kview。
- 图像处理软件：GIMP、绘图程序（Kpaint）、图标编辑器（KIconEdit）。

4. 音频视频播放

Dragon Player、电影播放机、Rhythmbox 音乐播放器、KMid。

7.1　子情境：OpenOffice 的安装

 任务描述

某公司从事 Linux 嵌入式产品开发工作，其员工都能在 Linux 环境下进行办公、研发等工作。一位新职员已在其个人计算机上安装了 RHEL 6. x Server 操作系统，现在需要安装 OpenOffice. org 办公软件，以便进行文档编辑、表格处理、演示文稿制作等工作。

任务实施流程

 相关资讯

1. Linux 环境下的办公软件简介

Linux 环境中的办公软件包括 OpenOffice. org、StarOffice、KOffice、永中 Office 等，而 OpenOffice. org 凭借其强大功能，成为 Linux 环境下办公软件的首选。

OpenOffice. org 以 SUN 公司的 StarOffice 为基础开发完成，其源代码完全公开。OpenOffice. org 办公软件是跨平台的办公软件，其不仅可运行于 Solaris、Linux，还能运行于 Windows 平台，且拥有 70 多个语言的版本。OpenOffice. org 的功能与 Microsoft Office 软件的功能类似，包括文字处理、表格处理、演示文稿处理等，并能兼容目前主要的文档文件格式。从使用界面上看，OpenOffice. org 也与主流的办公软件类似，操作非常简便。

2. OpenOffice. org 的各组成部分

目前最新的 OpenOffice. org 办公软件由 6 个应用程序组成，如图 7-1 所示。

（1）OpenOffice. org Writer

OpenOffice. org Writer 用于文字处理的相关工作，它不仅具有 Microsoft Word 的基本功能，而且还能将文档输出为 PDF 文件，将文档设置为不同的区域，可对区域进行锁定、隐藏甚至设置密码保护等。Microsoft Word 所提供的功能在 OpenOffice. org Writer 中几乎都能找到。

图 7-1 OpenOffice. org 的组成

（2）OpenOffice. org Calc

OpenOffice. org Calc 电子表格软件与 Microsoft Excel 非常相似，可用于制作工作表、进行数学运算、生成图表，还能进行数据筛选、分类汇总等数据管理。

（3）OpenOffice. org Impress

演示文稿软件 OpenOffice. org Impress 与 Microsoft PowerPoint 不相上下，两者皆可采用投影方式来播放演示文稿内容，并提供多种换页特效。用户可插入图片、文字或各种对象到演示文稿中，还可加入备注信息等。

（4）OpenOffice. org Math

公式编辑器 OpenOffice. org Math 与 Microsoft Office 的公式工具功能类似，用于制作数学公式。

（5）OpenOffice. org Draw

图形绘制和处理软件 OpenOffice. org Draw 的功能远胜于 Microsoft Windows 的画图软件，它不仅可绘制各种两维基本图形，更可绘制三维图形，实现两维图形向三维图形的转换。该软件还可将位图图像向矢量图形转换，并可进行图形的分组、合并、融合等操作。

（6）OpenOffice. org Base

数据库管理器 OpenOffice. org Base 类似于 Microsoft Access，用于数据库管理。

任务准备

1. 一台装有 RHEL 6. x Server 操作系统的计算机。

2. 保证该计算机与 Internet 连接畅通。

3. 启动该计算机，以 root 账号（密码 root123）进入图形化用户界面。

 任务实施

步骤 1　下载 OpenOffice. org 3. 4

在 GNOME 桌面选择"应用程序"→"Internet"→"Firefox Web Browser"菜单命令，弹出 Firefox 浏览器窗口，在百度栏搜索"openoffice3.4"，在出现的页面中选择中文版下载。下载完毕后，OpenOffice. org 图标将出现在桌面上，如图 7-2 所示。

【提示】RHEL 6. x Server 默认不安装 OpenOffice. org，且其安装光盘中也不提供安装软件包。

步骤 2　解压 OpenOffice. org 3. 4

右击桌面上的 Apache_OpenOffice_incubating_3. 4. 1_Linux_x86 - 64_install - rpm_zh - CN. tar. gz 图标，弹出快捷菜单，选择"解压缩到此处"命令，开始解压。解压后，桌面上将出现如图 7 - 3 所示的文件夹图标。

图 7-2　OpenOffice. org 3. 4 图标　　　图 7-3　解压缩后的文件夹图标

步骤 3　安装 OpenOffice. org 3. 4

右击 GNOME 桌面空白处，弹出快捷菜单，选择"在终端中打开"命令，弹出一个终端窗口，先安装 zh - CN/RPMS/目录下所有的 RPM 包，如图 7-4 所示。安装完成后，用 cd 命令进

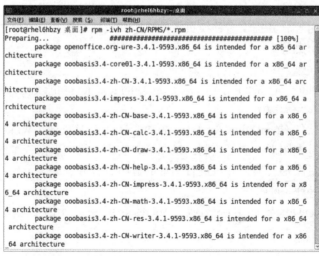

图 7-4　安装 RPMS 目录下的 RPM 包

入到 RPMS 目录下的 desktop – integration 目录，该目录里有很多个 RPM 包，分别是不同版本的 Linux 系统，选择 RedHat 版本的 RPM 包安装，如图 7-5 所示。

图 7-5　安装对应系统的 RPM 包

 任务检测

1. 查看安装结果

安装完成后，选择 GNOME 桌面顶部面板上的"应用程序"→"办公"菜单命令，可以看到 OpenOffice. org 的各组件，如图 7-6 所示。

2. RHEL 6. x Server 中安装 OpenOffice 3. 4. 1 后的乱码问题

安装了 OpenOffice 3. 4. 1 后，如果菜单栏的文字都是小方块（乱码），则可能是因为字体没有安装。安装字体的详细步骤如下。

① 新建 simsun 文件夹。

② 将 Windows 操作系统下的 C：\Windows\Fonts\simsun. ttc 文件复制到自己的 simsun 目录中。

③ 依次执行如图 7-7 所示的命令。

 任务总结

通过本任务的实施，应掌握下列知识和技能：

● OpenOffice. org 办公软件的组成及其主要功能

● 下载、解压及安装 OpenOffice. org 的方法（重点）

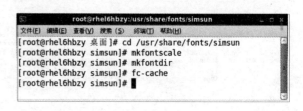

图 7-6 安装后的 OpenOffice. org 3.4 组件   图 7-7 安装字体

7.2 子情境：OpenOffice. org Writer 的使用

 任务描述

某公司开发了一款新的手机，型号为 OPPO Find5。现在，公司销售部门员工需要使用
OpenOffice. org Writer 编辑一个该款手机的宣传文档以配合销售。

 任务实施流程

 任务准备

1. 一台装有 RHEL 6. x Server 操作系统及 OpenOffice. org 办公软件的计算机。
2. 启动该计算机，以 hbzy 用户（密码 hbzy1a2b）进入图形化用户界面。

任务实施

步骤 1 启动 OpenOffice. org Writer

选择 GNOME 桌面顶部面板上的"应用程序"→"办公"→"OpenOffice. org Writer"菜

单命令，弹出 OpenOffice.org Writer 应用程序窗口，如图 7-8 所示。

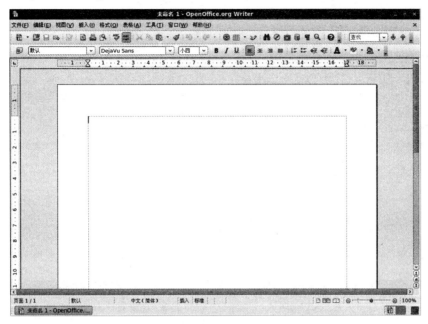

图 7-8　OpenOffice.org Writer 应用程序窗口

步骤 2　输入文字并插入图片

① 输入文字内容，如图 7-9 所示。

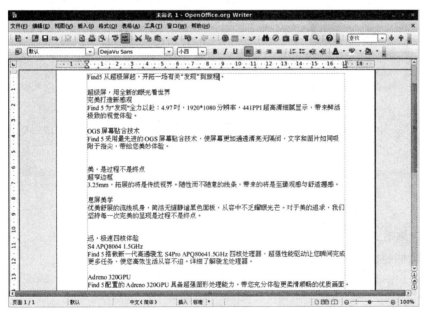

图 7-9　输入文字

② 选择"插入"→"图片"→"来自文件"菜单命令，弹出如图 7-10 所示的"插入图片"对话框，选中名为 1.jpg 的图片，单击"打开"按钮，插入该图片到 OpenOffice.org Writer

编辑窗口，并将图片的环绕方式设置为"页面环绕"，如图 7-11 所示。

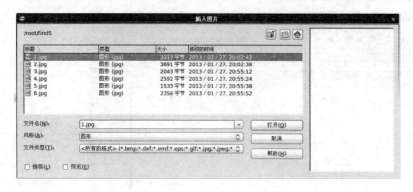

图 7-10　"插入图片"对话框　　　　　　　　　　　　　图 7-11　设置环绕方式

③ 依此方法把其他图片插入到适当的位置，效果如图 7-12 所示。

【提示】如果用户的计算机中没有该款手机图片，可从网上下载一个类似的图片。

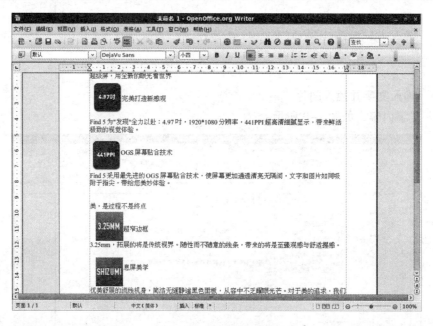

图 7-12　设置图片效果

步骤 3　编辑文字格式

（1）编辑标题格式

选中标题，在工具栏中选择文字大小为"小三"，设置为粗体，居中，如图 7-13 所示。

图 7-13　设置标题格式

（2）编辑项目编号

选择标题下的手机说明，选择"格式"→"项目符号和编号"菜单命令，在弹出的对话框中选择"实心小圆形项目符号"，如图7-14所示。

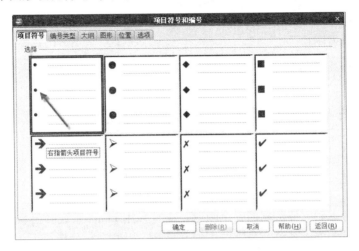

图7-14 选择项目符号

（3）设置文字颜色

选中小标题，单击工具栏中的"字符颜色"按钮，在弹出的"字符颜色"任务窗格中选择浅蓝，如图7-15所示。

至此，本款手机的宣传文档编辑完毕，效果如图7-16所示。

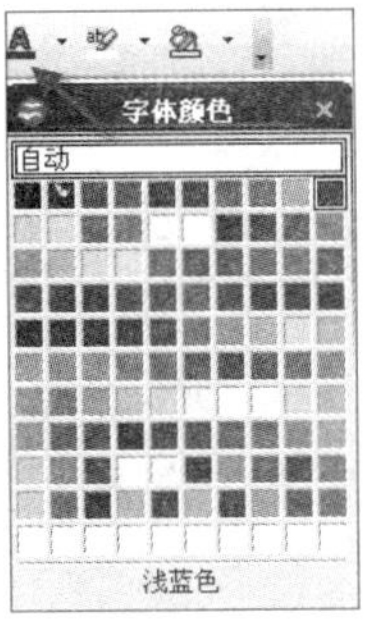

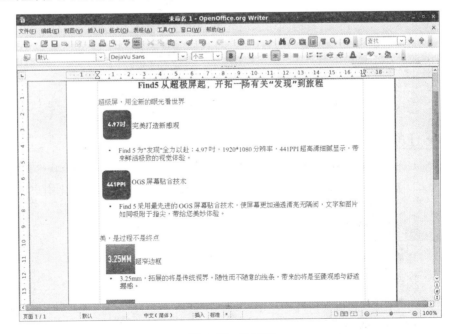

图7-15 设置
文字颜色

图7-16 效果图

 任务总结

通过本任务的实施，应掌握下列知识和技能：
- OpenOffice. org Writer 的启动方法
- 输入文字和插入图片
- 编辑图文格式（重点）

7.3 子情境：OpenOffice. org Calc 的使用

 任务描述

某公司财务部考虑到财务数据的安全问题，决定采用 Linux 系统办公软件进行有关财务工作。现在，会计人员要输入某科室员工的工资并排序，以便进行分析。

 任务实施流程

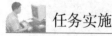 任务准备

1. 一台装有 RHEL 6. x Server 操作系统及 OpenOffice. org 办公软件的计算机。
2. 启动该计算机，以 hbzy 用户（密码 hbzy1a2b）进入图形化用户界面。

任务实施

步骤 1　启动 OpenOffice. org Calc

选择 GNOME 桌面顶部面板上的"应用程序"→"办公"→"OpenOffice. org Calc"菜单命令，弹出 OpenOffice. org Calc 应用程序窗口。

步骤 2　输入数据并进行制表操作

① 输入数据，然后选中数据，如图 7-17 所示。

② 选择"格式"→"单元格格式"菜单命令，弹出"单元格格式"对话框，选中"边

框"选项卡，在该选项卡中单击"采用外边框和全部内框线"按钮，然后单击"确定"按钮，如图 7-18 所示。

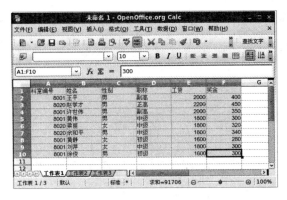

图 7-17 输入并选中数据

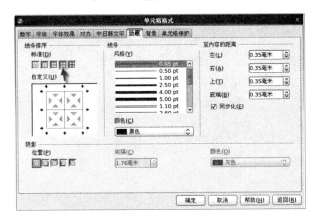

图 7-18 设置边框

步骤 3 进行数据排序操作

选中数据，选择"数据"→"排序"菜单命令，弹出"排序"对话框，在该对话框中进行如图 7-19 所示的设置，然后单击"确定"按钮。

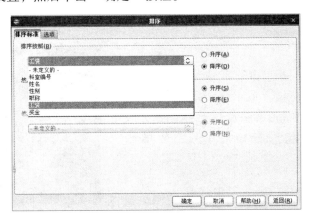

图 7-19 排序设置

步骤 4 预览制作的排序表格

选择"文件"→"页面预览"菜单命令，显示排序的工资表格，如图 7-20 所示。

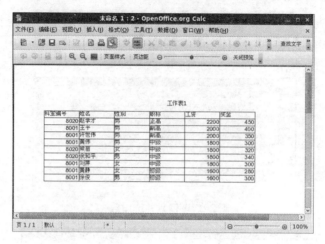

图 7-20 排序后的工资表格

至此，排序的工资表制作完成。

 任务总结

通过本任务的实施，应掌握下列知识和技能：

- OpenOffice. org Calc 的启动方法
- 输入表格内容
- 编辑表格格式（重点）
- 排序的方法（重点）

7.4 子情境：OpenOffice. org Impress 的使用

 任务描述

某公司代理了一款手机产品，准备参加一个大型产品博览会，需要在博览会上展示该产品的特性，因此要用 OpenOffice. org Impress 制作该产品的演示文稿，以便在博览会现场进行播放展示，效果如图 7-21 所示。

图 7-21 产品播放展示效果

 任务实施流程

任务准备

 任务准备

1. 一台装有 RHEL 6. x Server 操作系统及 OpenOffice. org 办公软件的计算机。

2. 启动该计算机，以 hbzy 用户（密码 hbzy1a2b）进入图形化用户界面。

3. 准备产品宣传图片并放在桌面的"图片"目录中。

任务实施

步骤 1 启动 OpenOffice. org Impress

选择 GNOME 桌面顶部面板上的"应用程序"→"办公"→"OpenOffice. org Impress"菜单命令，弹出 OpenOffice. org Impress 应用程序窗口，如图 7-22 所示。

步骤 2 新建幻灯片并选择其版式

（1）新建幻灯片

在 OpenOffice. org Impress 界面左侧的"幻灯片"任务窗格中的幻灯片 1 下侧的空白区域右击，弹出快捷菜单，选择"新建幻灯片"命令，如图 7-23 所示。用相同方法再建 5 张新幻灯片。

（2）为各个幻灯片设置版式

① 选中第 1 张幻灯片，在 OpenOffice. org Impress 界面右侧的"任务"任务窗格的"版式"选项组中选中"标题幻灯片"版式。

② 依次选中第 2～7 张空白幻灯片，在 OpenOffice. org Impress 界面右侧的"任务"任务窗格的"版式"选项组中选中"标题和两个内容"版式，如图 7-24 所示。

图 7-22　OpenOffice. org Impress 应用程序窗口

图 7-23　选择"新建幻灯片"命令

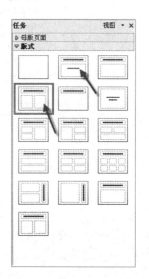

图 7-24　选择幻灯片版式

步骤 3　设置幻灯片背景

① 选择"格式"→"页面设置"菜单命令，弹出"页面设置"对话框，选中"背景"选项卡，选中"位图"选项，如图 7-25 所示。

② 单击"确定"按钮，弹出如图 7-26 所示的"页面设置"对话框，在"背景"选项卡中选中"空格"背景。

③ 单击"确定"按钮，弹出"所有页面的背景设置?"对话框，单击"是"按钮。

步骤 4　输入幻灯片标题

选中第 1 张标题幻灯片，在其上部的"单击插入标题"处输入标题"超级屏　Find5"。

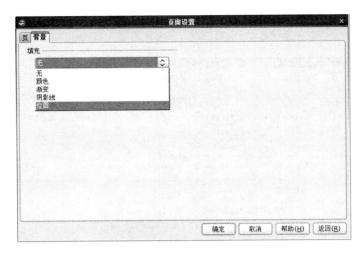

图 7-25 选择"位图"选项

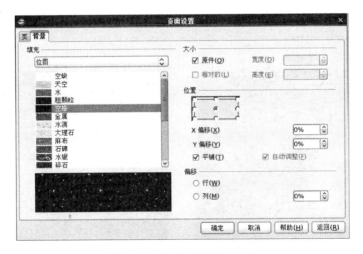

图 7-26 选择"空格"背景

步骤5 添加图片

版式不同，添加图片的方法也不相同。

（1）给第 1 张幻灯片添加图片

选中第 1 张幻灯片，选择"插入"→"图片"→"来自文件"菜单命令，弹出"插入图片"对话框，进入"图片"目录，选中"find5 - 1. jpg"图片，如图 7-27 所示，单击"确定"按钮。

（2）给其余幻灯片添加图片

选中第 2 张幻灯片，单击左边内容框中的"插入图片"图标，如图 7-28 所示，在弹出的"插入图片"对话框中选中"find5 - 2. jpg"图片，单击"确定"按钮。

按照相同的方法设置其余的第 3 ～ 7 张幻灯片，分别插入"find5 - 3. jpg"、"find5 - 4. jpg"、"find5 - 5. jpg"、"find5 - 6. jpg"、"find5 - 7. jpg"图片。

【提示】如果用户的计算机中没有这些图片，可先从网上下载。

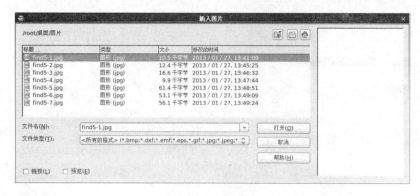

图 7-27　选择图片

图 7-28　单击"插入
图片"图标

步骤 6　输入幻灯片文字内容

依次为第 2 ～ 7 张幻灯片添加文字，如图 7-29 ～图 7-34 所示。

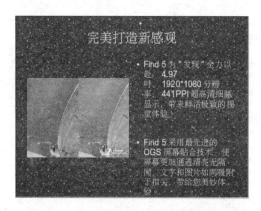

图 7-29　为第 2 张幻灯片添加文字

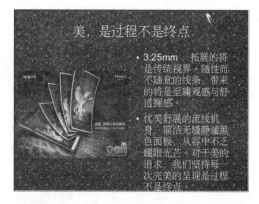

图 7-30　为第 3 张幻灯片添加文字

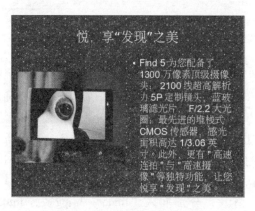

图 7-31　为第 4 张幻灯片添加文字

图 7-32　为第 5 张幻灯片添加文字

 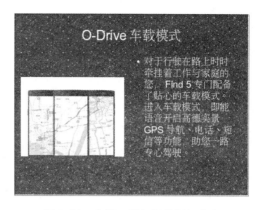

图 7-33 为第 6 张幻灯片添加文字　　　　　图 7-34 为第 7 张幻灯片添加文字

步骤 7　设置幻灯片切换方式及其元素动画效果

（1）设置幻灯片切换方式

选择"演示文稿"→"幻灯片切换方式"菜单命令，在 OpenOffice. org Impress 界面右侧任务窗格中的"幻灯片切换"选项组中，选中"垂直活动百叶窗"选项，单击"应用于所有幻灯片"按钮，如图 7-35 所示。

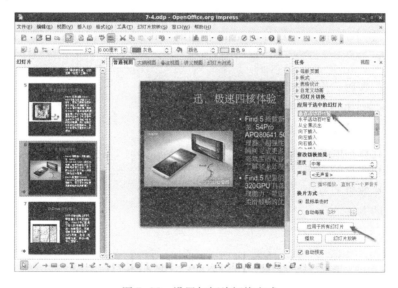

图 7-35　设置幻灯片切换方式

（2）设置幻灯片元素动画效果

① 选中幻灯片中的一个对象，选择"演示文稿"→"自定义动画"菜单命令，在 Open-Office. org Impress 界面右侧的任务窗格中单击"添加"按钮，弹出如图 7-36 所示的"自定义动画"对话框，在"进入"选项卡中选择"随机效果"选项。

② 用相同方法对幻灯片中的其他对象设置动画效果。

步骤 8　对演示文稿排练时间

选择"演示文稿"→"排练计时"菜单命令，演示文稿将全屏显示，间隔一定时间便切换到下一个对象的动画效果，如图 7-37 所示。

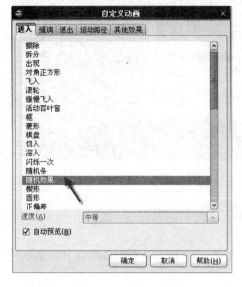

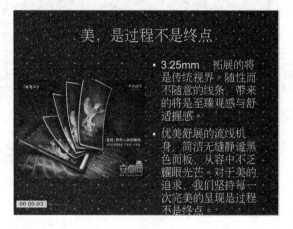

图 7-36　设置动画　　　　　　　　　　　　　图 7-37　设置放映时间

依次将所有幻灯片时间排练完毕，本演示文稿即制作完成。

 任务总结

通过本任务的实施，应掌握下列知识和技能：
- OpenOffice. org Impress 的启动方法
- 新建幻灯片和设置版式的方法
- 设置幻灯片背景的方法（重点）
- 添加文字和图片的方法（重点）
- 设置幻灯片效果的方法（重点）
- 排练时间的方法

7.5　子情境：The GIMP 图像软件的使用

 任务描述

某公司是北京奥运会的赞助商，其广告部需要设计一幅奥运吉祥物，以便印在该公司的产品宣传册上。为此，在百度图片网中搜索到 5 张奥运吉祥物图片，其中，奥运吉祥物"欢欢"的图片如图 7-38 所示。现在要用这 5 张图片制作出如图 7-39 所示的奥运吉祥物全家福。

图 7-38 "欢欢"图片　　　　　　　　　图 7-39 奥运吉祥物全家福

 任务实施流程

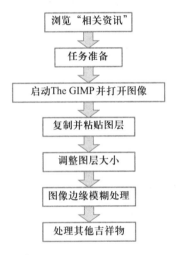

浏览"相关资讯"

↓

任务准备

↓

启动The GIMP并打开图像

↓

复制并粘贴图层

↓

调整图层大小

↓

图像边缘模糊处理

↓

处理其他吉祥物

 相关资讯

1. GIMP 简介

GIMP 是 GNU 图像处理程序（GNU Image Manipulation Program）的缩写，其功能强大，可与 Photoshop 媲美，且完全免费。

GIMP 可利用图层来管理图像文件。一个图像文件可由多个图层组成，图像的显示效果是多个图层叠加的结果。图层之间相互独立，修改一个图层不会影响到其他图层。

另外，在 GIMP 中，图像中使用的色彩被看作是多种颜色的叠加效果，每一种颜色就是一个通道，用户可新建颜色通道，调整颜色的叠加顺序，以及复制和删除颜色通道。

2. GIMP 安装

在 RHEL 6. x Server 完全安装模式下可自动安装 GIMP，但默认并不安装 GIMP。安装光盘的/Server 目录下有 10 个与 GIMP 有关的软件包，其中与 GIMP 紧密相关的软件包有 3 个：gimp – 2. 6. 9 – 4. el6_1. 1. i686. rpm、gimp – libs – 2. 6. 9 – 4. el6_1. 1. i686. rpm、gimp – data – extras – 2. 0. 2 – 3. 1. el6. noarch. rpm。

如果计算机的 RHEL 6. x Server 采用默认安装，那么就需要安装 GIMP 了，步骤如下。

① 以超级用户 root（密码 root123）登录计算机。

② 将 RHEL 6. x Server 安装光盘放入光驱，挂载光盘，进入光盘的/Server 目录。

③ 依次安装下列软件包：

rpm – ivh gimp – data – extras – 2. 0. 2 – 3. 1. el6. rpm

rpm – ivh gimp – libs – 2. 6. 9 – 4. el6_1. 1. i686. rpm

rpm – ivh gimp – 2. 6. 9 – 4. el6_1. 1. i686. rpm

安装完成后，桌面环境下的"应用程序"→"图形"菜单中会出现"GNU 图像处理程序"菜单命令。

任务准备

1. 一台装有 RHEL 6. x Server 操作系统的计算机。

2. 从 Internet 上下载福娃妮妮、福娃晶晶、福娃欢欢、福娃贝贝、福娃迎迎的图片，放到桌面"奥运吉祥物"目录。

任务实施

步骤 1　启动 The GIMP 并打开图像

（1）启动 The GIMP

选择 GNOME 桌面顶部面板上的"应用程序"→"图形"→"GNU 图像处理程序"菜单命令，启动 The GIMP 后将进入其界面，如图 7-40 所示。

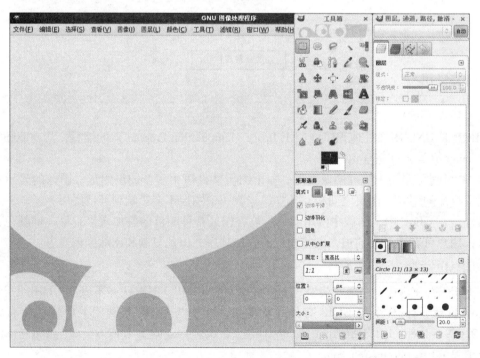

图 7-40　The GIMP 界面

【提示】GIMP 与其他常用软件不同，启动后屏幕上将出现 3 个窗口：主窗口、工具箱和"图层，通道，路径，撤销 - 画笔，图案，渐变"窗口。所选工具不同，工具选项会随之改变。实际上 GIMP 的窗口远不止这些，每打开一个图像文件就会出现一个新的显示窗口。选择"文件"→"对话框"菜单命令，可选择性地打开其他对话框。

（2）打开图像

选择"文件"→"打开"菜单命令，弹出如图 7-41 所示的对话框，按住 Ctrl 键单击图片名称，可选择多个需要打开的图片。

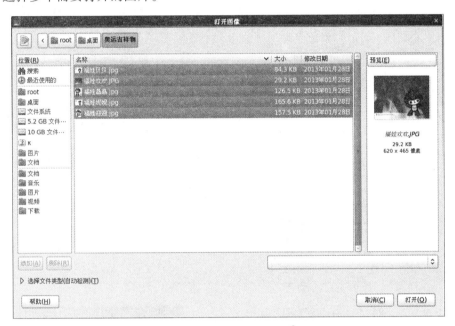

图 7-41 选择多个图片

步骤2 复制并粘贴图层

（1）复制图层

选中图片"福娃妮妮"，在工具箱中单击"选择邻近的区域"按钮，如图 7-42 所示，单击图像空白区域。选择"选择"→"反转"菜单命令，选中反选区域，右击，弹出快捷菜单，选择"编辑"→"复制"命令，如图 7-43 所示。

（2）粘贴图层

打开"福娃欢欢"图片，右击图片区域，弹出快捷菜单，选择"编辑"→"粘贴"命令，如图 7-44 所示。

步骤3 调整图层大小

打开 The GIMP 界面右侧的"图层，通道，路径，撤销 - 画笔，图案，渐变"窗口，右击"浮动选区"，弹出快捷菜单，选择"缩放图层"命令，如图 7-45 所示。在弹出的"缩放图层"对话框中，在"图层大小"选项组的"宽度"微调框中输入"300"，如图 7-46 所示，单击"缩放"按钮。

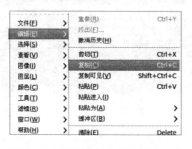

图 7-42　选择工具　　　图 7-43　选择复制反选区域的命令　　　图 7-44　选择粘贴反选区域的命令

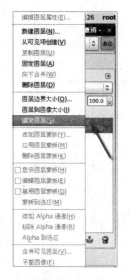

图 7-45　选择"缩放图层"命令　　　　　　图 7-46　调整图层大小

步骤 4　图像边缘模糊处理

（1）放大图像

单击"放大和缩小"按钮，如图 7-47 所示，且在"放大镜"窗口中选择"放大"，单击图片使图片放大。

（2）图像边缘模糊处理

单击"模糊或锐化"按钮，如图 7-48 所示，并在"画笔"窗口中选择合适的大小，按住鼠标左键不放，对图像边缘进行模糊处理，如图 7-49 所示。

图 7-47 选择放大工具

图 7-48 选择模糊工具

图 7-49 对图像边缘进行模糊处理

步骤 5 处理其他吉祥物

其他吉祥物的处理方法与此相同，重复以上步骤就可以完成吉祥物全家福图片的制作。

 知识与技能拓展

1. 撤销操作

在整个图像的制作过程中，难免有操作效果不佳的情况，要撤销某些操作，选择"编辑"→"撤销历史"菜单命令，就可以在"撤销历史"窗口中根据需要进行撤销操作了。

2. 图像格式转换

GIMP 支持的图片格式很多，它不但支持常见的 BMP、JPEG、GIF、PNG 格式，还支持一些比较专业的图像格式，如 Photoshop 专用文件的 PSD 格式。GIMP 的主文件格式是 XCF，通常将没有完成编辑的文件保存为 XCF 格式。该格式不仅能保存图像本身，还能保存图像的编辑信息。而编辑完成后，就可以转换为所需要的文件格式。选择"文件"→"另存为"菜单命令，弹出"保存图像"对话框，从中可以选择文件类型。

 任务总结

通过本任务的实施，应掌握下列知识和技能：
- GIMP 的安装方法
- GIMP 的启动方法
- 图层操作方法（重点）
- 图像处理方法（重点、难点）

7.6 子情境：Firefox 网页浏览器的使用

 任务描述

某新职员的计算机工作环境为双操作系统，由于工作需要，他有时需要在网络上搜索资料，有时需要在线看学习视频，以方便其更快更好地适应工作。

 任务实施流程

浏览"相关资讯"

↓

任务准备

↓

启动Firefox

↓

查找播放器插件下载站点

↓

安装插件

↓

编辑插件

 相关资讯

在 Linux 环境下，有很多网页浏览器可供用户选择，比如 Konqueror、Netscape、Communicator、Opera 等。RHEL 6. x Server 默认安装 Firefox，即火狐浏览器，它具有浏览网页、搜索网站、保存历史记录、下载等功能。和其他浏览器相比，它拥有更多的插件管理功能。

 任务准备

1. 一台装有 RHEL 6. x Server 操作系统的计算机。
2. 保证该计算机与 Internet 连接畅通。
3. 启动该计算机，以 hbzy 用户（密码 hbzy1a2b）进入图形化用户界面。

任务实施

步骤1　启动 Firefox 网页浏览器

选择 GNOME 桌面顶部面板上的"应用程序"→Internet→Firefox Web Browser 菜单命令（或单击顶部面板上的图标），弹出如图 7-50 所示的 Firefox 网页浏览器窗口。

步骤2　查找播放器插件下载站点

选择"工具"→"附加组件"菜单命令，在窗口中出现如图 7-51 所示的"附加组件管理器"页面，单击右上方的"了解更多"按钮，弹出如图 7-52 所示的火狐浏览器插件管理页面，在左侧栏中选择"照片，音乐和视频"选项，在出现的页面中单击"评分最高"区域中的"查看全部"，会出现很多关于"照片，音乐和视频"的插件，将鼠标指针移到"YouTube Anywhere Player"插件上，单击窗口右侧的"添加到 Firefox"按钮即可，如图 7-53 所示。

图 7-50　Firefox 浏览器窗口

图 7-51　"附加组件管理器"页面

图 7-52　插件管理页面

图 7-53　选择插件

步骤 3　安装插件

此时弹出如图 7-54 所示的"软件安装"对话框，单击"立即安装"按钮，安装完成后会出现如图 7-55 所示的提示。

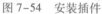

图 7-54　安装插件　　　　　图 7-55　插件安装成功提示

步骤 4　编辑插件

① 单击如图 7-55 所示的"打开附加组件管理器"按钮，出现附加组件管理器窗口，在"扩展"选项卡中出现了已经安装的组件，如图 7-56 所示。

② 对插件可以进行"禁用"、"移除"和"首选项"操作。

图 7-56　附加组件管理器窗口

知识与技能拓展

1. 插件问题

图 7-50 的中间有一部分内容无法显示，在 Firefox 窗口黄色区域右端单击"安装缺失插件"按钮，弹出"插件搜索服务"对话框，根据提示可安装相应的插件。

2. 标签页功能

如果每打开一个网页就弹出一个窗口，则会使桌面混乱。Firefox 的标签页功能允许用户在一个 Firefox 应用程序窗口中打开多个网页，不同网页占用不同的标签，设置方法如下。

在 Firefox 应用程序窗口中，选择"编辑"→"首选项"菜单命令，弹出"Firefox 首选项"对话框，选中"标签式浏览"选项卡，选中"需要打开新建窗口时用标签页替代"复选框，然后单击"关闭"按钮关闭该对话框。

　任务总结

通过本任务的实施，应掌握下列知识和技能：
- Firefox 的启动方法
- Firefox 插件下载与安装方法（重点）
- Firefox 标签页功能的使用

7.7　子情境：腾讯 QQ 即时聊天工具的使用

　任务描述

某公司职员正在进行一个项目的开发工作，为更好地与合作单位即时沟通，了解客户需求及有关问题，他需要与合作单位的部门经理通过 QQ 软件进行即时在线交流，以便更好地进行开发工作。

　任务实施流程

相关资讯

1. Linux 中的聊天工具

Linux 几乎支持所有的聊天协议。在 Linux 下，常用的聊天工具有 Kopete、Gaim、Licq、Gnomeicu、Kxicq、Xirc、X – chat、QQ 等。

2. WebQQ

QQ for Linux 是腾讯公司于 2008 年 7 月 31 日发布的基于 Linux 平台的即时通信软件，自从跨平台的 WebQQ 推出以后，腾讯公司事实上已经停止了 QQ for Linux 的开发。

WebQQ 是腾讯公司推出的使用网页方式登录 QQ 的服务，特点是无须下载和安装 QQ 软件，只要能打开 WebQQ 的网站就可以登录 QQ，从而与好友保持联系。WebQQ 具有 Web 产品固有的便利性，同时在 Web 上最大限度地保持了客户端软件的操作习惯。WebQQ 具有更丰富的好友动态、更开阔的聊天模式、更实时的资讯，还有休闲音乐伴随，它将为人们提供一个愉快的网络起点。

 任务准备

1. 一台装有 RHEL 6. x Server 操作系统的计算机。

2. 保证该计算机与 Internet 连接畅通。

3. 启动该计算机，以 hbzy 用户（密码 hbzy1a2b）进入图形化用户界面。

任务实施

步骤 1　登录 WebQQ 网站

在 Firefox 浏览器的地址栏输入地址 "http：//w. qq. com" 并按 Enter 键，进入 WebQQ 网站，WebQQ 登录界面如图 7–57 所示。

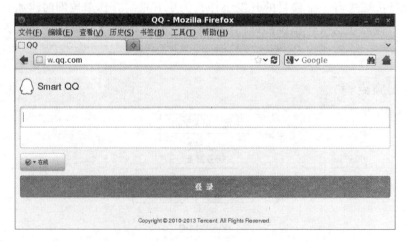

图 7–57　WebQQ 登录界面

步骤 2　登录 QQ 账号

在登录界面中，正确输入账号和密码后即可成功登录 WebQQ，如图 7-58 所示。如果合作单位的部门经理在线，那么就可以同他进行在线交流。

图 7-58　成功登录 WebQQ

 知识与技能拓展

1. 添加好友

首次启动 QQ 后，需要添加好友才能与其进行聊天。单击 QQ 窗口下方的"查找"按钮，弹出"搜索"对话框，即可根据提示加入好友。

2. 文件传输

对于邮箱不能发送的大文件，用 QQ 进行传输是个不错的选择。打开向对方传输文件的好友的聊天窗口，单击"文件"按钮，弹出"打开"窗口，选择要传输的文件，然后单击"打开"按钮即可（该好友必须在线才能传输）。

任务总结

通过本任务的实施，应掌握下列知识和技能：

- WebQQ 网站的登录方法
- WebQQ 的使用方法

情境总结

　　Linux 环境中的应用程序非常丰富，无论是网络应用、文字处理、图像查看与处理，还是音频和视频播放，都有功能强大的多种应用软件。

　　本学习情境主要介绍了 Linux 环境中 OpenOffice. org 办公软件的安装，以及其中 Writer、Calc 和 Impress 软件的使用方法。然后介绍了 GIMP 图像处理软件、Firefox 网页浏览器的使用方法，最后介绍了腾讯 WebQQ 即时聊天工具的安装和使用方法。

　　由于篇幅所限，本学习情境只介绍了 Linux 环境中一部分具有代表性的应用软件，有兴趣的读者可以尝试使用 Linux 中其他应用软件，这会给您带来相当大的乐趣。

操作与练习

一、选择题

1. OpenOffice. org 办公软件包含 6 个应用程序，其中用于表格处理的是哪一项？（　　　）

　　A）OpenOffice. org Writer　　　　　　　　B）OpenOffice. org Calc

　　C）OpenOffice. org Impress　　　　　　　D）OpenOffice. org Math

2. OpenOffice. org Calc 的初始界面由几个工作表组成？（　　　）

　　A）1　　　　　　　B）2　　　　　　　C）3　　　　　　　D）4

3. OpenOffice. org Impress 启动时，"演示文稿向导"包含几种类型？（　　　）

　　A）1　　　　　　　B）2　　　　　　　C）3　　　　　　　D）4

4. 在 The GIMP 图像制作软件中，在哪个菜单下可启动"撤销历史"窗口？（　　　）

　　A）文件　　　　　　B）扩展　　　　　　C）帮助　　　　　　D）画笔

5. 下列哪项是 QQ for Linux 版本的功能？（　　　）

　　A）色彩丰富的界面　　　　　　　　　B）丰富的聊天表情

　　C）丰富的新消息提示　　　　　　　　D）以上 3 项全是

6. 使用 OpenOffice. org Writer 时，要取消一连串操作，可连续使用哪个组合键？（　　　）

　　A）Ctrl + a　　　　B）Ctrl + s　　　　C）Ctrl + y　　　　D）Ctrl + z

7. OpenOffice. org Calc 默认的文档存储格式是什么？（　　　）

　　A）SXC　　　　　　B）ODG　　　　　　C）ODS　　　　　　D）ODT

8. 与 Microsoft PowerPoint 功能相似的 Linux 应用程序是哪个？（　　　）

　　A）OpenOffice. org Writer　　　　　　　　B）OpenOffice. org Calc

　　C）OpenOffice. org Impress　　　　　　　D）OpenOffice. org Math

9. 哪种类型的 QQ for Linux 安装包最适合 Red Hat Linux 系统安装？（　　　）

　　A）DEB 包　　　　B）RPM 包　　　　C）tar. gz 包　　　D）以上都不是

10. 使用 OpenOffice. org Writer 时，需要换行而不是换段，应该如何操作？（　　　）

　　A）按 Alt + Enter 组合键　　　　　　B）按 Alt + Shift 组合键

　　C）按 Ctrl + Enter 组合键　　　　　　D）按 Shift + Enter 组合键

二、操作题

1. 使用 OpenOffice. org Writer 制作如图 7-59 所示的“送货单”表格。

送货单

地址：________

收货：　　　　经办人：　　　　200　年　月　日

单位：________

货号	品名	规格	单位	数量	单价	定额								备注（件数）
						十	万	千	百	十	元	角	分	
合计人民币：（大写） 万 仟 佰 拾 元 角 分														
发货单位： 发货人：			电话：			收货单位盖章： 收货人签名：								

图 7-59 “送货单”表格

2. 使用 OpenOffice. org Calc 制作如图 7-60 所示的分类汇总表格。

科室编号	姓名	性别	职称	工资	奖金
8001	黄静	女	初级	1600	280
8001	刘萍	女	中级	1800	300
8001	徐俊	男	初级	1600	300
8001	黄伟	男	中级	1800	300
8001	王平	男	副高	2000	400
8001	许世伟	男	副高	2000	350
8001 结果				***10800***	***1930***
8020	梁丽	女	中级	1800	320
8020	赵学才	男	正高	2200	450
8020	余和平	男	中级	1800	340
8020 结果				***5800***	***1110***
总结果				***16600***	***3040***

图 7-60 分类汇总表格

3. 使用 The GIMP 软件把如图 7-61 所示的图像修改成如图 7-62 所示的图像。
4. 使用 OpenOffice. org Impress 制作如图 7-63 所示的产品演示文稿。

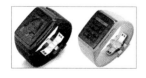

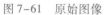

图 7-61 原始图像

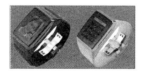

图 7-62 修改后的图像

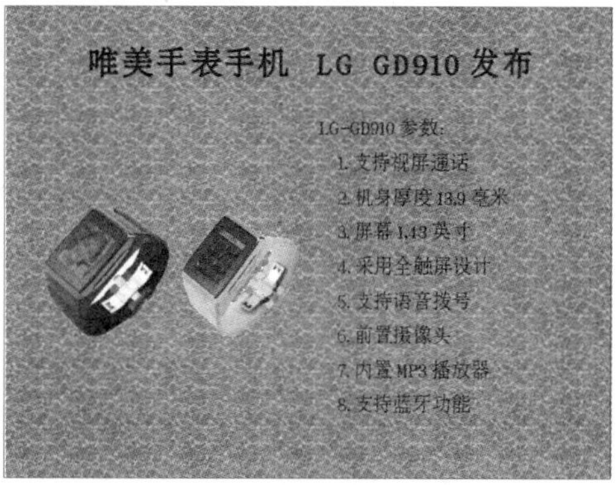

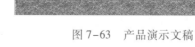

图 7-63 产品演示文稿

5. 使用 Firefox 网页浏览器访问网络。

第三部分

Linux 操作系统网络应用

学习情境 8
网络配置

情境引入

　　某公司大部分员工采用 Linux 操作系统作为桌面系统，为提高工作效率，节约成本，网络中心技术员拟提供固定 IP、自动分配 IP、无线、移动宽带、VPN、DSL 等多种上网方式为大家服务，并对在 Linux 系统平台上集成 WWW、DNS、FTP、DHCP、E－mail 系统的服务器配置好防火墙，做好日常维护工作。

6,202,00
1,053,11

 情境分析

　　网络中心技术人员经过充分讨论，一致认为，Linux 可以使用静态 IP、动态 IP、无线、移动宽带、VPN、DSL 等方式提供互联网接入服务，还可以利用一个物理网卡建立多个虚拟网卡，在不同的环境下分别提供不同的网络接入服务。一个物理网卡还可以设置多个别名和IP 地址，建成多个虚拟主机，集成多个服务器（WWW、DNS、FTP、DHCP、E - mail），同时可配置 SELinux 防火墙，对不同的服务器提供不同的安全级别。

8.1　子情境：网卡配置与上网

 任务描述

　　因工作性质，公司某职员需要经常上网浏览相关信息，因此他需要配置自己计算机上的网卡以连通 Internet，他向公司网管员提出申请，公司网管员建议他使用静态 IP 或动态 IP 方式实现上网：

　　① IP 地址为 192.168.8.50。

　　② 子网掩码为 255.255.255.0。

　　③ 网关为 192.168.8.1。

　　④ DNS 服务器 IP 地址为 192.168.8.5 和 192.168.8.6。

　　⑤ 主机名建议使用 rhel6hbzy。

　　【提示】 读者可根据当地网络的实际情况采用恰当的地址。

　　　任务实施流程

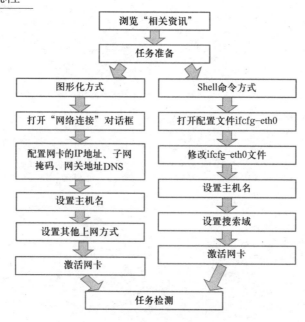

 相关资讯

TCP/IP 指传输控制协议/网际协议（Transmission Control Protocol / Internet Protocol），是接入因特网的计算机之间进行通信的协议，是全球使用最广泛、最重要的一种网络通信协议。

1. 主机名

主机名（Hostname）用来标识网络中的计算机。在一个局域网中，为区分不同的计算机，可以为每台机器设置一个主机名，以方便操作者相互访问。比如，在局域网中可以根据每台机器的功用来为其命名，如 706Server、706student1、706FTP 等。如果某一主机在 DNS 服务器上进行过域名注册，那么其主机名和域名通常是相同的。

2. IP 地址

IP 地址（Internet Protocol Address）就是网络中计算机的门牌号。Internet 上的每台主机都有一个唯一的 IP 地址。IP 协议就是使用这个地址在主机之间传递信息的，否则在信息传送过程中无法识别信息的接收方和发送方。IP 地址一定要设置在主机的网卡上，网卡的 IP 地址等同于主机的 IP 地址。

IP 地址采用 "X. X. X. X" 的格式，每个 X 的取值范围都是 0 ～ 255。传统上将 IP 地址分为 A、B、C、D、E 这 5 类，其中，A、B、C 类（如表 8-1 所示）用于设置主机的 IP 地址，D、E 类较少使用。

表 8-1　IP 地址分类

类　　别	IP 地址范围	默认的子网掩码
A	0. 0. 0. 0～127. 255. 255. 255	255. 0. 0. 0
B	128. 0. 0. 0～191. 255. 255. 255	255. 255. 0. 0
C	192. 0. 0. 0～223. 255. 255. 255	255. 255. 255. 0

在所有的 IP 地址中，以 127 开头的 IP 地址不可用于指定主机，它被称为**回送地址**，供计算机的各个网络进程之间进行通信时使用。同一网络中，每一台主机的 IP 地址必须不同，否则会造成 IP 地址的冲突。

3. 子网掩码

子网掩码（Subnet Mask）是一个 32 位地址，用于将某个 IP 地址划分成网络地址和主机地址两部分。子网掩码不能单独存在，它必须结合 IP 地址一起使用。为了保证网络的安全和减轻网络管理的负担，有时会把一个网络分成多个部分，而分出的部分就称为"子网"。与之相对应的子网掩码用来区分不同的子网，其表现形式与 IP 地址一样。在一般的网络应用中，如果不进行子网划分，就直接采用默认的子网掩码。

4. 网关地址

设置主机的 IP 地址和子网掩码后，该主机就可以使用 IP 地址与同一网段的其他主机进行通信了，但是不能与不同网段中的主机进行通信。即使两个网段连接在同一台

交换机（或集线器）上，TCP/IP 协议也会根据子网掩码判定主机是否处在不同的网络，要实现这两个网络之间的通信，必须通过网关来实现。因此，还必须设置**网关地址**（Gateway Address），以便使自己的计算机能够与不同网段的主机进行通信。该网关地址一定是同网段主机的 IP 地址。

5. 域

域（Domain） 是 Windows 网络中独立运行的单位，是一个有安全边界的计算机集合。域之间的相互访问需要建立信任关系（Trust Relation）。信任关系是域与域之间的桥梁。当一个域与其他域建立了信任关系后，两个域之间不但可以按需要相互进行管理，还可以跨网分配文件和打印机等设备资源，使不同域之间实现网络资源的共享与管理。

6. 域名

由于 IP 地址是数字标识，使用时难以记忆和书写，因此在 IP 地址的基础上又发展出一种符号化的地址方案，来代替数字型的 IP 地址。每一个符号化的地址都与特定的 IP 地址对应，这样，网络上的资源访问起来就容易得多了。这个与数字型 IP 地址相对应的字符型地址，被称为**域名**（Domain Name）。域名通常是上网单位或机构的名称，是一个单位或机构在网络中的地址。一个公司如果希望在网络上建立自己的主页，就必须申请一个域名，域名也是由若干部分组成的，包括数字和字母。通过该地址，人们可以在网络上找到该公司的详细资料。

7. 域名服务器

在 Internet 上，域名与 IP 地址之间是一一对应的，域名虽然便于人们记忆，但机器之间只互相认识 IP 地址，它们之间的转换工作称为**域名解析**。域名解析需要由专门的域名解析服务器来完成，域名服务器（Domain Name Server，DNS）就是进行域名解析的服务器。域名解析包括两个方面：**正向解析**（从域名到 IP 地址的映射）和**反向解析**（从 IP 地址到域名的映射）。

Internet 中存在大量的 DNS 服务器，每台 DNS 服务器都保存着其管辖的区域中主机域名与 IP 地址的**对照表**。当用户利用网页浏览器等应用程序访问用域名表示的主机时，会向指定的 DNS 服务器查询其映射的 IP 地址。如果这个 DNS 服务器找不到，则向其他 DNS 服务器求助，直到找到 IP 地址，并将该 IP 地址返回给发出请求的应用程序，应用程序才能与该 IP 地址的主机进行通信，并获取该主机的相关服务和信息。

8. Linux 的网络接口

Linux 内核中定义了不同的网络接口，其中包括以下几种。

（1）lo 接口

lo 接口表示本地**回送接口**，用于网络测试，以及本地主机各网络进程之间的通信。无论哪种应用程序，只要使用回送地址 127. * . * . *（如 127.0.0.1 等）发送数据，都不进行任何真实的网络传输。Linux 系统默认包含回送接口。

（2）eth 接口

eth 接口表示网卡设备接口，通过附加数字来反映物理网卡的序号。如第 1 块网卡称为 eth0，第 2 块网卡称为 eth1，以此类推。

（3）ppp 接口

ppp 接口表示 ppp 设备接口，通过附加数字来反映 ppp 设备的序号。第 1 个 ppp 接口称为

ppp0，第 2 个 ppp 接口称 ppp1，以此类推。采用 ADSL 等方式接入因特网时使用 ppp 接口。

9. Linux 网络端口

采用 TCP/IP 的服务器可为客户机提供各种网络服务，如 WWW 服务、FTP 服务等。为区别不同类型的网络连接，TCP/IP 利用端口号来进行区别。端口号的取值范围是 0 ～ 65 535。根据服务类型的不同，Linux 将端口号分为三大类，分别对应不同类型的服务，如表 8-2 所示。

表 8-2　端口号的分类

端 口 范 围	含　义
0～255	用于最常用的服务的端口，包括 FTP、WWW 等
256～1 024	用于其他的专用服务
1 024 以上	用于端口的动态分配

TCP/IP 中，最常用的网络服务的默认端口号如表 8-3 所示。

表 8-3　标准的端口号

服 务 名 称	含　义	默认端口号
ftp - data	FTP 的数据传送服务	20
ftp - control	FTP 的命令传送服务	21
telnet	telnet 服务	23
smtp	简单邮件发送服务	25
pop3	简单邮件接收服务	110
nameserver	互联网名称服务	42
domain	域名服务	53
http	万维网（WWW）服务的超文本传输服务	80

 任务准备

1. 一台装有 RHEL 6. x Server 操作系统的计算机，且配备有 CD 或 DVD 光驱、音箱或耳机。

2. 从公司网络中心接入一根网线到该计算机。

 任务实施

1. 图形化方式（方案一）

步骤 1　打开"网络连接"对话框

选择桌面顶部面板上的"**系统**"→"**首选项**"→"**网络连接**"菜单命令，弹出如图 8-1 所示的"**网络连接**"对话框。

图8-1 "网络连接"对话框

【提示】安装 RHEL 6.x Server 时，系统会自动安装计算机的网卡，默认情况下，网卡设备名为"System eth0"，采用 DHCP 方式自动获取 IP 地址，并在开机之后自动激活。

步骤2 配置网卡的 IP 地址、子网掩码、网关地址、DNS

① 在"有线"选项卡中，选中网卡设备"System eth0"，单击右侧的"编辑"按钮，弹出如图8-2所示"正在编辑 System eth0"对话框，在"IPv4 设置"选项卡中，选中"方法"下拉列表框中的"手动"选项，单击"添加"按钮，然后在"地址"文本框中输入"192.168.8.50"，在"子网掩码"文本框中输入"24"或"255.255.255.0"，在"网关"文本框中输入"192.168.8.1"，在"DNS 服务器"文本框中输入"192.168.8.5,192.168.8.6"，选中"需要 IPv4 地址完成这个连接"和"对所有用户可用"这两个复选框。单击"应用"按钮，返回图8-1所示的对话框。

② 在"正在编辑 System eth0"对话框的"IPv4 设置"选项卡中，也可选中"方法"下拉列表框中的"自动（DHCP）"选项，DNS 服务器将自己获取，如图8-3所示。单击"应用"按钮，返回图8-1所示的对话框。

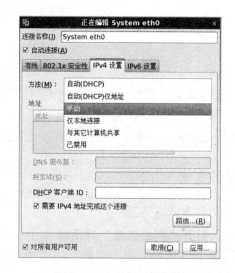

图8-2 静态 IP 地址设置　　　图8-3 动态 IP 地址设置

【提示】在图8-2中，单击"路由"按钮可设置网卡所采用的静态网络路由。在"有线"选项卡中可查看网卡的 MAC 地址值。

步骤3　设置主机名

主机名在系统安装的时候就输入了，可参考本书的系统安装部分，也可参考本子情境的"Shell 命令方式（方案二）"。

另外，还可以在图8-2所示的"搜索域"文本框中指定 DNS 的搜索域。对 DNS 服务器和 DNS 搜寻路径的设置将保持在/etc/resolv.conf 文件中。

步骤4　**配置其他方式上网**

（1）配置无线上网

在图8-1所示的"网络连接"对话框中选择"无线"选项卡，如图8-4所示，单击右侧的"添加"按钮，弹出如图8-5所示的对话框，依次在"无线"、"无线安全性"、"IPv4 设置"选项卡中输入无线上网的相应参数。最后单击"应用"按钮，返回图8-4所示的对话框，完成无线上网的配置。

图 8-4　"无线"选项卡

图 8-5　无线连接设置

（2）配置 DSL 上网

在如图8-1所示的"网络连接"对话框中选择 DSL 选项卡，如图8-6所示，单击右侧的"添加"按钮，弹出如图8-7所示的对话框，依次在 DSL、"PPP 设置"、"IPv4 设置"选项卡中输入 DSL 拨号上网的相应参数。最后单击"应用"按钮，返回图8-6所示的对话框，完成 DSL 拨号上网的配置。

步骤5　**激活网卡**

单击桌面顶部面板右部的网络管理器图标，弹出快捷菜单，可以断开或激活网卡。

Ⅱ．Shell 命令方式（方案二）

步骤1　**打开配置文件 ifcfg – eth0**

右击桌面空白处，弹出快捷菜单，选择"在终端中打开"命令，打开一个终端窗口。在终端命令行提示符后输入 gedit 命令，打开配置文件 ifcfg－eth0，如图 8-8 所示。

图 8-6　DSL 选项卡　　　　　　　　图 8-7　DSL 连接设置

图 8-8　输入打开配置文件 ifcfg－eth0 的命令

步骤 2　修改文件 ifcfg－eth0 的内容

此时弹出如图 8-9 所示的 gedit 编辑器窗口，按下列方法修改 ifcfg－eth0 文件内容。

① 设置静态 IP，修改后的文件内容如图 8-9 所示。

② 此时也可配置动态 IP 地址，只需将文件 ifcfg－eth0 按图 8-10 所示的内容修改即可。

图 8-9　静态 IP 地址网卡配置文件内容　　　　图 8-10　动态 IP 地址网卡配置文件内容

修改完毕后保存并关闭 gedit 编辑器。

【提示】也可以使用命令"ifconfig eth0 192.168.8.50"设置静态 IP，使用命令"ifconfig eth0 dynamic"可设置动态获取 IP 地址。但这样的修改是临时性的，并不保存到配置文件中。

步骤3 **设置主机名**

在终端命令提示符后输入 gedit 命令，打开配置文件/etc/sysconfig/network，将主机名改成 rhel6hbzy，如图 8-11 所示。

图 8-11 设置主机名

步骤4 **设置搜索域和 DNS**

在终端命令提示符后输入 gedit 命令，打开配置文件/etc/resolv.conf，将 DNS 改成 192.168.8.5 和 192.168.8.6，如图 8-12 所示，到此网卡设置完成。

图 8-12 编辑 DNS 文件 resolv.conf

步骤5 **激活网卡**

在终端命令提示符后输入"service network restart"或"/etc/init.d/network restart"命令，激活网卡，如图 8-13 所示。

【提示】最好先用"service NetworkManager stop"命令停止 NetworkManager 服务，并用 "chkconfig NetworkManager off"永久关闭 NetworkManager。

图 8-13 激活网卡

任务检测

1. 测试网络的连通性

在终端命令行提示符后输入命令"ping - c　2　192.168.8.50"，进行测试，如图 8-14 所示，结果显示网络连通正常。

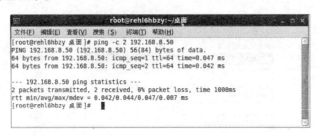

图 8-14　用 ping 命令测试网络连通性

2. 浏览网页

单击桌面顶部面板上的 Web 浏览器图标，弹出 Firefox 浏览器窗口，在地址栏输入"www. sohu. com"并按 Enter 键，进入搜狐网，如图 8-15 所示，表示网络配置成功。

图 8-15　打开搜狐网站

知识与技能拓展

1. Linux 网络的配置文件

/etc 目录中包含一系列与网络配置相关的文件和目录。

（1）/etc/services 文件

services 文件列出了系统中所有可用的**网络服务**、所使用的端口号及通信协议等数据。如果两个网络服务需要使用同一个端口号，那么它们必须使用不同的通信协议。同样，如果两个网络服务使用同一通信协议，则它们使用的端口号一定不同。一般不修改此文件的内容。

（2） /etc/sysconfig/network – scripts 目录

network – scripts 目录包含网络接口的配置文件及部分网络命令，其中一定包括以下内容。

① ifcfg-eth0：第 1 块网卡接口的配置文件。

② ifcfg-lo：本地回送接口的相关信息。

（3） /etc/hosts 文件

hosts 文件用于保留主机域名与 IP 地址的对应关系。在计算机网络的发展初期，系统可利用 hosts 文件查询域名所对应的 IP 地址。随着 Internet 的迅速发展，现在一般通过 DNS 服务器来查找域名所对应的 IP 地址。但是 hosts 文件仍被保留，用于保存经常访问的主机的域名和 IP 地址，可提高访问速度。

（4） /etc/resolv. conf 文件

该文件列出客户机所使用的 DNS 服务器的相关信息，其中可供设置的项目如下。

① nameserver：设置 DNS 服务器的 IP 地址，最多可以设置 3 个，且每个 DNS 服务器的记录自成一行。当主机需要进行域名解析时，首先查询第 1 个 DNS 服务器，如果无法成功解析，则查询第 2 个 DNS 服务器。

② domain：指定主机所在的**网络域名**，可以不设置。

③ search：指定 DNS 服务器的**域名搜索列表**，最多可以设置 6 个。其作用在于，进行域名解析工作时，系统将此处设置的网络域名自动加在要查询的主机名之后，然后进行查询。通常不设置此项。

2. 配置网络的 Shell 命令

（1） service 命令

功能：启动、终止或重启指定的服务。

格式：service 服务名 start｜stop｜restart

例如，启动 Apache 服务器，重启 network 服务，停止 named 服务，如图 8-16 所示。

（2） hostname 命令

功能：查看或临时修改计算机的主机名。

格式：hostname ［主机名］

例如，设置、查看主机名的方法，如图 8-17 所示。

图 8-16　service 命令使用实例

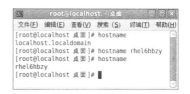

图 8-17　使用 hostname 命令设置、查看主机名

【提示】需要注意的是，hostname 命令只能在本次运行中修改主机名。如果需要永久性修改主机名，则需要修改 /etc/sysconfig/network 文件，设置其中的 HOSTNAME 值。

（3）ifup 命令

功能：启用网络接口。

格式：ifup 网络接口

例如：ifup eth0 用于启用网卡 eth0，等同于"ifconfig eth0 up"。

（4）ifdown 命令

功能：停用网络接口。

格式：ifdown 网络接口

例如：ifdown eth0 用于停用网卡 eth0，等同于"ifconfig eth0 down"。

（5）ping 命令

功能：测试网络的连通性。

格式：ping［－c 次数］IP 地址｜主机名

【提示】如果不指定发送数据包的次数，那么 ping 命令会一直执行下去，直到用户按 Ctrl＋C 组合键中断命令的执行，最后显示本次 ping 命令执行结果的统计信息。在实际应用中，"ping　127.0.0.1"命令可测试网卡是否正常，"ping　本机 IP 地址"命令可测试本机的 IP 地址配置是否正确。

例如：ping －c 2 www.sina.com.cn 用于测试与新浪网的连通状况。

　　　ping －c 2 127.0.0.1 用于测试网卡是否正常。

（6）route 命令

功能：查看内核路由表的配置情况，添加或取消网关 IP 地址。

格式：route［［add｜del］default gw 网关的 IP 地址］

例如：route 用于查看当前内核路由表的配置情况。

　　　route　add　default　gw　192.168.8.1 用于添加网关，其 IP 地址为 192.168.8.1。

 任务总结

通过本任务的实施，应掌握下列知识和技能：

● 网络配置的基本概念和常识

● 图形化方法配置网络的方法（重点）

● 命令方式配置网络的方法（重点、难点）

● Linux 网络的配置文件（重点）

● 配置网络的 Shell 命令

8.2　子情境：多 IP、虚拟网卡、设备别名的配置

任务描述

由于公司业务很多，公司购买了一台专业服务器，拟建立多个服务系统（WWW、DNS、

FTP、DHCP、E－mail 等），且要求可自由接入 Internet、教育网、内部专用网等。公司网络中心拟采用虚拟网卡使服务器自由接入网络，同时采用设备别名解决一台计算机配置多个服务系统的问题，具体方案如下。

1. 物理网卡 IP 地址为 192.168.8.50，子网掩码为 255.255.255.0，网关为 192.168.8.1，主机名为 rhel6hbzy，用于接入 Internet。同时设置多个 IP 备用，具体信息如下：IP1 为 172.16.1.188，网关 1 为 172.16.1.1，IP2 为 172.16.8.100，网关 2 为 172.16.8.1。

2. 建立两个虚拟网卡，一个使用静态 IP 地址，IP 地址为 172.16.1.180，子网掩码为 255.255.255.0，网关为 172.16.1.1，用于接入教育网；另一个采用自动获得 IP 地址，用于接入内部专用网。

3. 服务器的 IP 地址与主机名一一对应，如表 8-4 所示。

表 8-4 服务器的 IP 地址和主机名

IP 地址	主 机 名	别 名
192.168.8.5	dns.hbvtc.edu.cn	dns
192.168.8.6	slave.hbvtc.edu.cn	slave
192.168.8.7	www.hbvtc.edu.cn	www
192.168.8.8	ftp.hbvtc.edu.cn	ftp
192.168.8.9	dhcp.hbvtc.edu.cn	dhcp
192.168.8.10	smtp.hbvtc.eud.cn	smtp

 任务实施流程

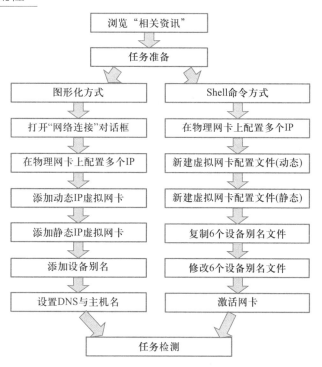

 相关资讯

每个物理硬件设备都可以创建多个**虚拟网络设备**。在 Linux 中，每个物理网卡都可以配置为多个**虚拟网卡**，这些虚拟网卡都与该物理网卡相关联，从而满足不同网络环境的要求。当激活其中的一个虚拟网卡时，其他虚拟网卡虽然也显示为活跃状态，但只有被激活的那个可使用。

设备别名（Device aliases）是和同一物理硬件相关联的虚拟设备。在 Linux 中，可以为一个使用静态 IP 地址的网卡添加多个设备别名，分别配置其 IP 地址，并且它们可以被同时激活、被同时使用。设备别名通常使用设备名、冒号和数字来表示，如 eth0:1。它们在用户想给系统设置多个 IP 地址却只有一个网卡时很有用处。

虚拟网络设备与设备别名不同。和同一物理设备相关联的虚拟网络设备必须存在于不同的配置文件中，且不能被同时激活。设备别名也可与同一物理硬件设备相关联，且这些设备别名能够被同时激活。

配置文件（Profiles）可以被用来为不同的网络创建多个**配置集合**。配置集合中除了主机和 DNS 设置外，还可以包含虚拟设备。配置了配置文件后，可以使用网络管理工具在它们之间切换使用。

 任务准备

1. 一台装有 RHEL 6. x Server 操作系统的服务器，且安装有多个服务系统。

2. Internet、教育网、内部专用网的接入网线均接入到了网络中心。

3. 物理网卡 IP 地址为 192. 168. 8. 50，子网掩码为 255. 255. 255. 0，网关为 192. 168. 8. 1，主机名为 rhel6hbzy。

任务实施

Ⅰ. 图形化方式（方案一）

步骤 1　打开"网络连接"对话框

选择桌面顶部面板上的"系统"→"首选项"→"网络连接"菜单命令，弹出如图 8-18 所示的"网络连接"对话框。

步骤 2　在物理网卡上配置多个 IP

在"有线"选项卡中选中网卡"System eth0"，单击"编辑"按钮，打开"正在编辑 System eth0"对话框，选择"IPv4 设置"选项卡，如图 8-19 所示。

单击"添加"按钮，在"地址"文本框中输入"172. 16. 1. 188"，在"子网掩码"文本框中输入"255. 255. 255. 0"，在"网关"文本框中输入"172. 16. 1. 1"。

接着添加" 172. 16. 8. 100　255. 255. 255. 0　172. 16. 8. 1"，勾选"需要 IPv4 地址完成这个连接"和"对所有用户可用"这两个复选框完成多个 IP 的配置，如

图 8-18　"网络连接"对话框

图 8-20 所示。单击"应用"按钮返回图 8-18 所示"网络连接"对话框。

正在编辑 System eth0	正在编辑 System eth0

图 8-19 "IPv4 设置"选项卡　　　　　　图 8-20 配置多个 IP

步骤 3　添加动态 IP 虚拟网卡

在图 8-18 中的"有线"选项卡中选中网卡"System eth0"，单击"添加"按钮，弹出"正在编辑有线连接 1"对话框，如图 8-21 所示。将"连接名称"改成"virtual1"，并选中"IPv4 设置"选项卡，在"方法"下拉列表框中选择"自动（DHCP）"选项，勾选"对所有用户可用"复选框生成虚拟网卡"virtual1"，单击"应用"按钮，完成一个自动分配 IP 的虚拟网卡配置。

步骤 4　添加静态 IP 虚拟网卡

在图 8-18 中的"有线"选项卡中，选中网卡"System eth0"，单击"添加"按钮，弹出"正在编辑有线连接 1"对话框，如图 8-22 所示。将"连接名称"改成"virtual2"，并选中"IPv4 设置"选项卡，在"方法"下拉列表框中选择"手动"选项。

然后单击"添加"按钮，并在"地址"文本框中输入"172.16.1.180"，在"子网掩码"文本框中输入"255.255.255.0"，在"网关"文本框中输入"172.16.1.1"，然后在"DNS 服务器"文本框中输入"192.168.8.5，192.168.8.6"并勾选"需要 IPv4 地址完成这个连接"和"对所有用户可用"复选框，单击"应用"按钮完成的，配置完成后的网络连接如图 8-23 所示。

图 8-21 配置动态 IP 虚拟网卡

【提示】在不同的网络环境下，可激活不同的虚拟网卡。使用虚拟网卡时，当激活其中的一个虚拟网卡时，另一虚拟网卡也显示为活跃状态，但实际上只有最后被激活的虚拟网卡被使用。激活网卡的命令是"ifup 网卡名"，如：ifup eth0、ifup virtual1 等（要先停止 NetworManager 服务）。

图 8-22 配置静态 IP 虚拟网卡　　　　　　图 8-23 添加完虚拟网卡后的网络连接

步骤 5　添加设备别名

① 在终端窗口中，输入"setup"，按 Enter 键后弹出如图 8-24 所示的"选择一种工具"界面，用上下方向键选中"网络配置"选项后按 Enter 键，弹出如图 8-25 所示的"选择动作"界面，用上下方向键选择"设备配置"选项，按 Enter 键后弹出如图 8-26 所示的"选择设备"界面。

图 8-24 "选择一种工具"界面　　　　　　图 8-25 "选择动作"界面

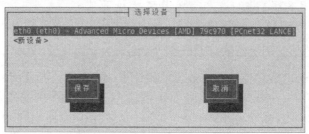

图 8-26 "选择设备"界面

② 用上下方向键选中"〈新设备〉"选项，按 Enter 键，弹出如图 8-27 所示的"网络配置"界面。选中"以太网"选项，按 Enter 键（或用 Tab 键切换到"添加"按钮后按 Enter 键），弹出如图 8-28 所示的"网络配置"界面。在"名称"文本框中输入"eth0:0"在"设备"文本框中输入"eth0:0"，在"静态 IP"文本框中输入"192.168.8.5"，在"子网掩码"文本框中输入"255.255.255.0"，在"默认网关 IP"文本框中输入"192.168.8.1"，在"主 DNS 服务器"和"第二 DNS 服务器"文本框中输入合适的 IP 地址，如图 8-28 所示。

图 8-27 "网络配置"界面

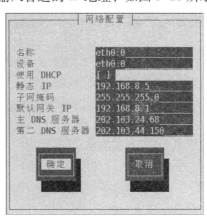

图 8-28 配置设备

③ 用 Tab 键或上下方向键选择"确定"按钮，按 Enter 键，返回如图 8-29 所示的"选择设备"界面，从该界面中可以看到新创建的设备别名 eth0:0。

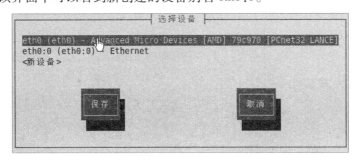

图 8-29 创建设备别名 eth0:0 后的"选择设备"界面

④ 重复②～③的操作，依次添加如表 8-5 所示的设备别名。

表 8-5 设备别名

IP 地址	别 名	设备别名号码
192.168.8.6	eth0:1	1
192.168.8.7	eth0:2	2
192.168.8.8	eth0:3	3
192.168.8.9	eth0:4	4
192.168.8.10	eth0:5	5

添加完成后，结果如图 8-30 所示。用 Tab 键选中"保存"按钮，按 Enter 键返回"选择动作"界面。用 Tab 键选中"保存并退出"按钮，按 Enter 键返回"选择一种工具"界面。用 Tab 键选中"退出"按钮，按 Enter 键退出 setup 配置工具。至此设备别名添加完成。

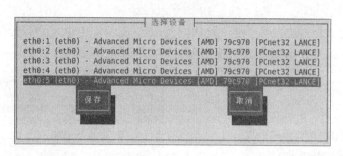

图 8-30　添加设备别名后的结果

步骤 6　设置 DNS 与主机名

在图 8-25 所示的"选择动作"界面中，选中"DNS"选项，按 Enter 键后弹出"DNS 配置"界面，在"主机名"文本框中输入"rhel6hbzy"，在"主 DNS"、"第二 DNS"文本框中依次输入"192.168.8.5"和"192.168.8.6"，如图 8-31 所示。单击"确定"按钮，完成 DNS 和主机名的配置。

步骤 7　查看多 IP、设备别名、虚拟网卡配置结果

选择桌面顶部面板上的"系统"→"首选项"→"网络连接"菜单命令，弹出"网络连接"对话框，"有线"选项卡中显示了配置虚拟网卡及设备别名的结果，如图 8-32 所示。

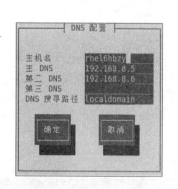

图 8-31　主机名及 DNS 设置

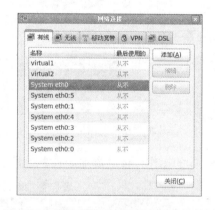

图 8-32　添加虚拟网卡及设备别名的结果

Ⅱ. Shell 命令方式（方案二）

步骤 1　在物理网卡上配置多个 IP

右击桌面空白处，弹出快捷菜单，选择"在终端中打开"命令，打开一个终端窗口。在终端命令提示符后输入如图 8-33 所示的 gedit 命令，并按 Enter 键，弹出 gedit 编辑器窗口，输入如图 8-34 所示的内容，设置网卡 eth0 的多个 IP 基本参数。

图 8-33　输入 gedit 命令

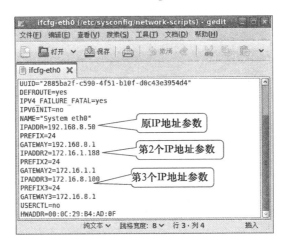

图 8-34　输入网卡 eth0 配置多个 IP 的文件内容

步骤 2　新建虚拟网卡配置文件 ifcfg – virtual1（动态 IP）

右击桌面空白处，弹出快捷菜单，选择"在终端中打开"命令，打开一个终端窗口。在终端命令提示符后输入如图 8-35 所示的 gedit 命令，并按 Enter 键，弹出 gedit 编辑器窗口，输入如图 8-36 所示的内容，设置虚拟网卡 virtual1 的基本参数。

图 8-35　输入 gedit 命令

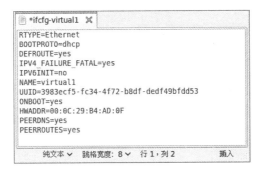

图 8-36　输入虚拟网卡 virtual1 文件内容

【提示】也可以复制 ifcfg – eth0 文件，将其改成如图 8-36 所示的内容。

步骤 3　编辑虚拟网卡配置文件 ifcfg – virtual2（静态 IP）

在终端命令提示符后输入如图 8-37 所示的 gedit 命令，并按 Enter 键，弹出 gedit 编辑器窗口，输入如图 8-38 所示的内容，设置虚拟网卡 virtual2 的基本参数。

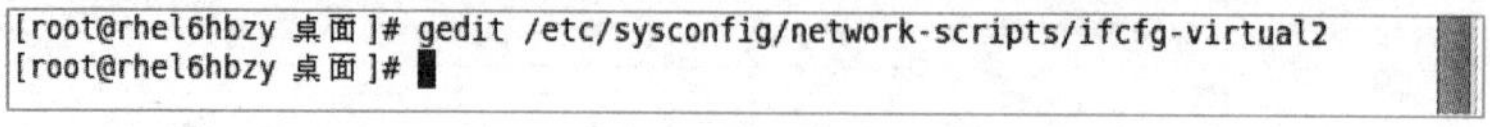

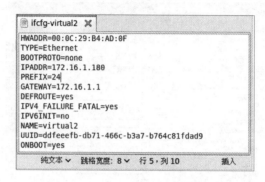

图 8-37 输入 gedit 命令

图 8-38 输入虚拟网卡 virtual2 文件内容

【提示】也可以复制 ifcfg – eth0 文件，将其改成如图 8-38 所示的内容。

步骤 4 复制 6 个设备别名文件

在命令提示符后用 cd 命令进入"/etc/sysconfig/network – scripts"目录，然后重复使用 cp 命令复制 ifcfg – eth0 文件，改名为 ifcfg – eth0:0 ～ ifcfg – eth0:5，如图 8-39 所示。

【提示】也可以跳过此步骤，不复制而直接新建 6 个配置文件。

步骤 5 修改设备别名文件 ifcfg – eth0:0

在命令提示符后输入命令"gedit /etc/sysconfig/network – scripts/ifcfg – eth0:0"并按Enter 键，弹出 gedit 编辑器窗口，编辑 ifcfg – eth0:0 文件，如图 8-40 所示。

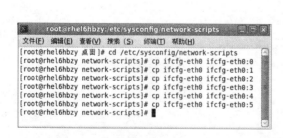

图 8-39 复制 6 个文件 ifcfg – eth0:0～
ifcfg – eth0:5

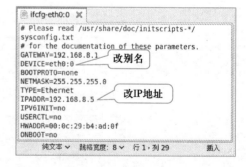

图 8-40 编辑虚拟网卡配置文件
ifcfg – eth0:0

步骤 6 依次修改设备别名文件 ifcfg – eth0:1 ～ ifcfg – eth0:5

重复"步骤 4"的操作，依次修改文件 ifcfg – eth0:1、ifcfg – eth0:2、ifcfg – eth0:3、ifcfg – eth0:4、ifcfg – eth0:5。

【提示】每个文件要改两处：将"IPADDR =…"依次改为192.168.8.6、192.168.8.7、192.168.8.8、192.168.8.9、192.168.8.10；还要将"DEVICE =…"依次改成eth0:1、eth0:2、eth0:3、eth0:4、eth0:5。

步骤7 激活网卡

要激活网卡、虚拟网卡和多个设备别名，需用"service NetworkManager stop"命令停止网络管理NetworkManager服务，然后用"service network restart"命令重启network服务。

 任务检测

1. 检测设备别名

在终端窗口的命令行提示符后输入命令 ifconfig，检测 eth0 的设备别名情况，出现如图8-41所示的界面，表示eth0:0 ～ eth0:5配置成功。

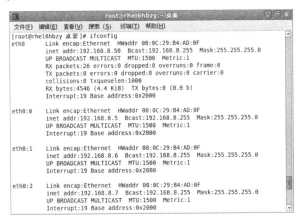

图8-41　检测eth0接口配置及设备别名情况

依次输入命令"ping － c 2 192.168.8.50"、"ping － c 2 172.16.1.188"，"pring － c 2 172.16.8.100"，出现如图8-42所示的界面，测试多IP地址的连通情况。

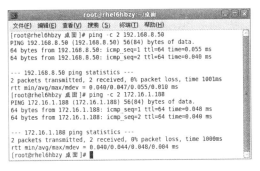

图8-42　测试多IP地址的连通情况

继续输入命令"ping － c 2 192.168.8.5"，出现如图8-43所示的界面，表示IP地址是连通的。依次输入 ping 192.168.8.6 ～ 192.168.8.10，可测试其余IP地址的连通情况。

【提示】也可用 ip add show eth0 命令显示 eth0 上的多 IP，用 ip add show 命令显示所有网卡上的所有 IP。

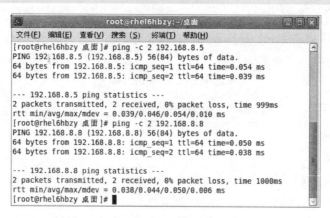

图 8-43　测试设备别名的 IP 地址连通情况

2. 检测虚拟网卡

在物理网卡和虚拟网卡共存的情况下，只能一个设备被激活，因此要检测虚拟网卡的连通情况，必须停用其他的网卡才能进行。停用网卡可以用 ifdown 命令。检测方法同上，这里不再赘述。

 知识与技能拓展

ifconfig 命令

格式：ifconfig［网络接口名］［IP 地址］［netmask 子网掩码］［up|down］

功能：查看网络接口的配置情况，并可设置网卡的相关参数，激活或停用网络接口。

例如，配置物理网卡 IP，新增设备别名 IP，如图 8-44 所示。

图 8-44　设置物理网卡和新增虚拟网卡 IP

任务总结

通过本任务的实施，应掌握下列知识和技能：

- 虚拟网卡和设备别名的概念、区别
- 设置虚拟网卡的方法（图形化方法、Shell 命令方法）（重点）
- 设置设备别名的方法（图形化方法、Shell 命令方法）（重点）
- 有关配置网络和管理服务的 Shell 命令

8.3 子情境：Linux 代理服务与安全

 任务描述

　　网络管理员小张经过认真思考，认为目前某公司是面向全球开展业务的，公司职员可能会大量访问国外的网站，尤其是研发部的职员，需要经常到国外网站查找资料。要提高访问国外网站的速度，需要使用代理服务器上网，同时还要做好安全配置。具体情况如下。

　　1. 设置代理服务器，提高访问国外 Web 网站的速度，HTTP 代理服务器的 IP 为 155.98.35.4，端口为 3127。

　　2. 设置 Linux 系统的安全级别为允许 FTP、WWW、DHCP、DNS、SMTP 访问。

　　3. 设置允许访问的端口号为 8080。

 任务实施流程

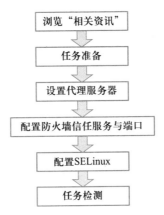

浏览"相关资讯"

任务准备

设置代理服务器

配置防火墙信任服务与端口

配置 SELinux

任务检测

 **相关资讯**

　　1. SELinux（Security – Enhanced Linux）

　　SELinux 是美国国家安全局（NAS）开发的一个 GPL 项目，是一个强制性的访问控制结构，是 Linux 上杰出的新安全子系统。SELinux 默认安装在 Fedora 和 Red Hat Enterprise Linux 上，其他发行版可以选装。

　　普通 Linux 的安全和传统的 UNIX 系统一样，基于**自主存取控制**（DAC）。只要符合规定的权限，如符合规定的所有者和文件属性等，即可存取资源。在传统的安全机制下，改变用户 ID，可能会使一些程序产生严重的安全隐患。

　　而 SELinux 是 2.6 版本的 Linux 内核中提供的**强制存取控制**（MAC）系统，通过强制性的安全策略，应用程序或用户必须同时符合 DAC 及对应的 SELinux 的 MAC 才能进行正常操作，否则都将遭到拒绝或失败，而这不会影响其他正常运行的程序和应用，并保持它们的安全体系结构。

对于目前可用的 Linux 安全模块来说，SELinux 的功能最全面，而且测试最充分，它是在 20 年的 MAC 研究基础上建立的。SELinux 在类型强制服务器中合并了多级安全性或一种可选的多类策略，并采用了基于角色的访问控制概念。

2. 服务器软件与网络服务

目前，越来越多的企业正基于 Linux 平台架设网络服务器，提供各种网络服务。运行于 Linux 系统下的常用网络服务软件如表 8-6 所示。

表 8-6　Linux 常用的网络服务软件

服 务 类 型	软 件 名 称	服 务 类 型	软 件 名 称
Web 服务	Apache	Samba 服务	Samba
Mail 服务	Sendmail、Postfix、Qmail	DHCP 服务	Dhcp
FTP 服务	Vsftpd、Wu－ftpd、Proftpd	数据库服务	MySQL、PostgreSQL
DNS 服务	Bind	流媒体服务	Helix

网络服务器软件安装配置后，通常由运行在后台的**守护进程**（Daemon）来执行，每一种网络服务器软件通常对应着一个守护进程。这些守护进程又被称为**服务**，系统开机之后就在后台运行，时刻监听客户端的服务请求。一旦客户端发出服务请求，守护进程就为其提供相应的服务。表 8-7 列出了与网络相关的服务。

表 8-7　与网络相关的服务

服 务 名	功 能 说 明
httpd	Apache 服务器的守护进程，用于提供 WWW 服务
dhcpd	DHCP 服务器的守护进程，用于提供 DHCP（动态主机控制协议）的访问支持
iptables	用于提供 iptables 防火墙服务
named	DNS 服务器的守护进程，用于提供域名解析服务
network	激活或停用各网络接口
sendmail	Sendmail 服务器的守护进程，用于提供邮件收发服务
smb	启动和关闭 smbd 和 nmbd 程序，以提供 SMB 网络服务
vsftpd	Vsftpd 服务器的守护进程，用于提供文件传输服务
mysqld	MySQL 服务器的守护进程，用于提供数据库服务

任务准备

1. 一台装有 RHEL 6. x Server 操作系统的计算机，且配备 CD 或 DVD 光驱、音箱或耳机。
2. 从公司网络中心接入一根网线到该计算机。

任务实施

步骤 1　设置代理服务器

选择桌面顶部面板上的"系统"→"首选项"→"网络代理"菜单命令，弹出"网络代理首选项"对话框，选中"代理服务器配置"选项卡，选中"手动配置代理服务器"单选按钮，在"HTTP 代理"文本框中输入"155.98.35.4"，在"端口"微调框中输入"3127"，如图 8-45 所示。单击"关闭"按钮完成设置。

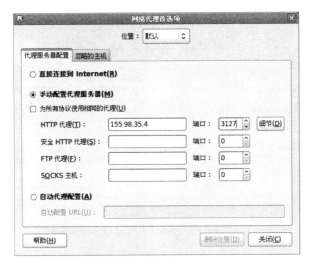

图 8-45　配置代理服务器

【提示】用户还可以设置其他网络服务的代理，或设置自动代理。

步骤 2　防火墙信任服务与端口配置

选择桌面顶部面板上的"系统"→"管理"→"防火墙"菜单命令，弹出"防火墙配置"窗口。

在"可信的服务"选项卡中，从"服务"列表中选中部分服务，允许这些服务穿过防火墙，如图 8-46 所示。

在"其他端口"选项卡中，单击"添加"按钮，弹出"端口和协议"对话框，如图 8-47 所示，选中端口为 8080 的条目，单击"确定"按钮。还可以在"端口和协议"对话框下方选择"用户定义的"复选框，并在"端口/端口范围"文本框中输入"8826"，如图 8-48 所示。单击"确定"按钮返回"防火墙配置"窗口，如图 8-49 所示。

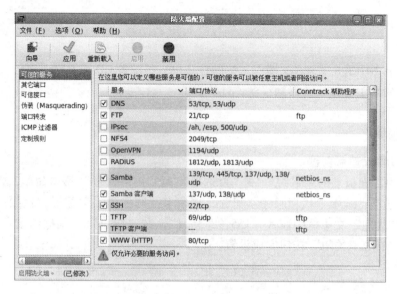

图8-46 选择可信的服务

图8-47 添加端口和协议 图8-48 自定义添加端口和协议

图8-49 添加端口和协议后的"防火墙配置"窗口

在"可信接口"选项卡中,从"接口"列表中选中部分接口,允许这些接口穿过防火墙,如图8-50所示。

图 8-50 配置可信接口

在"端口转发"选项卡中单击"添加"按钮，弹出"端口转发"对话框，选中接口"eth0"，选中协议"tcp"，选中端口"80"，选择"本地转发"复选框，选择端口"8000"，如图 8-51 所示，单击"确定"按钮。继续在"端口转发"选项卡中单击"添加"按钮，弹出"端口转发"对话框，在该对话框中进行相关设置，如图 8-52 所示，单击"确定"按钮返回"防火墙配置"窗口，如图 8-53 所示。

单击"应用"按钮，完成防火墙信任服务与端口设置，然后关闭"防火墙配置"窗口。

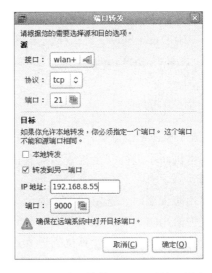

图 8-51 设置本地端口转发   图 8-52 设置其他 IP 地址及端口转发

图 8-53 端口转发设置后的"防火墙配置"窗口

步骤 3 配置 SELinux

在终端窗口输入如图 8-54 所示的命令，对 SELinux 配置文件进行编辑，编辑内容，如图 8-55 所示，完成设置。

图 8-54 输入 SELinux 配置文件命令

图 8-55 编辑 SELinux 配件文件内容

SELinux 启用有 3 种模式：强制（Enforcing）、允许（Permissive）、禁用（Disabled）。

SELinux 启用有两种类型：针对性保护（Targeted）、全面保护（MLS）。

【提示】RHEL 6. x Server 默认强制启用 SELinux，可以用"seten force0"命令禁用或者"setenforce1"允许使用 SELinux。

 知识与技能拓展

在 RHEL 6. x Server 中可启用防火墙，也可以禁用防火墙。设置为禁用防火墙时，其他计算机可以访问本机而不进行安全检查。只有在一个可信任的局域网中，才能将网络服务器设置为禁用防火墙。

设置为启用防火墙时，选定的选项就会写入/etc/sysconfig/iptables 文件，并启动 iptables 服务。如果设置为禁用防火墙，那么/etc/sysconfig/iptables 文件就会被删除，iptables 服务也会立即停止。系统将拒绝来自其他计算机的进入连接。对于不提供网络服务的计算机而言，这是最安全的选择。

 任务总结

通过本任务的实施，应掌握下列知识和技能：
- 服务器软件和网络服务的基本知识
- 防火墙、SELinux 等安全级别的概念
- 设置代理服务器的方法（重点）
- 配置防火墙信任服务及端口的方法（重点）
- 配置 SELinux 的方法

情境总结

　　通过本学习情境的学习，用户可以了解到，主机可通过两种途径获得网络配置参数：一种是由网络中的 DHCP 服务器动态分配后获得，另一种是用户手工配置。如果用户想使用静态 IP 上网而又不知道网络的具体情况，可以先通过动态方法获得 IP 地址、子网掩码、网关地址、DNS 服务器地址等参数，然后用这些参数以配置静态 IP 的方式上网。

　　用户既可以利用 Red Hat 提供的图形化配置工具进行网络配置，也可以利用 Shell 命令进行网络配置。

　　Linux 中常用的网络接口有 eth0 接口、lo 接口。eth0 接口与以太网卡设备有关，而 lo 接口是系统自带的本地回送接口，用于主机中各网络进程之间的通信。

　　Linux 主机能够使用代理服务器接入网络，同时还具有强大的防火墙功能，且 SELinux 是目前非常安全的防火墙之一。

操作与练习

一、选择题

1. 某主机的 IP 地址为 192.168.8.5，那么其默认的子网掩码是什么？（　　）

　　A）255.0.0.0　　　　　　　　　　　　B）255.255.0.0

　　C）255.255.255.0　　　　　　　　　　D）255.255.255.255

2. eth0 表示什么设备？（　　）

　　A）显卡　　　　　　　B）网卡　　　　　　　C）声卡　　　　　　D）视频压缩卡

3. Linux 常用网络端口的范围是什么？（　　）

　　A）0～255　　　　　B）256～1 024　　　　C）1 024 以上　　　D）0～128

4. FTP 服务使用的端口号是多少？（　　）

　　A）18　　　　　　　B）21　　　　　　　　C）23　　　　　　　D）25

5. 与"ifup eth0"命令功能相同的命令是哪个？（　　）

　　A）ifdown eth0 up　　　　　　　　　　B）ifconfig up eth0

　　C）ipconfig up eth0　　　　　　　　　D）ifconfig eth0 up

6. 发送 10 个分组报文，测试与主机 hbzy.edu.cn 的连通性，使用的命令是什么？（　　）

　　A）ping – a 10 hbzy.edu.cn　　　　　　B）ping – c 10 hbzy.edu.cn

　　C）ifconfig – c 10 hbzy.edu.cn　　　　D）route – c 10 hbzy.edu.cn

7. DNS 网络服务的守护进程是哪个？（　　）

　　A）ipd　　　　　　　B）netd　　　　　　　C）httpd　　　　　　D）named

8. 虚拟网卡与设备别名的区别是什么？（　　）

　　A）虚拟网卡与设备别名完全一样，没有区别

　　B）虚拟网卡可独立使用，设备别名不能独立使用

　　C）虚拟网卡不能独立使用，设备别名可独立使用

D）虚拟网卡与物理网卡是兄弟关系，而设备别名与物理网卡是子父关系

9. 下面哪个选项不是代理服务器的种类？（　　）

　A）HTTP　　　　　　　B）TP　　　　　　　C）TCP/IP　　　　　　D）SOCKS

10. Web 服务的软件名称是什么？（　　）

　A）Apache　　　　　　B）Bind　　　　　　C）Named　　　　　　D）Samba

二、操作题

1. 用图形化方式配置网卡 eth0。其 IP 地址为 172.16.0.8，子网掩码为 255.255.255.224，网关为 172.16.0.1，DNS 为 202.103.0.117 和 202.103.0.68。

2. 用 Shell 命令方式完成操作题 1 的任务。

3. 用图形化方式建立虚拟网卡 eth0Copy3，IP 地址为 172.16.8.8，子网掩码为 255.255.255.128，网关为 172.16.8.1。

4. 用 Shell 命令方式完成操作题 3 的任务。

5. 用图形化方式建立设备别名 eth08，IP 地址为 172.16.10.8，子网掩码为 255.255.255.128，网关为 172.16.10.1。

6. 用 Shell 命令方式完成操作题 5 的任务。

7. 配置防火墙，使得用户能通过端口 8008 访问该计算机。

8. 配置防火墙，使得 FTP 服务能穿过防火墙。

9. 设置代理服务器，代理方式为 FTP，IP 为 218.36.54.18，端口为 8932。

10. 设置代理服务器，直接使用地址 http://www.hbsd.com:8009。

学习情境 9
网络服务器配置

情境引入

　　某大型集团公司在全国拥有许多子公司，为提高工作效率，实现信息化管理，公司拟建立自己的网络中心，计划采用 Linux 操作系统来配置服务器。该公司选择天一网络技术开发公司为其设计方案并组织实施。公司要求建立总部网络办公系统，实现各部门资源共享，同时分别建立总公司和子公司的网站，并建设本公司的资源中心，为客户提供方便快捷的服务。

6,202,00
1,053,11

情境分析

天一网络技术开发公司系统部经反复讨论和研究，提出如下建设方案。

由于该公司的网络办公系统中存在 Windows、Linux 等多种操作系统平台，为了使这些平台之间能够相互访问并共享资源，应配置 Samba 服务器；要建设总公司、各子公司的网站及资源中心，可以通过一个 WWW 服务器负责 Web 站点的管理与发布，通过一个 DNS 服务器负责各 Web 站点的域名解析，通过一个 DHCP 服务器负责 IP 自动分配，通过一个 FTP 服务器提供资源下载服务，通过一个 SMTP 服务器提供邮件服务。该公司网络中心的网络拓扑图如图 9-1 所示。

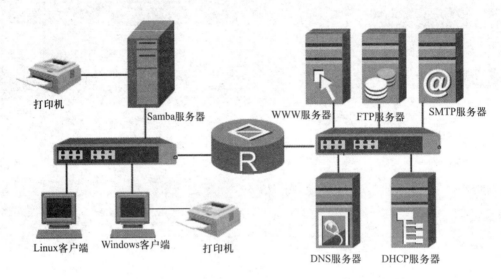

图 9-1　网络中心的拓扑图

9.1 子情境：Samba 服务器的安装与配置

任务描述

为解决公司中的 MS Windows 计算机与 Linux 计算机之间的资源共享及打印机共享，公司的陈工程师提出建立并配置一台 Samba 服务器，具体描述如下。

1. Linux Samba 服务器和 MS Windows 的工作组均为 NET。

2. MS Windows 系统的计算机名为 windowshbzy，IP 地址为 192.168.8.100，提供对外的共享资源目录为 E:\xpshare，不需要密码和用户名就能访问。

3. Linux 系统的计算机名为 rhel6hbzy，IP 地址为 192.168.8.50，提供的共享目录为/etc/hbzy、/etc/hbvtc、/tmp。其中，能完全访问/etc/hbzy 目录的 Samba 用户只有 hbzy，密码为

hbzy123；能够完全访问/etc/hbvtc 目录的用户只有 hbvtc，密码为 hbvtc123；能够让所有人完全访问的目录为/tmp。

 任务实施流程

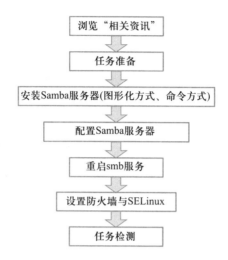

 相关资讯

1. SMB 协议与 Samba 软件

SMB（Server Message Block，服务信息块）协议是实现网络上不同类型计算机之间的文件和打印机共享服务的协议。SMB 的工作原理就是让 NetBIOS 协议与 SMB 协议运行在 TCP/IP 之上，并利用 NetBIOS 的名字解释功能让 Linux 计算机可以在 Windows 计算机的网上邻居中被看到，从而实现 Linux 计算机与 Windows 计算机之间相互访问共享文件和打印机。**Samba 服务器**的应用环境如图 9-1 所示。

Samba 是一组使 Linux 支持 SMB 协议的软件，Samba 的核心是两个守护进程 smbd 和 nmbd。smbd 负责建立对话、验证用户、提供文件和打印机共享服务等；nmbd 负责实现网络浏览。

2. Samba 服务器的软件包

RHEL 6. x Server 默认不安装 Samba 服务器，在终端的命令提示符后输入"rpm － q samba"命令，可以检查系统是否已经安装 Samba。如果没有安装，那么就需要进行安装了。

RHEL 6. x Server 中与 Samba 服务器密切相关的软件包如下。

① samba － 3. 5. 10 － 125. el6. i686. rpm：Samba 服务器端软件。

② samba － client － 3. 5. 10 － 125. el6. i686. rpm：Samba 客户端软件，默认安装。

③ samba － common － 3. 5. 10 -- 125. el6. i686. rpm：Samba 服务器端和客户端共用的软件，默认安装。

④ samba － windbind － 3. 5. 10 － 125. el6. i686. rpm：映射 Windows 用户账号的软件包。

3. Samba 服务器配置要求

Samba 相关软件包安装以后，Linux 服务器与 MS Windows 客户端之间还不能正常互联。要让 Samba 服务器发挥作用，首先必须正确配置 Samba 服务器。其次，还要正确设置防火墙。默认情况下，RHEL 6. x Server 的防火墙不允许 MS Windows 客户端访问 Samba 服务器，必须打开相应的服务。最后，要禁用 SELinux。

4. /etc/samba/smb. conf 文件

Samba 服务器的全部配置信息均保存在/etc/samba/smb. conf 文件中。smb. conf 文件采用分节的结构，一般由 3 个标准节和若干个用户自定义的共享节组成。

- [**Global**] 节：定义 Samba 服务器的全局参数，与 Samba 服务整体运行环境紧密相关。
- [**Homes**] 节：定义共享用户主目录。
- [**Printers**] 节：定义打印机共享。
- [**自定义目录名**] 节：定义用户自定义的共享目录。

利用任何文本编辑器都可以查看 smb. conf 文件，其中，以"#"开头的行是配置参数的说明信息，以";"开头的行为注释行，其所在行的参数未使用。参数的取值有两种：字符串和布尔值。字符串不需要使用引号，布尔值为 no 或 yes。

[Global] 节定义多个全局参数，部分常用的全局参数及其含义如表 9-1 所示。

表 9-1　Samba 服务器的全局参数

类　　型	参　数　名	说　　明
基本	workgroup	指定 Samba 服务器所属的工作组
	server string	指定 Samba 服务器的描述信息
安全	security	指定 Samba 服务器的安全级别
	password server	当 Samba 服务器的安全级别不是共享或用户时，用于指定验证 Samba 用户和口令的服务器名
	host allow	指定可访问 Samba 服务器的 IP 地址范围
	guest account	指定 guest 账号的名字，否则为 nobody
打印	printcap name	指定打印机配置文件的保存路径
	cups option	指定打印机系统的工作模式
	load printers	指定是否共享打印机
	printing	指定打印系统的类型
日志	log file	指定日志文件的保存路径
	max log size	指定日志文件的最大尺寸，以 KB 为单位
其他	dns proxy	指定是否为 Samba 服务器设置 proxy

[Homes]、[Printers]、[自定义目录名] 等节说明共享资源的属性。常用的共享资源参数及其含义如表 9-2 所示。

表 9-2 Samba 服务器的共享资源参数

参　数　名	含　　义	参　数　名	含　　义
comment	指定共享目录的描述信息	public	指定是否允许 guest 账号访问
path	指定共享目录的路径	only guest	指定是否只允许 guest 账号访问
browseable	指定共享目录是否可浏览，默认为 yes	valid user	指定允许访问共享目录的用户
writable	指定共享目录是否可写，默认为 no	printable	指定是否允许打印
guest ok	指定是否允许 guest 账号访问	write list	指定允许写的用户组
read only	指定共享目录是否只可读		

5. Samba 服务器的安全级别

Samba 服务器提供 5 种**安全级别**，利用 security 参数可指定其安全级别。最常用的安全级别是共享或用户。

- **共享（share）**：客户端不需要输入 Samba 用户名和口令就可以访问 Samba 服务器中的共享资源。这种方式方便，但不太安全。
- **用户（user）**：默认的安全级别。Samba 服务器需要检查 Samba 用户名和口令，验证成功后才能访问相应的共享目录。
- **服务器（server）**：Samba 服务器本身不验证 Samba 用户名和口令，而将输入的用户名和口令传给另一个 Samba 服务器来验证。此时必须指定负责验证的那个 Samba 服务器的名称。
- **域（domain）**：Samba 服务器本身不验证 Samba 用户名和口令，而由 Windows 域控制服务器负责验证。此时必须指定域控制服务器的 NetBIOS 名称。
- **活动目录域（ads）**：Samba 服务器本身不验证 Samba 用户名和口令，而由活动目录域服务器来负责。同样需要指定活动目录域服务器的 NetBIOS 名称。

6. Samba 共享权限

当 Samba 服务器将 Linux 中的部分目录共享给 Samba 用户时，共享的权限不仅与 smb. conf 配置文件中设定的共享权限有关，还与其本身的文件系统权限有关。Linux 规定：Samba 共享目录的权限是文件系统权限与共享权限中最严格的那种权限。

7. Samba 服务器的日志文件

Samba 服务器的日志文件默认保存在/var/log/samba 目录中。Samba 服务器为所有连接到 Samba 服务器的计算机建立独立的日志文件，如 192. 168. 0. 162. log 为 IP 地址为 192. 168. 0. 162 的计算机的日志文件。此外，还将 NMB 服务和 SMB 服务的运行情况写入/var/log/samba 目录中的 nmbd. log 和 smbd. log 文件中。管理员可以根据这些日志文件了解用户的访问情况和 Samba 服务器的运行情况。

任务准备

1. 一台安装 RHEL 6. x Server 操作系统的计算机，且配备光驱、音箱或耳机。

2. 一台安装 Windows XP 操作系统的计算机。

3. 两台计算机均接入网络，且网络畅通。

4. 一张 RHEL 6. x Server 安装光盘（DVD）。

5. Linux 系统的 IP 地址为 192.168.8.50，主机名为 rhel5hbzy，工作组为 NET。

6. 以超级用户 root（密码 root123）登录 RHEL 6. x Server 计算机。

任务实施

步骤 1 安装 Samba 服务器

（1）图形化方式安装

① 把 RHEL 6. x Server 的 DVD 安装光盘放入光驱并加载。

② 选择桌面顶部面板上的"系统"→"管理"→"添加/删除软件"菜单命令，弹出
"添加/删除软件"窗口，在左侧栏展开"Servers"选项并选中"CIFS 文件服务器"，然后在
右侧栏选择"Server and Client software to interoperate with Windows machines"软件包组，如
图 9-2 所示。单击"应用"按钮进行安装。

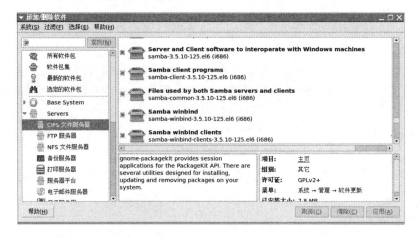

图 9-2 选择软件包组

（2）命令方式安装

使用 Shell 命令安装的方法如下，命令及其执行情况如图 9-3 所示。

- "rpm －qa | grep samba"查看是否安装有 Samba 软件包。
- "mount /dev/cdrom /mnt/cdrom"加载光盘（若无/mnt/cdrom 目录，需要创建）。
- "rpm －ivh/mnt/cdrom/Packages/samba－3.5.10－125.e16.i686.rpm"安装 Samba 服
  务器。
- "rpm －ivh /mnt/cdrom/Packages/samba-winbind-3.5.10－125.e16.i686.rpm"安装映射
  Windows 用户账号的软件包。

步骤 2 配置 Samba 服务器

（1）添加 Samba 用户

在终端的命令提示符后输入 smbpasswd 命令，把 Linux 用户 shen、hbzy 和 hbvtc 添加为

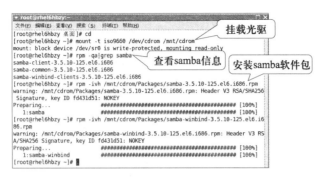

图 9-3 以命令方式安装 Samba 服务器的全过程

Samba 用户，密码分别为 shen123、hbzy123 和 hbvtc123，如图 9-4 所示。

图 9-4 增加 Samba 用户

【提示】架设用户级别的 Samba 服务器时，必须创建 samba 用户列表，并为每个 Samba 用户设置口令。此时即使不创建共享的目录，按照 Samba 服务器的默认设置，用户也能访问其主目录中的所有文件。而架设共享级别的 Samba 服务器时，不需要创建 Samba 用户，只需要创建共享的目录，并允许所有的用户访问即可。

（2）编辑配置文件/etc/samba/smb.conf

在终端的命令提示符后输入如图 9-5 所示的 gedit 命令，并按 Enter 键，弹出 gedit 编辑器窗口，编辑/etc/samba/smb.conf 文件，内容如图 9-6、图 9-7 所示（由于篇幅问题，把 smb.conf 配置文件分割成了两个图）。

图 9-5 输入 gedit 命令

【提示】① 如果目录/etc/hbzy 和目录/etc/hbvtc 不存在，则需先用 mkdir 命令创建。
② 此配置文件表明：设置 Samba 服务器为用户级；设置/tmp 目录是所有用户均可读写的共享目录；设置/etc/hbzy 目录是只能被 hbzy 用户通过验证后才能访问的共享目录；设置/etc/hbvtc 目录是只能被 hbvtc 用户通过验证后才能访问的共享目录。

图 9-6　文件 smb. conf 内容 1　　　　图 9-7　文件 smb. conf 内容 2

（3）测试配置文件/etc/samba/smb. conf 是否正确

在终端命令提示符后输入 testparm 命令，测试配置文件是否正确，如图 9-8 所示。若显示 "Loaded services file OK" 信息，则表明 Samba 服务器的配置文件完全正确。根据提示按 Enter 键，即可查看 Samba 服务器定义。

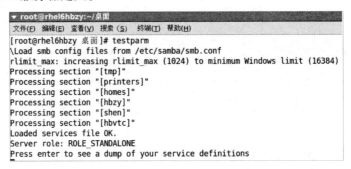

图 9-8　测试文件是否配置正确

步骤 3　重启 smb 服务

① 在终端的命令提示符后输入 "service　smb restart" 命令，重启 smb 服务，如图 9-9 所示。重启 smb 服务后，只有 hbzy、hbvtc 通过验证才能访问其用户主目录，且对其用户主目录具有完全的控制权。而/tmp 目录能被所有用户访问。

图 9-9　重启 smb 服务

② 输入 "chkconfig　－－list smb" 命令，检查 smb 进程是否开机即运行。如果 7 个运行项都为 off，则输入 "chkconfig smb on" 命令，设置开机即启动。如图 9-10 所示。

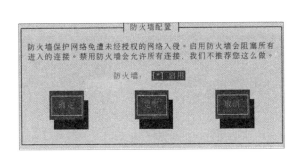

图9-10 设置 smb 进程开机即运行

【提示】smb 服务的运行级别有7种：0，1，2，3，4，5，6。其中，3 是字符模式，5 是图形模式。3 和 5 都是开机自动运行。

步骤4 设置防火墙和 SELinux

在命令提示符后输入"setup"命令，启动系统设置程序，使用方向键将光标移动到"防火墙配置"选项，按 Enter 键，出现"防火墙配置"界面，如图9-11 所示。

选中"防火墙"为"启用"，然后按 Tab 键将光标移动到"定制"按钮，按 Enter 键，出现"可信的服务"界面，如图9-12 所示。

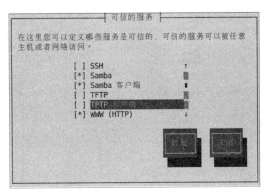

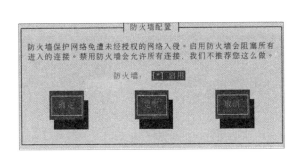

图9-11 "防火墙配置"界面

图9-12 "可信的服务"界面

移动光标到"Samba"选项，按 Space（空格）键选中该项。按此方法选中"Samba 客户端"选项，选好后按 Tab 键将光标移动到"关闭"按钮，按 Enter 键返回到如图9-11 所示的界面。按 Tab 键将光标移动到"确定"按钮，弹出如图9-13 所示的"警告"界面，选中"是"按钮，按 Enter 键返回，最后退出此程序。

此外，还要用"setenforce0"命令将 SELinux 的实时模式改为 permissire。（也用"iptables – F"命令删除所有防火墙规则。）

 任务检测

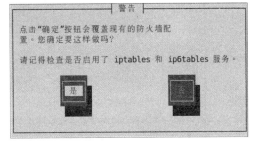

图9-13 "警告"界面

如同"任务描述"中的叙述，MS Windows 计算机的 IP 为 192.168.8.100，Linux 计算机的 IP 为 192.168.8.50，且都属于 NET 工作组。

1. Windows 计算机访问 Samba 共享资源

（1）确保 Windows 计算机中已安装 NetBIOS 和 TCP/IP 协议

右击 Windows 桌面上的"网上邻居"图标，弹出快捷菜单，选择"属性"命令，弹出"网络连接"对话框。双击其中的"本地连接"图标，弹出"本地连接 属性"对话框，如图 9-14 所示。确认是否已安装 NetBIOS 和 TCP/IP 协议，确保安装这两个协议。

（2）登录 Samba 服务器访问 Samba 共享目录

双击 Windows 桌面上的"我的电脑"图标，弹出如图 9-15 所示的"我的电脑"窗口，在地址栏输入"\\192.168.8.50"，稍等片刻，弹出如图 9-16 所示的"连接到 192.168.8.50"对话框（用户级别。如果 Samba 服务器安全级别设置的是共享级，则直接弹出如图 9-17 所示的窗口）。

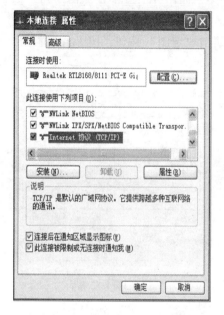

图 9-14 "本地连接 属性"对话框

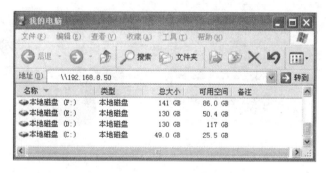

图 9-15 "我的电脑"窗口

图 9-16 登录 Samba 服务器

图 9-17 Samba 共享目录窗口

在"用户名"文本框中输入"shen"，在"密码"文本框中输入"shen123"，单击"确定"按钮，弹出如图 9-17 所示的 Samba Server 窗口。该窗口中包括 Samba 服务器提供的共享目录，其中有刚才设置的共享目录 shen、hbzy、hbvtc 和 tmp。

【提示】有时通过双击"网上邻居"图标查看 Samba 服务器的速度较慢，可在 MS Windows 计算机的"资源管理器"窗口的地址栏中，输入"\\192.168.8.50"后按 Enter 键即可。

用户 shen 可以进入 shen 和 tmp 目录，并能对它们中的文件和子目录进行多种操作（还要看这些目录中的文件或子目录本身的文件系统权限），但是不能对 hbvtc 目录进行访问，tmp 目录的内容如图 9-18 所示。

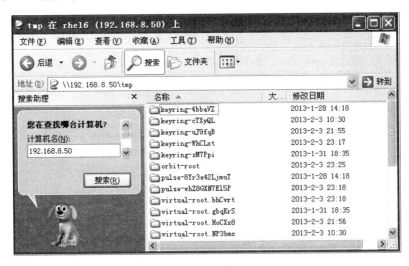

图 9-18　Samba 共享目录 tmp 的内容

2. Linux 计算机访问 Windows 共享资源

(1) 设置 Windows 系统中的共享目录

① 在 MS Windows 环境下，选中 E 盘中的 xpshare，右击该文件夹，弹出快捷菜单，选择"属性"命令，弹出如图 9-19 所示的"xpshare 属性"对话框，选中"共享"选项卡，选中"在网络上共享这个文件夹"复选框（还可选中"允许网络用户更改我的文件"复选框），设置其为共享的文件夹，单击"确定"按钮关闭该对话框。

② 右击 Windows 桌面上的"网上邻居"图标，弹出快捷菜单，单击"属性"菜单项，弹出"网络连接"窗口。双击"本地连接"图标，弹出"本地连接 属性"对话框，选中"Microsoft 网络的文件和打印机共享"复选框，如图 9-20 所示。单击"确定"按钮关闭该对话框。

(2) 从 Linux 计算机访问 Windows 的共享目录

① 在 RHEL 6. x Server 计算机桌面环境下，选择顶部面板上的"位置"→"网络"菜单命令，弹出如图 9-21 所示的"网络"窗口。双击"Windows 网络"图标，弹出如图 9-22 所示的"Windows 网络"窗口。

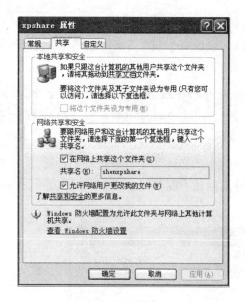

图9-19 设置共享目录

图9-20 设置文件和打印机共享

图9-21 "网络"窗口

图9-22 "Windows 网络"窗口

② 双击"NET"工作组图标，弹出如图9-23所示的"NET上的 Windows 网络"窗口。其中 HBZY、SHEN 均为 MS Windows 系统计算机。

③ 双击 HBZY 图标，弹出如图9-24所示的"hbzy 上的 Windows 共享"窗口。这实际上是 MS Windows 上的共享目录，其中有刚才设置的 xpshare 目录。

图9-23 "NET上的 Windows 网络"窗口

图9-24 "hbzy 上的 Windows 共享"窗口

④ 双击 xpshare 进入该目录，弹出如图 9-25 所示的 xpshare 窗口，用户可以对其中的文件和子目录进行多种操作，权限就是（1）中设置的权限。

图 9-25 查看 xpshare 目录的内容

【提示】在 Linux 系统的文件浏览器的位置栏中，输入"smb://192.168.8.100"后按 Enter 键，即可进入 Windows 系统计算机。

Linux 用户可以进入 zyxpshare 目录，并能对它们中的文件和子目录进行多种操作，权限就是（1）中设置的权限。

【提示】① 输入"smbclient -L localhost -U hbzy"命令，屏幕显示 Passwd 字样，直接按 Enter 键，可显示出 Linux 计算机提供的共享目录。

② 根据①中命令的输出结果，输入"smbclient //windowshbzy/xpshare -U pan"命令，显示 Passwd 字样，直接按 Enter 键，出现 smb:\> 提示符。在 smb:\> 提示符后输入"?"，可查看 smb 提供的所有命令。如输入 ls 命令可以显示共享目录中的内容，输入 q 或 quit 命令可退出 smb 工作环境。

知识与技能拓展

1. 与 Samba 服务相关的 Shell 命令

（1）smbpasswd 命令

功能：将 Linux 用户设置为 Samba 用户。

格式：smbpasswd ［选项］［用户名］

主要选项说明如下。

-a 用户名　　　　增加 Samba 用户

-d 用户名　　　　暂时锁定指定的 Samba 用户

-e 用户名　　　　解锁指定的 Samba 用户

-n 用户名　　　　设置指定的 Samba 用户无密码

-x 用户名　　　　删除 Samba 用户

有用户名而无选项时，可修改已有 Samba 用户的口令。

（2）smbclient 命令

功能：查看或访问 Samba 共享资源。

格式：smbclient［－L NetBIOS 名 | IP 地址］［共享资源路径］［－U 用户名］

2. 设置 SMB 共享打印机

（1）将 MS Windows 平台的打印机设置为共享

① 在 MS Windows XP 环境下，选择"开始"→"设置"→"打印机与传真"菜单命令，弹出"打印机和传真"窗口，右击打印机"HP LaserJet 1100（MS）"图标，弹出快捷菜单，选择"属性"命令，弹出"HP LaserJet 1100（MS）属性"对话框，选中"共享"选项卡，选中"共享这台打印机"单选按钮，并在"共享名"文本框中输入"xpHPLaserJ"，如图 9-26 所示。

② 确保进行了"Microsoft 网络的文件和打印机共享"设置（在 Windows 的网络"本地连接 属性"对话框中设置，如图 9-20 所示）。

（2）在 Linux 计算机中添加 Windows 上的共享打印机

① 在 Linux 桌面环境下，选择"系统"→"管理"→"打印"菜单命令，弹出打印机配置窗口，如图 9-27 所示。

图 9-26 在 Windows 环境下设置共享打印机　　　图 9-27 打印机配置窗口

② 单击工具栏上的"新建"→"打印机"按钮，弹出"新打印机"对话框，选择"网络打印机→通过 SAMBA 连接的 Windows……"选项，如图 9-28 所示。单击右侧"SMB 打印机"下面的"浏览"按钮，弹出"SMB 浏览器"窗口，选中 NET 下面 HBZY 计算机中的共享打印机 xpHPlaserJ，如图 9-29 所示。单击"确定"按钮，返回"新打印机"窗口，如图 9-30 所示。

③ 单击"前进"按钮，在打开的界面中选中"从数据库中选择打印机"单选按钮，在选择连接列表框中选中 HP 选项，如图 9-31 所示。

④ 单击"前进"按钮，在"选择驱动程序"列表框中选中"LaserJet1100→HP LaserJet1100……"选项，如图 9-32 所示。

⑤ 单击"前进"按钮，弹出"新打印机"窗口，在"打印机名"文本框中输入"hbzy-

HP－1100－2"，在"描述"文本框中输入"HP LaserJet 1100"，在"位置"文本框中输入"计算机中心"，如图9-33所示。

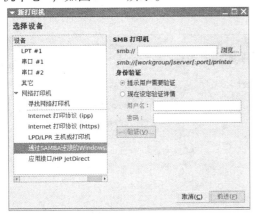

图 9-28　设置 SAMBA 共享打印机 1　　　　　　图 9-29　选择共享打印机

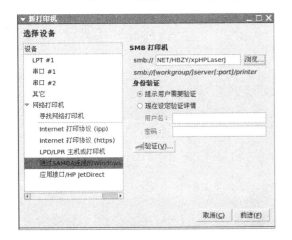

图 9-30　设置 SAMBA 共享打印机 2　　　　　　图 9-31　选择打印机驱动程序 1

图 9-32　选择打印机驱动程序 2　　　　　　图 9-33　配置打印机信息

⑥ 单击"前进"按钮，返回打印机配置窗口，如图 9-34 所示。选择 hbzy - HP - 1100 - 2 打印机，进行相关配置。如图 9-35 所示，单击"打印测试页"按钮，此时可打印一张测试页来验证 SMB 打印机是否正常工作。

图 9-34　此时的打印机配置窗口　　　　　　图 9-35　打印机属性

 任务总结

通过本任务的实施，应掌握下列知识和技能：
- Samba 协议、Samba 服务器安全级别和配置要求
- Samba 服务器的配置文件 smb. conf（重点）
- Samba 服务器的软件包和安装方法（图形化法、Shell 命令法）（重点）
- Samba 服务器的配置方法（重点、难点）
- Samba 资源的访问方法（重点）
- 设置共享打印机的方法

9.2　子情境：DNS 服务器的安装与配置

 任务描述

为保证总公司网络中心的 FTP、WWW、DHCP、SMTP 服务器能正常访问，以及各公司网站能有相应的域名，拟建立两台 DNS 服务器，解析网络中心诸多服务器，具体描述如下。

1. 建立 DNS 服务器，主域名服务器域名注册为 hbvtc. edu. cn，网段地址为 192. 168. 8. *。

一台主域名服务器的域名为 dns. hbvtc. edu. cn，IP 地址为 192. 168. 8. 5。

一台辅域名服务器的域名为 slave. hbvtc. edu. cn，IP 地址为 192. 168. 8. 6。

2. WWW 服务器的域名为 www. hbvtc. edu. cn，IP 地址为 192. 168. 8. 7。

FTP 服务器的域名为 ftp. hbvtc. edu. cn，IP 地址为 192. 168. 8. 8。

DHCP 服务器的域名为 dhcp. hbvtc. edu. cn，IP 地址为 192. 168. 8. 9。

SMTP 服务器的域名为 smtp. hbvtc. edu. cn，IP 地址为 192. 168. 8. 10。

其他公司网站域名暂不考虑。

3. Linux 主机名为 RHEL6hbzy，IP 为 192. 168. 8. 50。

 任务实施流程

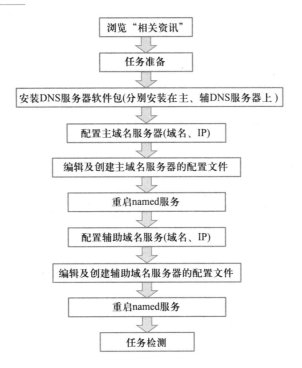

 相关资讯

1. 域名服务器及其类型

域名服务器（Domain Name Server）是 TCP/IP 网络中极其重要的网络服务，它实现域名与 IP 地址之间的转换。网络上用 IP 地址来标识计算机，机器之间只相互认识 IP 地址，IP 地址不便于人们记忆，所以用域名来标识计算机。要用域名来标识计算机，必须通过域名服务器（DNS）来实现域名和 IP 地址之间的映射和转换工作，即域名解析。

域名系统采用分布式数据系统结构，主要由 3 个部分组成。

- **域名空间**：结构化的域名层次结构和相应的数据。
- **域名服务器**：以区域（Zone）为单位管理指定域名空间中的服务器数据，并负责其控制范围内所有主机的域名解析请求。
- **解析器**：负责向域名服务器提交解析请求。

目前，Linux 系统中使用的 DNS 服务器软件是 Bind，运行其守护进程 named 可完成网络中的域名解析任务。利用 Bind 软件，可建立如下几种类型的 DNS 服务器。

（1）主域名服务器

主域名服务器（Master Server）从管理员创建的本地磁盘文件中加载域信息，是特定域中权威性的信息源。配置 Internet 主域名服务器时需要一整套配置文件，包括主配置文件（named. conf）、正向域的区域文件、反向域的区域文件、根服务器信息文件（named. ca）。一个域中只能有一个主域名服务器，有时为了分散域名解析任务，还可创建一个或多个辅助域名服务器。

（2）辅助域名服务器

辅助域名服务器（Slave Server）是主域名服务器的备份，具有主域名服务器的绝大部分功能。配置 Internet 辅助域名服务器时，只需要配置主配置文件即可，而不需要配置区域文件，因为区域文件可从主域名服务器转移过来，然后存储在辅助域名服务器。

（3）缓存域名服务器

缓存域名服务器（Caching Server）本身不管理任何域，仅运行域名服务器软件。它从远程服务器获得域名服务器查询的回答，然后保存在缓存中，以后查询到相同的信息时可予以回答。配置缓存域名服务器时，只需要缓存文件即可。

2. bind 域名服务器的软件包

RHEL 6. x Server 默认不安装 bind 服务器，在终端的命令提示符后输入"rpm – q bind"或"rpm – qa | grep bind"命令，可检查系统是否已安装 bind。如果未安装，则需要进行安装了。

RHEL 6. x Server 中与 DNS 服务器密切相关的软件包如下。

- bind–9. 8. 2 – 0. 10. rc1. el6. i686. rpm：DNS 服务器软件。
- bind–libs – 9. 8. 2 – 0. 10. rc1. el6. i686. rpm：DNS 服务器的类库文件，默认安装。
- bind–utils – 9. 8. 2 – 0. 10. rc1. el6. i686. rpm：DNS 服务器的查询工具，默认安装。
- bind–chroot – 9. 8. 2 – 0. 10. rc1. el6. i686. rpm：Chroot 软件。

3. DNS 服务器的相关配置文件

配置域名服务器时需要使用一组文件，如表 9-3 所示。其中最重要的是主配置文件 named. conf。named 守护进程运行时首先从 named. conf 文件获取其他配置文件的信息，然后才按照各区域文件的设置内容提供域名解析服务。

表9-3　配置域名服务器的相关文件

文 件 选 项	文 件 名	说　　明
主配置文件	/etc/named. conf	用于设置 DNS 服务器的全局参数，并指定区域文件名及其保存路径
根服务器信息文件	/var/named/named. ca（或/var/named/named. root/）	是缓存服务器的配置文件，通常不需要手工修改
正向区域文件	在/var/named/目录下，文件名由 named. conf 文件指定	用于实现区域内主机名到 IP 地址的正向解析
反向区域文件	在/var/named/目录下，文件名由 named. conf 文件指定	用于实现区域内 IP 地址到主机名的反向解析

所有与 DNS 服务相关的配置文件分别保存在/etc 和/var/named 目录中。使用 chroot 后，Bind 程序的根目录为/var/named/chroot，即 DNS 服务器的配置文件都是相对此虚拟根目录的。与 RHEL5 不同的是，RHEL6 中/var/named/chroot/var/named 目录是/var/named 目录的硬链接

（即这两个目录是同一个目录），而/var/named/chroot/etc 目录中则是空的，当 named 服务启动后将把/etc 目录下的 named. conf 等文件挂载到/var/named/chroot/etc 目录中，named 服务一旦停止/var/named/chroot/etc 目录又恢复为空的。

 任务准备

1. 一台装有 RHEL 6. x Server 操作系统的计算机，且配备光驱、音箱或耳机。

2. 计算机接入网络，且网络畅通。

3. 一张 RHEL 6. x Server 安装光盘（DVD）。

4. 一台具有多个设备别名的服务器，其中域名与 IP 分别如下。

WWW 服务器的域名为 www. hbvtc. edu. cn，IP 地址为 192. 168. 8. 7。

FTP 服务器的域名为 ftp. hbvtc. edu. cn，IP 地址为 192. 168. 8. 8。

DHCP 服务器的域名为 dhcp. hbvtc. edu. cn，IP 地址为 192. 168. 8. 9。

SMTP 服务器的域名为 smtp. hbvtc. edu. cn，IP 地址为 192. 168. 8. 10。

任务实施

步骤 1　安装 DNS 服务器软件包（分别安装在拟建主、辅域名服务器的计算机上）

分别在拟建主域名服务器、辅助域名服务器的计算机上实施下列安装过程。

（1）图形化方式安装

① 把 RHEL 6. x Server 的 DVD 安装光盘放入光驱并加载。

② 选择桌面顶部面板上的"系统"→"管理"→"添加/删除软件"菜单命令，弹出"添加/删除软件"窗口，在左侧栏选中"Servers→网络基础设施服务器"选项，然后在右侧栏选中与 bind 有关的软件包组，如图 9-36 所示。

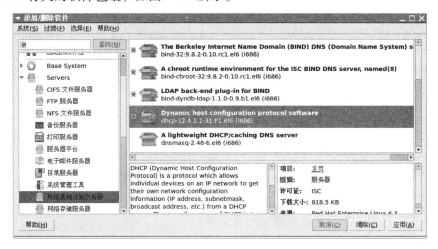

图 9-36　选择 DNS 软件包组

③ 单击"应用"按钮，开始安装。安装完后关闭"添加/删除软件"窗口。

（2）命令方式安装

以 Shell 命令安装时，命令及其执行情况如图 9-37 所示。

```
root@rhel6hbzy:~
文件(F) 编辑(E) 查看(V) 搜索(S) 终端(T) 帮助(H)
[root@rhel6hbzy ~]# mount /dev/cdrom  /mnt/cdrom
mount: block device /dev/sr0 is write-protected, mounting read-only
[root@rhel6hbzy ~]# rpm -qa|grep bind
rpcbind-0.2.0-9.el6.i686
bind-utils-9.8.2-0.10.rc1.el6.i686
samba-winbind-3.5.10-125.el6.i686
PackageKit-device-rebind-0.5.8-20.el6.i686
ypbind-1.20.4-29.el6.i686
bind-libs-9.8.2-0.10.rc1.el6.i686
samba-winbind-clients-3.5.10-125.el6.i686
[root@rhel6hbzy ~]# rpm -ivh /mnt/cdrom/Packages/bind-9.8.2-0.10.rc1.el6.i686.rpm
warning: /mnt/cdrom/Packages/bind-9.8.2-0.10.rc1.el6.i686.rpm: Header V3 RSA/SHA256 Signature,
 key ID fd431d51: NOKEY
Preparing...                ########################################### [100%]
   1:bind                   ########################################### [100%]
[root@rhel6hbzy ~]# rpm -ivh /mnt/cdrom/Packages/bind-chroot-9.8.2-0.10.rc1.el6.i686.rpm
warning: /mnt/cdrom/Packages/bind-chroot-9.8.2-0.10.rc1.el6.i686.rpm: Header V3 RSA/SHA256 Sig
nature, key ID fd431d51: NOKEY
Preparing...                ########################################### [100%]
   1:bind-chroot            ########################################### [100%]
[root@rhel6hbzy ~]#
```

图 9-37　以命令方式安装 DNS 服务器

- 用"rpm –qa | grep bind"查看是否安装有 bind 软件包。
- 把 RHEL 6. x Server 的 DVD 安装光盘放入光驱，并用 mount 命令加载光盘。
- 用 rpm 命令安装 DNS 服务器软件包 bind。
- 用 rpm 命令安装 bind – chroot 软件包。

步骤 2　配置主域名服务器 dns. hbvtc. edu. cn

（1）配置主域名服务器 dns. hbvtc. edu. cn

域名为 dns. hbvtc. edu. cn，IP 地址为 192. 168. 8. 5，方法见学习情境 8 的 8.1 节。

【提示】配置 IP 地址前，先用"Service NetworkManager stop"命令关闭 NetworkManage 服务，并用"chkconfig NetworkManager off"命令设置成永久关闭。

（2）重启网络服务

在终端的命令提示符后输入"service network restart"命令，如图 9-38 所示。

```
root@rhel6hbzy:~/桌面
文件(F) 编辑(E) 查看(V) 搜索(S) 终端(T) 帮助(H)
[root@rhel6hbzy 桌面]# service NetworkManager stop
停止 NetworkManager 守护进程：                    [确定]
[root@rhel6hbzy 桌面]# service network restart
正在关闭接口 eth0：                               [确定]
关闭环回接口：                                    [确定]
弹出环回接口：                                    [确定]
弹出界面 eth0：                                   [确定]
[root@rhel6hbzy 桌面]#
```

图 9-38　输入重启网络服务的命令

步骤 3　编辑及创建主域名服务器的配置文件

（1）编辑主配置文件 named. conf

在终端输入命令"gedit/etc/named. conf"并按 Enter 键，打开文本编辑器，将"listen – on port 53 {127.0.0.1;};"中的"127.0.0.1"更改为"any"，意思是允许任何 IP 地址监听。

将"allow – query{localhost;};"中的"localhost"更改为 any，意思是允许所有人查询。

更改后的内容如图 9-39 所示。

图 9-39　更改 named. conf 配置文件后的内容

（2）编辑 named. conf 的辅助配置文件 named. rfc1912. zones

在终端输入命令"gedit　/etc/named. rfc1912. zones"，按图 9-40 所示的内容配置辅助配置文件 named. rfc1912. zones。

```
zone "hbvtc.edu.cn" IN {
        type master;
        file "hbvtc.edu.cn.zone";
        allow-update { none; };
};
zone "8.168.192.in-addr.arpa" IN {
        type master;
        file "192.168.8.arpa";
        allow-update { none; };
};
```

图 9-40　配置辅助配置文件 named. rfc1912. zones

（3）创建正向区域文件 hbvtc. edu. cn. zone

在终端输入命令"gedit /var/named/hbvtc. edu. cn. zone"，按图 9-41 所示的内容配置正向区域文件 hbvtc. edu. cn. zone。

（4）创建反向区域文件 192. 168. 8. arpa

在终端输入命令"gedit /var/named/192. 168. 8. arpa"，按图 9-42 所示的内容配置反向区域文件 192. 168. 8. arpa。

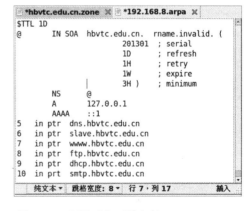

图 9-41　配置正向区域文件 hbvtc. edu. cn. zone 　　图 9-42　配置反向区域文件 192. 168. 8. arpa

（5）重启域名服务（named 守护进程）

在终端输入命令"service named restart"，重启 named 守护进程，如图 9-43 所示。

【提示】为使主域名服务器能在其他计算机上起作用，需要关闭主域名服务器的防火墙或设置防火墙规则（否则客户端使用 host 命令会提示信息："；；connection timed out：no servers could be reached"）。临时关闭命令"service iptables stop"，永久关闭命令"chkconfig iptables off"。

图 9-43　重启 named 服务

步骤 4　配置辅助域名服务器并重启网络服务

（1）配置辅助域名服务器 slave. hbvtc. edu. cn

域名为 slave. hbvtc. edu. cn，IP 地址为 192. 168. 8. 6，方法见学习情境 8 的 8.1 节。注意关闭 NetworkManager 服务。

（2）重新启动网络服务

在终端命令提示符后输入"service network restart"命令，如图 9-38 所示。

步骤 5　编辑辅助域名服务器的 DNS 主配置文件

（1）修改主域名服务器的正向区域文件 hbvtc. edu. cn. zone

在终端输入命令"gedit /var/named/hbvtc. edu. cn. zone"，按图 9-44 所示的内容配置正向区域文件 hbvtc. edu. cn. zone（比原来增加了一行）。

（2）修改主域名服务器的反向区域文件 192. 168. 8. arpa

在终端输入命令"gedit /var/named/192. 168. 8. arpa"，按图 9-45 所示的内容配置反向区域文件 192. 168. 8. arpa（比原来增加了一行）。

图 9-44　修改主域名服务器的正向区域　　　　图 9-45　修改主域名服务器的反向区域

【提示】如果在"步骤 3"已经按这两个图中所示的内容建立了主域名服务器的正向区域文件和反向区域文件，那么此时就可以省略这两个操作了。

（3）编辑辅助域名服务器的 named. conf 的辅助配置文件 named. rfc1912. zones

在辅助域名服务器编辑"/etc/named. rfc1912. zones"，文件内容如图 9-46 所示。

```
*named.rfc1912.zones  ×
};
zone "hbvtc.edu.cn" IN {
        type slave;
        file "slaves/hbvtc.edu.cn.zone";
        masters {192.168.8.5;};
        allow-update { none; };
};
zone "8.168.192.in-addr.arpa" IN {
        type slave;
        file "slaves/192.168.8.arpa";
        masters {192.168.8.5;};
        allow-update { none; };
};
                                C ▾  跳格宽度：8 ▾  行 54，列 1          插入
```

图 9-46　编辑辅助配置文件 named.rfc1912.zones 的内容

（4）重启域名服务（named 守护进程）

在终端输入命令"service named restart"，重启 named 守护进程，如图 9-43 所示。与主域名服务器一样，需要关闭辅助域名服务器的防火墙或设置防火墙规则，才能被其他计算机使用其 DNS 服务。

至此主域名服务器和辅助域名服务器配置完成。

【提示】配置辅助域名服务器的过程比较简单，主要是创建 named.conf，不需要创建区域文件，只对主域名服务器上的区域文件进行一些修改即可（如图 9-44、图 9-45 所示）。辅助域名服务器首次启动时将直接复制主域名服务器上的区域文件，并保存在辅助域名服务器中默认的/var/named/chroot/var/named 目录中。注意，只有当主域名服务器上的防火墙关闭时才能进行复制。

 任务检测

1. Linux 环境下检测域名服务器

（1）修改 DNS 客户端（Linux 计算机网络连接属性）

① 在终端输入"gedit /etc/resolv.conf"命令，启动文本编辑器，将 DNS 修改成下列地址后退出文本编辑器。

nameserver 192.168.8.5

nameserver 192.168.8.6

② 在终端输入"service network restart"命令重启 network 服务。

【提示】也可以用图形化方式完成上述操作，方法参见学习情境 8 的 8.1 节。

（2）查看域名所对应的 IP 地址、IP 地址对应的域名

有三种命令可以测试 DNS 服务：nslookup、host、dig，这里只演示 host 命令。

① 用"host"命令查看 ftp.hbvtc.edu.cn 和 dns.hbvtc.edu.cn 的 IP。

② 用"host"命令查看 192.168.8.7 和 192.168.8.9 对应的域名，如图 9-47 所示。

【提示】使用 host 命令，如果提示"Host ＊＊＊＊＊＊not found:2(SERVFALL)"，这可能是区域文件的权限设置问题，用 chomd 命令将区域文件的权限设置成 644，并重启 named 服务即可解决。

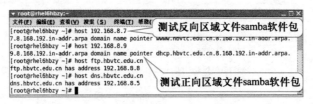

图 9-47 查看 IP 地址及其对应的域名

(3) 测试连通状况

用 ping 命令测试 www. hbvtc. edu. cn 连通情况，如图 9-48 所示。

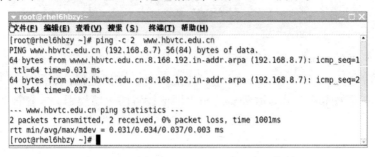

图 9-48 测试 www. hbvtc. edu. cn 连通情况

2. Windows XP 平台下检测域名服务器

(1) 修改 DNS 客户端（MS Windows XP 计算机网络连接属性）

① 选择"开始"→"设置"→"网络连接"→"本地连接"，弹出"本地连接 属性"对话框，如图 9-49 所示。

② 选中"Internet 协议（TCP/IP）"复选框，单击"属性"按钮，弹出"Internet 协议（TCP/IP）属性"对话框，如图 9-50 所示。

图 9-49 "本地连接 属性"对话框

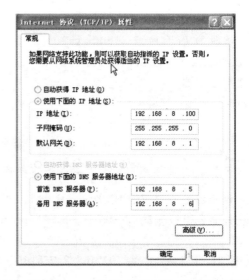

图 9-50 "Internet 协议（TCP/IP）属性"对话框

③ 选中"使用下面的 DNS 服务器地址"单选按钮，在"首选 DNS 服务器"文本框中输

入"192.168.8.5"，在"备用 DNS 服务器"文本框中输入"192.168.8.6"，单击"确定"按钮，依次关闭相关对话框和窗口。

（2）测试 DNS 服务器

在 MS Windows XP 中选择"开始"→"运行"菜单命令，弹出"运行"对话框，输入"cmd"命令，弹出"C:\WINDOWS\system32\cmd.exe"窗口，输入 ping 命令，测试域名能否被正常解析，如图 9-51 所示。

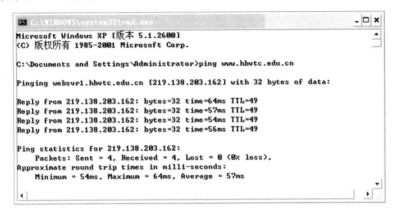

图 9-51 在 Windows 下测试 DNS 服务器

 知识与技能拓展

1. 主配置文件 named.conf

此文件保存在/var/named/chroot/etc 目录，它只包括 DNS 服务器的基本配置，用于说明 DNS 服务器的全局参数，可由多个配置语句组成。各配置子句也包含相应的参数，并以分号结束。RHEL 5 Server 默认不提供该文件。

最常用的配置语句有两个：options 语句和 zone 语句。

（1）**options 语句**

options 语句定义服务器的全局配置选项，其基本格式如下。

options{
　　　　配置子句;};
其中最常用的配置子句如下。

directory "目录名"：定义区域文件的保存路径，默认为/var/named，通常不需要修改。

forwaders　IP 地址：定义将域名查询请求转发给其他 DNS 服务器。

（2）**zone 语句**

zone 语句用于定义区域，其中必须说明域名、DNS 服务器的类型和区域文件名等信息，其基本格式如下。

zone "域名"{
　　　　type 服务器类型;
　　　　file "区域文件名称";
　　　　其他配置子句;};

type 子句说明 DNS 服务器的类型。如果参数为 master，表明是主域名服务器；参数为 slave，表明是辅助域名服务器；参数为 hint，表明区域是根区域。

2. 根服务器信息文件 named. ca 和 named. root

DNS 服务器总是采用递归查询，当本地区域文件无法进行域名解析时，将转向根 DNS 服务器查询。因此，必须在主配置文件 named. conf 中定义根区域，并指定根服务器信息文件，如下所示。

```
zone “. “ {
    type hint;
    file “named. ca“ ;};
```

虽然根服务器信息文件名可由用户自定义，但为了管理方便，通常取名为 named. ca。RHEL 默认不提供 named. ca 文件，因此最好从国际互联网信息中心（InterNIC）下载最新版本，地址为 ftp://ftp. rs. internic. net/domain/named. root，复制该网页的内容，并保存到/var/named/chroot/var/named 目录的 named. ca 文件中。

3. 正向区域文件

正向区域文件的文件名由主配置文件 named. conf 指定。一台 DNS 服务器内可以有多个区域文件，同一区域文件也可以存放在多台 DNS 服务器内。正向区域文件实现从域名到 IP 地址的解析，主要由若干个资源记录组成，其标准的格式如下：

```
域名      IN  SOA   主机名   管理员 电子邮件地址
                        序列号
                        刷新时间
                        重试时间
                        过期时间
                        最小时间 ）
          IN  NS     域名服务器
区域名    IN  NS     域名服务器
主机名    IN  A      IP 地址
别名      IN  CNAME  主机名
区域名    IN  MX   优先级   邮件服务器
```

（1）SOA 记录

SOA（Start of Authority，授权起始）记录是主域名服务器的区域文件中必不可少的记录，并总是处于文件中所有记录的最前面。

SOA 记录定义域名数据的基本信息和属性。

首先需要指定域名，通常使用 “@” 符号表示使用 named. conf 文件中 zone 语句定义的域名。

然后指定主机名，如 “www. hbvtc. edu. cn”，注意此时以 “.” 结尾。这是因为区域文件中规定凡是以 “.” 结束的名称都是完整的主机名，而没有以 “.” 结束的名称都是本区域的相对域名。

接着指定管理员的电子邮件地址。由于"@"符号在区域文件中的特殊含义，因此管理员的电子邮件地址中不能使用"@"符号，而使用"."符号代替。

序列号：表示区域文件的内容是否已更新。当辅助域名服务器需要与主域名服务器同步数据时，将比较这个数值。如果此数值比上次的更新值大，则进行数据同步。序列号可以是任何数字，只要它随着区域中记录的修改不断增加即可。但为了方便管理，常见的序列号格式为年月日当天修改次数，如 2009050401，表示此区域文件是 2009 年 5 月 4 日第 1 次修改的版本。

刷新时间：指定辅助域名服务器更新区域文件的时间周期。

重试时间：辅助域名服务器如果在更新区域文件时出现通信故障，则指定多长时间后重试。

过期时间：当辅助域名服务器无法更新区域文件时，指定多长时间后所有资源记录无效。

最小时间：指定资源记录信息存放在缓存中的时间。

以上时间的表示方式有以下两种。

- 数字式：用数字表示，默认单位为秒，如 21 600，即 6 小时。
- 时间式：以数字与时间单位结合方式表示，如 6H。

（2）NS 记录

NS（Name Server，名称服务器）记录指明区域中 DNS 服务器的主机名，也是区域文件中不可缺少的资源记录。格式如下：

```
          IN   NS   域名
区域名    IN   NS   域名
```

（3）A 记录

A（Address，地址）记录指明域名与 IP 地址的相互关系，仅用于正向区域文件。通常仅写出完整域名中最左端的主机名，格式如下：

```
主机名   IN   A   IP 地址
```

（4）CNAME 记录

CNAME 记录用于为区域内的主机建立别名，仅用于正向区域文件。别名通常用于一个 IP 地址对应多个不同类型服务器的情况。格式如下：

```
别名    IN    CNAME   域名（主机名）
```

当然，利用 A 记录也可以实现别名功能，可以让多个主机名对应相同的 IP 地址，假设主机名 A 是主机名 B 的别名，则也可表示为如下形式：

```
主机名 A    IN   A   IP 地址
主机名 B    IN   A   IP 地址
```

（5）MX 记录

MX 记录用于指定区域内邮件服务器的域名与 IP 地址的相互关系，仅用于正向区域文件。MX 记录中也可指定邮件服务器的优先级别，当区域内有多个邮件服务器时，根据其优先级别决定其执行的先后顺序，数字越小越早执行。格式如下：

```
区域名   IN   MX   优先级   邮件服务器名
```

4. 反向区域文件

反向区域文件的结构和格式与正向区域文件类似，它主要实现从 IP 地址到域名的反向解析。其标准的格式如下：

域名 IN SOA 主机名 管理员电子邮件地址（
序列号
刷新时间
重试时间
过期时间
最小时间）
IN NS 域名服务器名称
IP IN PTR 主机名（域名）

反向区域文件中可出现如下类型的资源记录。

（1）SOA 记录和 NS 记录

反向区域文件同样必须包括 SOA 记录和 NS 记录，其结构和形式与正向区域文件的完全相同。

（2）PTR 记录

PTR 记录用于实现 IP 地址与域名的逆向映射，仅用于反向区域文件。通常仅写出完整 IP 地址的最后一部分。

> **【提示】** 每一个区域文件都以 SOA 记录开始，并一定包含 NS 记录。正向区域文件可能包含 A 记录、MX 记录、CNAME 记录；反向区域文件包含 PTR 记录。需要特别注意的是，区域文件中各行的格式也很重要，一定要用 Tab 键将其对齐。

任务总结

通过本任务的实施，应掌握下列知识和技能：
- 域名服务器的相关知识
- DNS 服务器的相关配置文件（重点、难点）
- DNS 服务器的架设方法（重点）

9.3 子情境：WWW 服务器的安装与配置

任务描述

为做好总公司及分公司网站的建设，网络中心经过研究，拟建立一台 WWW 服务器，存放公司总站网站、各分公司网站，维护和更新则由各分公司自己进行，具体描述如下。

1. 公司的主网站为 www. hbvtc. edu. cn，IP 地址为 192.168.8.7，对外访问端口为 80。

2. 各分公司网站分别为 hb. hbvtc. edu. cn、gd. hbvtc. edu. cn 等，IP 都为 192.168.8.7，对外端口为 8000 ～ 8080。

3. 将用户 hbzy 及 hbvtc 设置为认证用户，并将认证用户的口令改为 123456。

4. /var/www/html/file/目录中的所有网页文件只允许认证用户 hbzy 和 hbvtc 访问。

5. /var/www/html/file/目录中的所有网页文件只允许 IP 地址处在 192.168.8.＊网段的计算机访问。

6. 利用虚拟机在服务器上架设公司网站及各分公司网站。

 任务实施流程

 相关资讯

1. WWW 服务与 Apache 服务器软件

Internet 中最热门的服务是 WWW 服务，也称为**Web 服务**。WWW 服务系统采用**客户机/服务器工作模式**，客户机与服务器都遵循 HTTP 协议，默认采用 80 端口进行通信。客户机与服务器之间的工作模式如图 9-52 所示。

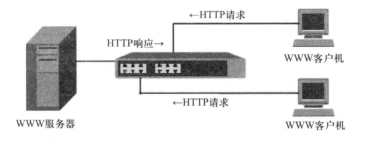

图 9-52 Web 服务器的工作模式

WWW 服务器负责管理 Web 站点的管理与发布，通常使用 Apache、Microsoft IIS 等服务器软件。WWW 客户机利用 Internet Explorer、Netscape、Firefox 等网页浏览器查看网页。

Linux 凭借其高稳定性成为架设 WWW 服务器的首选，而基于 Linux 架设 WWW 服务器时通常采用 Apache 软件。Apache 可运行于 UNIX、Linux 和 Windows 等多种操作系统平台，其功能强大，技术成熟，且是自由软件，代码完全开放。

2. Apache 服务器的软件包

RHEL 6. x Server 默认已安装 Apache 服务器，在终端的命令提示符后输入"rpm – q apr"或"rpm – qa ⎪ grep apr"命令，可检查系统是否已安装 Apache。如果未安装，则需要进行安装了。

RHEL 6. x Server 中与 Apache 服务器密切相关的软件包如下。

- postgresql – libs – 8. 4. 11–1. el6_2. i686. rpm：postgresql 类库。
- apr – 1. 3. 9–3. el6_1. 2. i686. rpm：Apache 运行环境类库。
- apr – util – 1. 3. 9–3. el6_0. 1. i686. rpm：Apache 运行环境工具类库。
- httpd – 2. 2. 15 – 15. el6. i686. rpm：Apache 服务器软件。

3. Apache 服务器的相关配置文件

Apache 服务器的所有配置信息都保存在/etc/httpd/conf/httpd. conf 文件中，根据 Apache 服务器的默认设置，Web 站点的相关文件保存在/var/www 目录，Web 站点的日志文件保存在/var/log/httpd 目录。与 Apache 服务器和 Web 站点相关的目录及文件如表 9–4 所示。

表 9–4　与 Apache 服务器和 Web 站点相关的目录和文件

文件/目录名	说　　明
/etc/httpd/conf/httpd. conf	Apache 的配置文件
/var/log/httpd/access_log	Apache 的访问日志文件
/var/log/httpd/error_log	Apache 的错误日志文件
/var/www/	默认 Web 站点的根目录
/var/www/html	默认 Web 站点 HTML 文档的保存目录
/var/www/cgi – bin	默认 Web 站点 CGI 程序的保存目录
. htaccess	基于目录的配置文件，包含其所在目录的访问控制和认证等参数，使得存放此 . htaccess 文件的目录只允许它规定的用户访问

 任务准备

1. 一台装有 RHEL 6. x Server 操作系统的计算机，且配备 CD 或 DVD 光驱、音箱或耳机。
2. 计算机接入网络，且网络畅通。
3. 一张 RHEL 6. x Server 安装光盘（DVD）。
4. 以超级用户 root（密码 root123）登录 RHEL 6. x Server 计算机。

任务实施

步骤 1　安装 Apache 服务器软件

（1）图形化方式安装

① 把 RHEL 6. x Server 的 DVD 安装光盘放入光驱并加载。

② 选择桌面顶部面板上的"系统"→"管理"→"添加/删除软件"菜单命令，弹出"添加/删除软件"窗口，在左侧栏选中"Web Services→万维网服务器"选项，然后在右侧栏选中"Apache HTTP Server"软件包组，如图 9-53 所示，单击"应用"按钮开始安装。

图 9-53 以图形化方式安装 Apache 服务器

(2) 命令方式安装

以 Shell 命令方式安装 Apache 服务器时，命令执行情况如图 9-54 所示。

- 用 "rpm -qa | grep apr" 查看是否安装了 bind 软件包。
- 把 RHEL 6.x Server 的 DVD 安装光盘放入光驱，并用 mount 命令加载光盘。
- 用 rpm 命令安装 postgresql-libs 类库软件包。
- 用 rpm 命令安装 Apache 服务器的运行类库 apr 软件包。

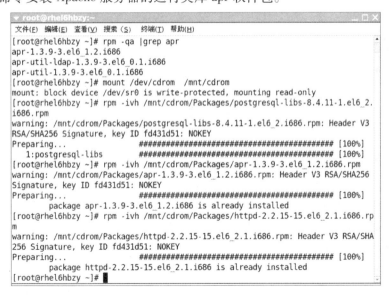

图 9-54 以 Shell 命令方式安装 Apache 服务器

- 用 rpm 命令安装 Apache 服务器运行类库 apr – util 的工具软件包。
- 用 rpm 命令安装 Apache 服务器的 httpd 软件包。
- 启动 httpd 服务。

步骤 2 配置 WWW 服务器

(1) 设置认证用户

用 htpasswd 命令依次设置用户 hbzy、hbvtc 为认证用户，密码均为 123456，如图 9-55 所示。

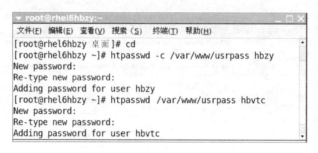

图 9-55 设置认证用户

(2) 设置/var/www/html/file 目录中的所有网页文件只允许认证用户访问

① 用 mkdir 命令在/var/www/html 目录下新建 file 目录。

② 创建或复制一个 index. html 文件，并放到/var/www/html/file 目录中。

③ 用文本编辑器打开配置文件/etc/httpd/conf/httpd. conf，按图 9-56 所示的内容编辑该文件。

④ 修改 httpd. conf 文件中 "ServerName www. example. com:80" 为 "ServerName localhost:80"。

⑤ 用 "service httpd restart" 命令重启 httpd 服务，如图 9-57 所示。

图 9-56 编辑 httpd. conf

图 9-57 重启 httpd 服务

(3) 创建 . htaccess 文件，设置/var/www/html/file 网页文件只允许特定网段访问

① 用文本编辑器创建/var/www/html/file/. htaccess 文件，内容如图 9-58 所示。

② 用 "service httpd restart" 命令重启 httpd 服务。

步骤 3 建立个人 Web 站点

(1) 修改配置文件 httpd. conf，允许用户架设个人 Web 站点

① 用文本编辑器打开配置文件 httpd. conf，找到 mod_userdir. c 模块，默认内容如图 9-59 所示。

图 9-58　编辑 .htaccess 文件

② 修改 mod_userdir. c 模块，在 UserDir disabled 前面加上"#"号，并去掉 UserDir public_html 前面的"#"号，如图 9-60 所示。

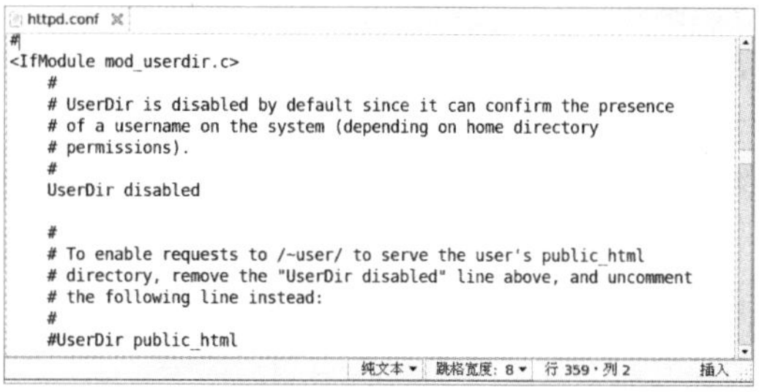

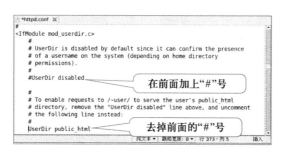

图 9-59　默认 mod_userdir. c 配置

图 9-60　修改后的 mod_userdir. c 配置

（2）修改配置文件 **httpd. conf**，设置用户个人 **Web** 站点的访问默认权限

① 用文本编辑器打开配置文件 httpd. conf，找到/home/ * public_html 模块。去掉该模块配置内容中的所有"#"号。

② 在最后一行加入"ServerName localhost：80"语句，如图 9-61 所示。

（3）在用户主目录中创建 **public_html** 子目录，并将相关网页保存其中

① 用 mkdir 在 hbzy、hbvtc、shen 用户主目录中创建 public_html 子目录，如图 9-62 所示。

② 分别将主页文件 index. html 复制到用户的个人主目录下的 public_html 子目录中。

【提示】主页文件可以事先用网页制作软件编辑生成。

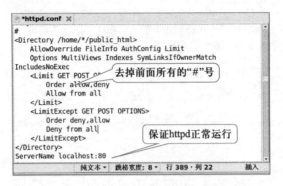

图 9-61　修改配置文件

（4）修改用户主目录的权限

① 用 chmod 命令修改/home/hbzy 目录权限，添加其他用户的执行权限，如图 9-63 所示。

② 用 chmod 命令修改/home/hbvtc、/home/shen 目录权限，添加其他用户的执行权限。

图 9-62　建立用户主目录中的站点目录

图 9-63　增加 hbzy 主目录的其他用户权限

（5）重启 httpd 服务

用"service httpd restart"命令重启 httpd 服务。

步骤 4　建立虚拟主机

① 在/var/www 目录中分别建立 vhost – ip1 和 vhost – ip2 子目录，如图 9-64 所示。

② 分别在/var/www/vhost – ip1 和/val/www/vhost – ip2 目录中创建 index. html 文件。

【提示】主页文件可以事先用网页制作软件编辑生成。

③ 用文本编辑器打开配置文件 httpd. conf 以进行编辑，向其中添加如图 9-65 所示的内容。

【提示】把 IP 为 192.168.8.7 的 WWW 服务器中的 8008 和 8012 端口分配给湖北分公司和北京分公司。

步骤 5　配置防火墙

① 在终端窗口下输入端口开放语句"semanage port – a – t http_port_t – p tcp 8012"。

② 用"service httpd restart"命令重启 httpd 服务。

图 9-64 建立 vhost – ip1 和 vhost – ip2 子目录   图 9-65 向配置文件 httpd. conf 中添加内容

 任务检测

1. 检测 Web 服务器运行情况

打开浏览器，在地址栏中输入 RHEL 6. x Server 主机上公司主网站的 IP 地址"http://192.168.8.7"并按 Enter 键，出现测试页面，显示/var/www/html/index. html 文件的内容，如图 9-66 所示，表示 Web 服务器安装正确并运转正常。

2. 检测 192. 168. 8. ∗ 以外的网络能否访问网站

在 192. 168. 8. ∗ 网段以外的计算机上，在浏览器地址栏中输入"192. 168. 8. 7"并按 Enter 键，出现如图 9-67 所示的界面，表示不能访问。

而在 192. 168. 8. ∗ 网段以内的计算机上，在浏览器地址栏中输入"192. 168. 8. 7"并按 Enter 键，则可以访问。

图 9-66 主网页文件   图 9-67 网络拒绝访问界面

3. 检测认证用户 hbzy、hbvtc 能否访问网站/var/www/html/file

在浏览器地址栏中输入"www. hbvtc. edu. cn/file"并按 Enter 键，弹出如图 9-68 所示的对话框，输入用户名"hbzy"和密码"123456"，单击"确定"按钮进入网站，如图 9-69 所示，表示能成功访问 hbzy 用户的目录。

输入用户名"hbvtc"和密码"123456"也能访问，而用户 shen 不能访问。

图 9-68 "提示"对话框   图 9-69 显示网页

4. 检测用户 hbzy、hbvtc 能否访问自己的网站

在浏览器地址栏中输入"http://www.hbvtc.edu.cn/~hbzy"、"http://www.hbvtc.edu.cn/~hbvtc"，检测是否能访问自己的网站。

5. 访问 8008 与 8012 端口

在浏览器地址栏中输入"http://192.168.8.7:8008"，弹出如图 9-70 所示的网页。在浏览器地址栏中输入"http://192.168.8.7:8012"，弹出如图 9-71 所示的网页，表示配置成功。

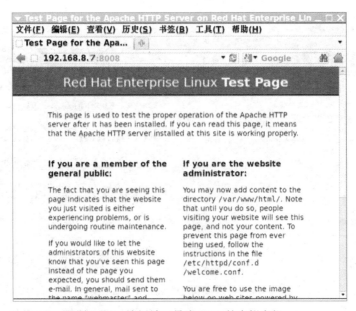

图 9-70 访问端口号为 8008 的虚拟主机

图 9-71　访问端口号为 8012 的虚拟主机

知识与技能拓展

/etc/httpd/conf/httpd.conf 是 Apache 服务器的配置文件，其代码长达千行，其中的参数非常复杂，本书仅选择性地介绍最常用的设置选项。

1. httpd.conf 的文件格式

httpd.conf 配置文件主要由 3 部分组成：**全局环境**（Section 1：Global Environment）、**主服务器配置**（Section 2：Main Server configuration）和**虚拟主机**（Section 3：Virtual Hosts）。每个部分都有相应的配置语句。

httpd.conf 文件格式有如下规则。

- 配置语句的语法形式为"参数名称　参数值"。
- 配置语句中除了参数值以外，所有的选项都不区分大小写。
- 可使用"#"表示该行为注释信息。

虽然配置语句可放置在文件的任何位置，但为方便管理，最好将配置语句放在其相应的部分。

通常在进行首次 Apache 服务器配置之前，都会先备份默认的 httpd.conf，这样即使配置出错也能还原到初始状态。

2. 全局环境

httpd.conf 文件的全局环境（Section 1：Global Environment）部分的默认配置，基本能满足用户的需要，用户可能需要修改的全局参数如下。

（1）相对根目录

相对根目录是 Apache 存放配置文件和日志文件的目录，默认为/etc/httpd。此目录一般包含 conf 和 logs 子目录。配置语句如下：

ServerRoot "/etc/httpd"

DocumentRoot "/var/www/html"

（2）响应时间

Web 站点的响应时间以秒为单位，默认为 120 秒。如果超过这段时间仍然没有传输任何数据，那么 Apache 服务器将断开与客户端的连接。配置语句如下：

Timeout　120

（3）保持激活状态

默认不保持与 Apache 服务器的连接为激活状态，通常将其修改为 on，即允许保持连接，以提高访问性能。配置语句如下：

KeepAlive　off

（4）最大请求数

最大请求数是指每次连接可提出的最大请求数量，默认值为 100，设置为 0 则没有限制。配置语句如下：

MaxKeepAliveRequests　100

（5）保持激活的响应时间

允许保持连接时，可指定连续两次连接的间隔时间，如果超出设置值，则被认为连接中断，默认值为 15 秒。配置语句如下：

KeepAliveTimeout　15

（6）监听端口

Apache 服务器默认会在本机的所有可用 IP 地址上的 TCP80 端口监听客户端的请求。配置语句如下：

Listen　80

3. 主服务器配置

httpd. conf 配置文件的主服务器配置（Section2：Main server configuration）部分设置默认 Web 站点的属性，其中可能需要修改的参数如下。

（1）管理员地址

当客户端访问 Apache 服务器发生错误时，服务器会向客户端返回错误提示信息。其中，通常包括管理员的 E – mail 地址。默认的 E – mail 地址为 root@ 主机名，应正确设置此项。配置语句如下：

ServerAdmin root@ rhel

（2）服务器名

为方便识别服务器自身的信息，可使用 ServerName 语句来设置服务器的主机名称。如果此服务器有域名，则输入域名，否则输入服务器的 IP 地址。配置语句如下：

ServerName　www. example. com

（3）主目录

Apache 服务器的主目录默认为/var/www/html，也可根据需要灵活设置。配置语句如下：

DocumentRoot "/var/www/html"

（4）默认文档

默认文档是指在Web浏览器中仅输入Web站点的域名或IP地址就显示的网页。按照httpd. conf文件的默认设置，访问Apache服务器时如果不指定网页名称，Apache服务器将显示指定目录下的index. html或index. html. var文件。配置语句如下：

DirectoryIndex　index. html　index. html. var

用户可根据实际需要对DirectoryIndex语句进行修改，如果有多个文件名，则各文件名之间用空格分隔。Apache服务器根据文件名的先后顺序查找指定的文件名。如果能找到第1个则调用，否则可查找并调用第2个，以此类推。

【提示】实际上，Apache服务器的功能十分强大，可实现访问控制、认证、用户个人站点、虚拟主机等功能。根据WWW服务器的实际情况修改httpd. conf文件中的部分参数，重启httpd守护进程，并将包括index. html在内的相关文件复制到指定的Web站点根目录（默认为/var/www/html），就能架设起一个简单的WWW服务器。

任务总结

通过本任务的实施，应掌握下列知识和技能：
- WWW和Apache服务器软件的基本知识
- Apache服务器软件的配置文件
- Apache服务器软件的安装方法（重点）
- 配置WWW服务器的方法（重点、难点）
- 建立个人Web站点的方法（重点、难点）
- 建立虚拟主机的方法（重点）
- Apache服务器配置文件httpd. conf（难点）

9.4 子情境：FTP服务器的安装与配置

任务描述

为更好地为公司职员和客户提供相应的资源，公司网络中心经过讨论，拟建立一台FTP服务器来存放公司的相关资源，供客户和内部员工下载，具体描述如下。

1. 公司FTP服务器为ftp. hbvtc. edu. cn，IP地址为192. 168. 8. 8，对外访问端口为21。

2. 将用户hbzy及hbvtc等核心账户设置为认证用户，并将认证口令设置为123456。

3. 开放匿名用户登录及上传的权限，内部资源只允许内部IP段为192. 168. 8. *的计算机下载，本地用户hbzy只能访问自己的主目录。

4. 禁止本地用户hbvtc登录服务器。

任务实施流程

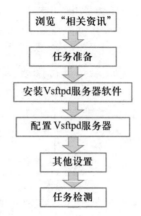

 相关资讯

1. FTP 服务器简介

虽然用户可采用多种方式来传送文件，但 FTP 凭借其简单高效的特性，仍然是跨平台直接传送文件的主要方式。与大多数 Internet 服务一样，FTP 服务也采用**"客户机/服务器"模式**，如图 9-72 所示。用户利用 FTP 客户端程序连接到远程主机的 FTP 服务器程序，然后向 FTP 服务器程序发送命令，服务器程序执行用户所发出的命令，并将结果返回给客户机。

在此过程中，FTP 服务器与 FTP 客户机之间建立两个连接：**控制连接和数据连接**。控制连接用于传送 FTP 命令及响应结果，而数据连接负责传送文件。FTP 服务器的守护进程总是监听 21 端口，等待控制连接的建立请求。控制连接建立之后，FTP 服务器通过一定的方式验证用户的身份，之后才会建立数据连接。

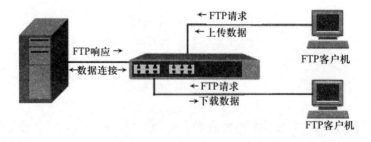

图 9-72　FTP 服务器的工作模式

目前，Linux 系统中常用的 FTP 服务器软件有 3 种：Vsftpd、Proftpd 和 Wu-ftpd。它们都是基于 GPL 协议开发的，功能也基本相似，本书仅介绍 Vsftpd 软件。

2. Vsftpd 服务器软件包

RHEL 6.x Server 默认不安装 FTP 服务器，也不提供图形化的 FTP 服务器配置工具。在终端的命令提示符后输入 "rpm -q vsftpd" 或 "rpm -qa | grep vsftpd" 命令，可检查系统是否已安装 Vsftpd 服务器。如果未安装，则需要进行安装了。

RHEL 6. x Server 中与 Vsftpd 服务器密切相关的软件包如下。

vsftpd – 2. 2. 2 – 11. el6. i686. rpm：Vsftpd 服务器软件。

3. Vsftpd 服务器配置

Vsftpd 服务器最重要的是主配置文件 vsftpd. conf。vsftpd 守护进程运行时，首先从 vsftpd. conf 文件获取配置文件的信息，然后配合 ftpusers 和 user_list 文件决定可访问的用户。表 9-5 列出了与 Vsftpd 服务器相关的文件和目录。

表 9–5　与 Vsftpd 服务器相关的文件和目录

文件/目录名	说　　明
/etc/vsftpd/vsftpd. conf	Vsftpd 服务器的主配置文件
/etc/vsftpd/ftpusers	禁止访问 Vsftpd 服务器的用户列表
/etc/vsftpd/user_list	根据 vsftpd. conf，许可或禁止访问 Vsftpd 服务器的用户列表文件
/var/ftp	匿名用户的默认文件目录

（1）Vsftpd 服务器的用户

一般而言，用户必须经过**身份验证**才能登录 Vsftpd 服务器，然后才能访问和传输 FTP 服务器上的文件。Vsftpd 服务器的用户主要分为两类：本地用户和匿名用户。

- **本地用户**是在 Vsftpd 服务器上拥有账号的用户。本地用户输入自己的用户名和口令后可登录 Vsftpd 服务器，并直接进入该用户的主目录。
- **匿名用户**是在 Vsftpd 服务器上没有账号的用户。如果 Vsftpd 服务器提供匿名访问功能，那就可以输入匿名用户名（ftp 或 anonymous），然后输入用户的 E – mail 地址作为口令来进行登录，甚至不输入口令也可登录。当匿名用户登录系统后，进入匿名 FTP 服务目录/var/ftp。

（2）配置文件 vsftpd. conf

配置文件/etc/vsftpd/vsftpd. conf 决定 Vsftpd 服务器的主要功能，有如下格式规则。

- 配置语句的语法形式为"参数名称=参数值"。注意"="两边不能留有空格或其他任何空白字符。
- 配置语句中，除了参数值以外，所有的选项都不区分大小写。
- 可使用"#"表示该行为注释信息。

vsftpd. conf 文件中可定义多个配置参数，用命令"man vsftpd. conf"可查阅所有选项，表 9-6 列出了常用的部分配置参数。

表 9–6　Vsftpd 服务器的常用配置参数

参　数　名	说　　明
anonymous_enable	指定是否允许匿名登录，默认为 YES
local_enable	指定是否允许本地用户登录，默认为 YES
write_enable	指定是否开放写权限，默认为 YES
local_umask	指定文件创建的初始权限

续表

参　数　名	说　　明
dirmessage_enable	指定是否能浏览目录内的信息
userlist_enable	指定是否启用 user_list 文件，默认为 YES 表示起作用，NO 表示不起作用
idle_session_timeout	指定用户会话空闲多长时间（以秒为单位）后自动断开
data_connection_timeout	指定数据连接空闲多长时间（以秒为单位）后自动断开
ascii_upload_enable	指定是否允许使用 ASCII 格式上传文件
ascii_download_enable	指定是否允许使用 ASCII 格式下载文件
listen	指定 Vsftpd 服务器的运行方式，默认为 YES，以独立方式运行
xferlog_enable	指定是否启用日志功能
xferlog_std_format	指定采用何种日志格式
connetct_from_port_20	指定是否启用 20 端口进行数据连接
pam_service_name	指定验证方式
tcp_wrapper	指定是否启用防火墙

根据 Vsftpd 服务器的默认设置，本地用户和匿名用户都可以登录。本地用户默认进入其个人主目录，并可切换到其他有权访问的目录，还可上传和下载文件。匿名用户只能下载/var/ftp/目录下的文件，默认情况下，/var/ftp/目录中没有任何文件。

（3）ftpusers 文件

文件/etc/vsftpd/ftpusers 用于指定不能访问 Vsftpd 服务器的用户列表。此文件在格式上采用每个用户一行的形式，其包含的用户通常是 Linux 系统的超级用户和系统用户，例如 root、bin、daemon、adm、lp、sync、shutdown、halt、mail、nobody 等。

（4）user_list 文件

文件/etc/vsftpd/user_list 中也保留用户列表，其是否起效取决于 vsftpd.conf 文件中的 userlist_enable 和 userlist_deny 参数设置。如果 userlist_enable = YES（默认设置），则 user_list 文件起作用；如果 userlist_enable = NO，则 user_list 文件不起作用。

当 userlist_enable = YES 时：① 如果 userlist_deny = NO，则表示只有在 user_list 文件中存在的用户才有权访问 Vsftpd 服务器；② 如果 userlist_deny = YES，则表示 user_list 文件中存在的用户无权访问 Vsftpd 服务器，甚至连密码都不能输入。

由于 vsftpd.conf 文件中默认 userlist_enable = YES 及 userlist_deny = YES，因此 user_list 文件默认的用户列表与 ftpusers 文件中的用户列表完全相同。

任务准备

1. 一台装有 RHEL 6.x Server 操作系统的计算机，且配备 CD 或 DVD 光驱、音箱或耳机。
2. 计算机接入网络，且网络畅通。
3. 一张 RHEL 6.x Server 安装光盘（DVD）。
4. 以超级用户 root（密码 root123）登录 RHEL 6.x Server 计算机。

任务实施

步骤 1　**安装 Vsftpd 服务器**

（1）图形化方式安装

① 把 RHEL 6. x Server 的 DVD 安装光盘放入光驱并加载。

② 选择桌面顶部面板上的"系统"→"管理"→"添加/删除软件"菜单命令，弹出"添加/删除软件"窗口，在左侧栏选中"Servers→FTP 服务器"选项，然后在右侧栏选中 Very Secure Ftp Daemon 软件包组，如图 9-73 所示。单击"应用"按钮开始安装。

图 9-73　选择"FTP 服务器"软件包组

（2）命令方式安装

使用 Shell 命令方式的安装步骤如下，命令执行情况如图 9-74 所示。

① 用"rpm -qa | grep vsftpd"查看是否安装 Vsftpd 软件包。

② 把 RHEL 6. x Server 的 DVD 安装光盘放入光驱，并用 mount 命令加载光盘。

③ 用 rpm 命令安装 vsftpd 软件包。

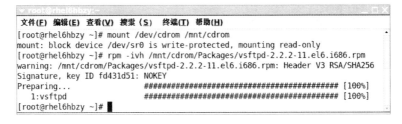

图 9-74　使用 Shell 命令方式安装 Vsftpd 服务器

步骤 2　**配置 Vsftpd 服务器**

（1）指定 192. 168. 8. ∗ 网段的 IP 地址才能访问 FTP 服务器

① 用文本编辑器打开/etc/hosts. deny 文件，加入"vsftpd:ALL:DENY"语句。

② 用文本编辑器打开/etc/hosts. allow 文件，加入"vsftpd:192. 168. 8. ∗:ALLOW"语句。

【提示】hosts. deny 和 hosts. allow 这两个文件是 tcpd 服务器的配置文件。tcpd 服务器可以控制外部 IP 对本机服务的访问。两个文件的优先级为先检查 hosts. deny，再检查 hosts. allow，后者的设定可越过前者的限制。

（2）设置匿名用户的权限

① 用文本编辑器打开/etc/vsftpd/vsftpd. conf 文件进行编辑，使其一定包括如图 9-75 所示的内容，使得允许匿名用户登录，匿名用户可在/var/ftp/pub 目录中新建目录、上传和下载文件。

② 修改/var/ftp/pub 目录的权限，允许其他用户写入文件，如图 9-76 所示。

 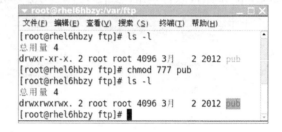

图 9-75　编辑 vsftpd. conf 配置文件　　　　　图 9-76　修改/var/ftp/pub 目录权限

③ 输入"service vsftpd restart"命令，重启 vsftpd 服务，如图 9-77 所示。

图 9-77　重启 vsftpd 服务

（3）指定本地用户 hbzy 只能登录自己的主目录

① 修改/etc/vsftpd/vsftpd. conf，如图 9-78 所示。

图 9-78　编辑 vsftpd. conf 文件

② 输入命令"groupadd ftpgroup"，增加组"ftpgroup"。

③ 输入命令"useradd － g ftpgroup － d /dir/to － M hbzy"，增加 hbzy 用户。

添加已存在用户 hbzy 到组群 ftpgroup 用命令：gpasswd － a hbzy ftpgroup

④ 输入命令"passwd hbzy"，设置用户口令，输入密码"hbhbzy123"，如图 9-79 所示。

⑤ 编辑文件"/etc/vsftpd/chroot_list"，加入用户"hbzy"。

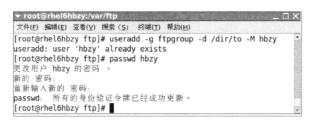

图 9-79 增加用户及设置用户口令

⑥ 重新启动 vsftpd 服务。

（4）禁止本地用户 hbvtc 登录 FTP 服务器

① 编辑/etc/vsftpd/ftpusers 文件，将禁止登录的用户名 hbvtc 写入 ftpusers 文件中，如图 9-80 所示。

② 编辑/etc/vsftpd/user_list 文件，将禁止登录的用户名 hbvtc 写入 user_list 文件，如图 9-81 所示。

③ 编辑/etc/vsftpd. conf 文件，设置 userlist_enable = YES 和 userlist_deny = YES 语句，使得用户 hbvtc 不能访问 FTP 服务器。

图 9-80 编辑 ftpusers 文件

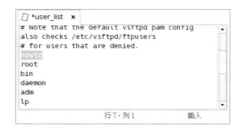

图 9-81 编辑 user_list 文件

【提示】此时，如果某用户（比如 hbzy）同时出现在 user_list 和 ftpusers 文件中，那么该用户将不被允许登录。这是因为，Vsftpd 总是先执行 user_list 文件，允许用户 hbzy 登录，再执行 ftpusers 文件，禁止用户 hbzy 登录。

步骤3 其他设置

（1）设置欢迎信息

打开 vsftpd. conf 文件，找到#ftpd_banner = Welcom to blah FTP server 行，去掉该行前面的"#"号，修改成 ftpd_banner = Welcom to FTP server。

【提示】如果欢迎信息较长，则可在/etc/vsftpd/目录中新建 mywelcomefile 文件，然后在 vsftpd. conf 文件中增加配置语句 banner_file = /etc/vsftpd/mywelcomefile。

（2）限制文件传输速度

编辑 vsftpd. conf 文件，直接添加"anon_max_rate = 30000"和"local_max_rate = 60000"配置语句。

【提示】限制匿名用户的文件传输速率为 30 000 byte/s，限制本地用户的文件传输速率为 60 000 byte/s。

（3）重启 vsftpd 服务

输入"service vsftpd restart"命令，重启 vsftpd 服务。

 任务检测

1. 用浏览器测试 FTP 服务器

在浏览器中输入 FTP 服务器域名"ftp://ftp. hbvtc. edu. cn"并按 Enter 键，出现如图 9-82 所示的界面，单击相关链接，下载文件。

图 9-82　测试 FTP 服务器界面

2. 用 ftp 命令行程序测试 FTP 服务器

① 在终端的命令提示符后输入"ftp　ftp. hbvtc. edu. cn　21"命令，启动 ftp 命令工具。

② 先以用户 hbvtc 登录，提示被拒绝登录，表示设置成功。

③ 再以匿名用户 anonymous 登录（不需要密码，在 password 后直接按 Enter 键），出现"ftp >"提示符，如图 9-83 所示。

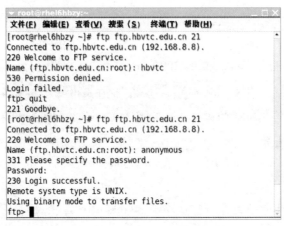

图 9-83　以 ftp 命令方式登录 FTP 服务器

④ 在"ftp >"提示符后，用 get 命令从 FTP 服务器下载文件到本地盘当前目录中，如图 9-84 所示。

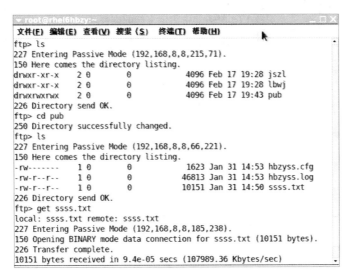

图 9-84 使用 ftp 命令下载 ssss. txt 文件

知识与技能拓展

1. ftp 命令行程序简介

格式：ftp［域名｜IP 地址］［端口号］

功能：启动 ftp 命令行工具，如果指定 FTP 服务器的域名或 IP 地址，则建立与 FTP 服务器的连接。否则需要在 ftp 提示符号后输入"open 域名｜IP 地址"格式的命令，才能建立与指定 FTP 服务器的连接。ftp 命令行程序在 Windows 和 Linux 环境中都能使用。

与 FTP 服务器的连接建立后，用户需要输入用户名和口令，验证成功后，用户才能对 FTP 服务器进行操作。无论验证成功与否，都将出现"ftp >"提示符，等待输入子命令，输入"!"或"quit"命令可退出 ftp 命令行程序。表 9-7 列出了 ftp 命令行程序的常用子命令。

表 9-7 ftp 命令行程序的常用子命令

命 令 名	说 明
? 或 help	列出 ftp 提示符后可用的所有命令
open 域名｜IP 地址	建立与指定 FTP 服务器的连接
close	关闭与 FTP 服务器的连接，ftp 命令行工具仍可用
ls	查看 FTP 服务器当前目录的文件
cd 目录名	切换到 FTP 服务器中指定的目录
pwd	显示 FTP 服务器的当前目录
mkdir［目录名］	在 FTP 服务器新建目录
rmdir 目录名	删除 FTP 服务器中的指定目录，要求此目录为空

续表

命 令 名	说 明
rename 新文件名 源文件名	更改 FTP 服务器中指定文件的文件名
delete 文件名	删除 FTP 服务器中指定的文件
get 文件名	从 FTP 服务器下载指定的一个文件到本地盘当前目录
mget 文件名列表	从 FTP 服务器下载多个文件，可使用通配符
put 文件名	向 FTP 服务器上传指定的一个文件
mput 文件名列表	向 FTP 服务器上传多个文件，可使用通配符
Lcd	显示本地机的当前目录
led 目录名	将本地机工作目录切换到指定目录
! 命令名 [选项]	执行本地机中可用的命令
bye 或 quit	退出 ftp 命令行工具

2. 配置基于本地用户的访问控制

要配置基于本地用户的访问控制，可以通过修改 vsftpd 服务器的主配置文件/etc/vsftpd/vsftpd. conf 来进行，有如下两种限制方法。

(1) 限制指定的本地用户不能访问，而其他本地用户可访问

例如下面的设置：

userlist_enable = YES

userlist_deny = YES

userlist_file = /etc/vsftpd/user_list

该设置可使文件/etc/vsftpd/user_list 中指定的本地用户不能访问 FTP 服务器，而其他本地用户可访问 FTP 服务器。

(2) 限制指定的本地用户可以访问，而其他本地用户不可访问

例如下面的设置：

userlist_enable = YES

userlist_deny = NO

userlist_file = /etc/vsftpd/user_list

该设置可使文件/etc/vsftpd/user_list 中指定的本地用户可以访问 FTP 服务器，而其他本地用户不可以访问 FTP 服务器。

 任务总结

通过本任务的实施，应掌握下列知识和技能：

- FTP 服务器基本知识
- Vsftpd 服务器的相关文件和目录（重点）
- 安装 Vsftpd 服务器的方法
- 配置 Vsftp 服务器的方法（重点、难点）

● ftp 命令行程序的使用方法

情境总结

在 RHEL 6. x Server 中，利用 Samba 软件可架设 Samba 服务器，以实现不同操作系统平台之间文件和打印机的共享。Samba 服务器的配置取决于/etc/samba/smb. conf 文件。最常用的 Samba 服务器采用共享级别或用户级别。

在 RHEL 6. x Server 中，利用 bind 软件可架设不同类型的 DNS 服务器。对于主域名服务器而言，必须配置主配置文件/etc/named. conf、正向区域文件和反向区域文件。named. conf 文件定义域名服务器的基本信息，以及区域文件的文件名和保存路径。区域文件的定义域名与 IP 地址的相互映射关系，主要由多个资源记录组成。区域文件总由 SOA 记录开始，并一定包含 NS 记录。对于正向区域文件，可能包括 A 记录、MX 记录、CNAME 记录，而反向区域文件包括 PTR 记录。

在 RHEL 6. x Server 中，利用 Apache 软件可架设 WWW 服务器，/etc/httpd/conf/httpd. conf 是其配置文件。利用 Aapche 可配置两种类型的虚拟主机：基于 IP 地址和基于域名的虚拟主机。

在 RHEL 6. x Server 中，利用 Vsftpd 软件可架设 FTP 服务器，/etc/vsftpd/vsftpd. conf 是其主配置文件。编辑 vsftpd. conf 文件可设置 Vsftpd 服务器的相关功能。

操作与练习

一、选择题

1. 要使 Samba 服务器发挥作用，必须要做哪些工作？（   ）

　　A）正确配置 Samba 服务器　　　　　　B）正确设置防火墙

　　C）禁用 SELinux　　　　　　　　　　　D）上述 3 项都必须

2. Samba 服务器的配置文件/etc/samba/smb. conf 由哪些节组成？（   ）

　　A）［Global］、［Homes］

　　B）［Printers］、［自定义目录名］

　　C）［Global］

　　D）［Global］、［Homes］、［Printers］、［自定义目录名］

3. Samba 服务器的 5 种安全级别中，哪个是默认的？（   ）

　　A）共享（Share）　　B）用户（User）　　C）服务器（Server）　　D）域（Domain）

4. 在 Linux 环境下访问 Windows 资源，需要做下列中的哪项工作？（   ）

　　A）选中"Microsoft 网络的文件和打印机共享"复选框

　　B）设置 Windows 系统中的共享目录

　　C）确保 Windows 计算机中已安装 NetBIOS 和 TCP/IP 协议

　　D）以上 3 项都对

5. Samba 服务器的核心是哪两个守护进程？（   ）

A) named 和 httpd　　　B) vsftpd 和 network　　　C) atd 和 crond　　　　　D) smbd 和 nmbd

6. 在 Linux 中，Samba 共享目录的权限是什么？（　　　）

A) smb. conf 文件中设定的权限

B) 文件系统权限

C) 文件系统权限与 smb. conf 设定权限中最严格的那种

D) 都不对

7. 通过设置下列哪项来控制可以访问 Samba 共享服务的合法 IP 地址？（　　　）

A) hosts valid　　　　　B) hosts allow　　　　　C) allowed　　　　　　　D) public

8. 在 Samba 配置文件中，设置 Admin 组群允许访问时如何表示？（　　　）

A) valid users = Admin　　　　　　　　　B) valid users = group Admin

C) valid users = @ Admin　　　　　　　　D) valid users = % Admin

9. 哪个命令可测试 smb. conf 文件的正确性？（　　　）

A) smbpasswd　　　　　B) smbclient　　　　　C) smbstatus　　　　　　D) testparm

10. 在域名服务中，哪种 DNS 服务器是必需的？（　　　）

A) 主域名服务器　　　　　　　　　　　　　B) 辅助域名服务器

C) 缓存域名服务器　　　　　　　　　　　　D) 都必需

11. 一台主机的域名是 www. xghypro. com. cn，对应的 IP 地址是 192. 168. 0. 30，那么此域的反向解析域的名称是什么？（　　　）

A) 192. 168. 0. in – addr. arpa　　　　　　B) 30. 0. 168. 192

C) 0. 168. 192. in – addr. arpa　　　　　　D) 30. 0. 168. 192. in – addr. arpa

12. 使用 chroot 后，DNS 服务器的主配置文件是什么？（　　　）

A) /etc/named. conf　　　　　　　　　　　B) /etc/chroot/named. conf

C) /var/named/chroot/etc/named. conf　　　D) /var/chroot/etc/named. conf

13. 在 DNS 配置文件中，用于表示某主机别名的是以下哪个关键字？（　　　）

A) CN　　　　　　　　　B) NS　　　　　　　　　C) NAME　　　　　　　　D) CNAME

14. 配置 DNS 服务器的反向解析时，设置 SOA 和 NS 记录后，还需要添加何种记录？（　　　）

A) SOA　　　　　　　　　B) CNAME　　　　　　　C) A　　　　　　　　　　D) PTR

15. Apache 的配置文件中定义 Apache 的网页文件所在目录的选项是哪个？（　　　）

A) Directory　　　　　B) DocumentRoot　　　C) ServerRoot　　　　　D) DirectoryIndex

16. 要启用. htaccess 文件以对网站目录进行认证和访问控制，需将 AllowOverride 参数设置为什么？（　　　）

A) All　　　　　　　　　B) None　　　　　　　　C) AuthConfig　　　　　D) Limit

17. httpd. conf 文件中，"UserDir public_html" 语句有何意义？（　　　）

A) 指定用户的网页目录　　　　　　　　　　B) 指定用户保存网页的目录

C) 指定用户的主目录　　　　　　　　　　　D) 指定用户下载文件的目录

18. Vsftpd 服务器为匿名服务器时可从哪个目录下载文件？（　　　）

A) /var/ftp　　　　　　B) /etc/vsftpd　　　　　C) /etc/ftp　　　　　　D) /var/vsftp

19. 与 Vsftpd 服务器有关的文件有哪些？（　　　）

A) vsftpd. conf　　　　B) ftpusers　　　　　　C) user_list　　　　　　D) 都是

20. 退出 ftp 命令行程序回到 Shell，应输入以下哪个命令？（　　　）

A) exit　　　　　　　　B) quit　　　　　　　　C) close　　　　　　　　D) shut

二、操作题

1. 用图形化方式配置共享级别的 Samba 服务器，并建立一个共享目录 testshare。

2. 用图形化方式配置共享打印机，打印机为 testprinter。

3. 配置一个主域名服务器正向区域文件，解析如下域名与 IP：

WWW 服务器的域名为 www. test. com，IP 地址为 192. 168. 88. 18；

FTP 服务器的域名为 ftp. test. com，IP 地址为 192. 168. 88. 28；

DHCP 服务器的域名为 dhcp. test. com，IP 地址为 192. 168. 88. 38；

SMTP 服务器的域名为 email. test. com，IP 地址为 192. 168. 88. 58。

4. 按第 2 题参数配置一个主域名服务器反向区域文件。

5. 按第 2 题参数配置一个辅助域名服务器的正向区域文件和反向区域文件。

6. 配置 WWW 服务器，只允许 192. 168. 88. * 网段的用户访问。

7. 配置 IP 为 192. 168. 88. 68 的 WWW 服务器，把其中的 8080 和 8088 端口分配给湖北分公司和北京分公司网站。

8. 配置 FTP 服务器，只允许 192. 168. 88. * 网段的用户访问。

9. 配置 FTP 服务器，不允许本地用户 shen 与 tang 访问。

10. 配置 FTP 服务器，不允许匿名用户访问。

第四部分

Linux 操作系统综合应用

学习情境 10
Shell 编程

　　字符界面占用系统资源较少且操作更加直接，系统运行更加快速和高效，因此从事嵌入式开发、Linux 服务器管理、企业计算机系统管理与维护等工作的技术人员都喜欢使用字符界面及 Shell 命令来进行工作。

　　对于某些操作或工作任务，用 Shell 脚本来完成会更加高效和快捷。因此，仅仅会使用 Shell 命令还不能满足工作需要，还必须会编写 Shell 脚本程序，这对于高级用户、专业用户来说显得更为重要。

6,202,00
1,053,11

10.1 子情境：Shell 程序的编写与执行

任务描述

某工厂生产管理员负责统计各车间每天的产品生产数据，其计算机安装了双硬盘。为保证数据安全，该管理员每天上午和下午下班前必须对数据进行双硬盘备份，且要求保存最近的 3 次备份。需要备份的数据存放于/home/hbzy/workdata/目录，最近 3 次备份的文件分别为 worknewdata. tar、work2nddata. tar、work3rddata. tar，且存放于/home/hbzy/disk1backup/和/dev/disk2backup/目录。以前该生产管理员的操作方法如下：

首先在/home/hbzy/disk1backup 目录中删除 work3rddata. tar，将 work2nddata. tar 改名为 work3rddata. tar，将 worknewdata. tar 改名为 work2nddata. tar，备份当前数据为 worknewdata. tar。

然后把上述/home/hbzy/disk1backup/目录中的 3 个文件复制到/dev/disk2backup/目录。

每次都重复同样的操作，既烦琐又容易出错。后来工厂技术总监在进行内审时，建议他编写一个 Shell 脚本程序以自动执行这些操作。

任务实施流程

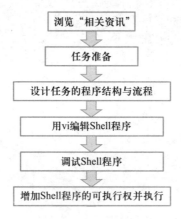

相关资讯

1. 什么是 Shell 程序

读者已经了解了 Shell 是操作系统的外壳，为用户提供使用操作系统的接口。它是命令语言、命令解释程序及程序设计语言的统称，负责用户和操作系统之间的沟通，把用户下达的命令解释给系统去执行，并将系统传回的信息再次解释给用户。因此，既可将 Shell 看成**用户环境**，又可称为**命令解释器**。

其实，互动式地解释和执行用户输入的命令只是 Shell 功能的一个方面，Shell 还能用来进行程序设计。Shell 的另一个重要特征是，它本身就是一个解释型的程序设计语言，在命令提示符下能输入的任何命令都能直接添加到可执行的 **Shell 程序**（又称 **Shell 命令文件、Shell 脚本**）中。它还提供了定义变量和参数的方法、丰富的程序控制结构。

2. 为什么要使用 Shell 编程

Linux 系统最初并没有图形化界面，所有任务都通过 Shell（命令行）来完成。对于一些复杂的任务，需要执行多条命令实现，因此把这些命令编制成一个 Shell 程序（Shell 脚本）来完成这些复杂任务是个不错的选择，这能让用户实现 Linux 的许多强大、高级的功能。

3. Shell 程序基本组成

Shell 程序的主体由变量、控制语句及命令语句组成。

Shell 程序总是以#! 作为第 1 行开头，#! 指明了使用什么样的 Shell 来解释执行本程序，通常为#! /bin/bash 或#! /bin/sh 形式。其中，sh 表示使用 Bourne Shell，bash 则表示使用 Bourne Again Shell。

Shell 程序中使用#表示注释。

4. 在 Shell 脚本中常用的 bash 内部命令

（1）echo

格式：echo arg

功能：在屏幕上显示出由 arg 参数指定的字符串（arg 可以是 $PATH、$SHELL 等）。

（2）eval

格式：eval args

功能：当 Shell 程序执行到 eval 语句时，Shell 读入参数 args，并将它们合并成一个新的命令，然后执行。

（3）exec

格式：exec 命令参数

功能：当 Shell 程序执行到 exec 语句时，不会去创建新的子进程，而是转去执行指定的命令，当指定的命令执行完成时，该进程（即最初的 Shell 进程）就终止，所以 Shell 程序中 exec 后面的语句将不再执行。

（4）wait

格式：wait

功能：使 Shell 等待在后台启动的所有子进程结束，wait 的返回值总为真。

（5）exit

格式：exit［数字］

功能：退出 Shell 程序。在 exit 命令之后，可以有选择地指定一个数字作为返回状态。

（6）"."（点）

格式：. Shell 程序文件名

功能：使 Shell 读入指定的 Shell 程序文件并依次执行文件中的所有语句。

任务准备

1. 一台装有 RHEL 6. x Server 操作系统的计算机，系统装载两块硬盘，其中，非引导硬盘挂载为/dev/disk2backup。在主硬盘/home/hbzy/下建立了 workdata、disk1backup 两个目录，分别用来存放用户工作数据文件和用户工作数据备份文件（worknewdata. tar、work2nddata. tar、work3rddata. tar）。

2. 启动该计算机，以 hbzy 用户（密码 hbzy1a2b）进入系统。

（1）用 **su** 命令进入超级用户

su

口令：root123

（2）用 **chmod** 修改用户对/home/hbzy 目录的权限

chmod   777   /home/hbzy

（3）用 **chmod** 赋于用户对/dev 目录的操作权限

chmod   777   /dev

（4）用 **exit** 命令返回 **hbzy** 用户

exit

3. 查看执行任务前相关目录的状态。

① 用 cd 命令进入/home/hbzy/disk1backup 目录，再用 ls －l 命令显示，如图 10－1 所示。

② 用 cd 命令进入/dev/disk2backup 目录，然后用 ls －l 命令显示，如图 10-2 所示。

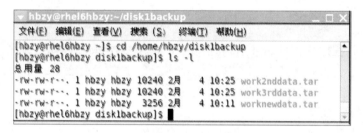

图 10-1　查看/home/hbzy/disk1backup 目录

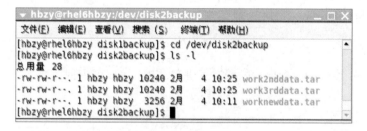

图 10-2　查看/dev/disk2backup 目录

 任务实施

步骤 1　设计任务的程序结构、流程

在动手编写程序前，必须先构思并设计出任务的程序基本结构、流程。

① 使用 rm 命令删除/home/hbzy/disk1backup 目录下的 work3rddata. tar 文件。

② 使用 mv 命令将/home/hbzy/disk1backup 目录下的 work2nddata. tar 改名为 work3rddata. tar。

③ 使用 mv 命令将/home/hbzy/disk1backup 目录下的 worknewdata. tar 改名为 work2nddata. tar。

④ 使用 tar 命令将/home/hbzy/workdata 目录备份为 worknewdata. tar 文件，存放于/home/hbzy/disk1backup 目录中。

⑤ 使用 rm 命令删除/dev/disk2data 目录中的 worknewdata. tar、work2nddata. tar、work3rddata. tar 这 3 个文件。

⑥ 使用 cp 命令将/home/hbzy/disk1backup 目录下的 worknewdata. tar、work2nddata. tar、work3rddata. tar 这 3 个文件复制到/dev/disk2backup 目录中。

⑦ 使用输出任务完成提示信息。

步骤 2　使用 vi 编辑 Shell 程序 autobackupdata. shell

（1）启动 vi 编辑器

在 Shell 命令提示符后输入命令"vi　autobackupdata. shell"，如图 10-3 所示。

图 10-3　启动 vi 编辑器

（2）输入程序

在 vi 编辑器界面输入如图 10-4 所示的内容，输入完毕后保存退出。

图 10-4　输入 Shell 程序内容

【提示】① 程序中的所有字符必须是英文字符，不能是中文字符。注释中可以出现任何字符。

② 程序中必须使用绝对路径，autobackupdata. shell 可保存任何位置。本例保存于/home/hbzy 目录。

步骤 3　调试 Shell 程序

在命令行输入命令"bash　autobackupdata. shell"。

如果程序有错，返回"步骤 2"修改程序，直到程序正确，如图 10-5 所示。

图 10-5 调试 Shell 程序

步骤 4 增加 Shell 程序的可执行权并执行

在 Shell 命令提示符后输入下列命令，如图 10-6 所示。

chmod   a + x   autobackupdata. shell

/home/hbzy/autobackupdata. shell

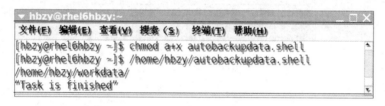

图 10-6 输入运行 Shell 程序的命令

【提示】执行 Shell 程序有 3 种方法。

方法一：在提示符下输入 Shell 名称 Shell 程序名，如 bash autobackupdata. shell。

方法二：在提示符下输入 Shell 名称 < Shell 程序名，如 bash < autobackupdata. shell。

方法三：赋予 Shell 程序可执行权限后，直接执行 Shell 程序。如：

chmod a + x autobackupdata. shell（编辑器生成的文件，默认的权限是 rw – r – – r – –）

/home/hbzy/autobackupdata. shell

当刚创建一个 Shell 程序且对它的正确性还没有把握时，应使用第 1 种方式进行调试；当一个 Shell 程序已经调试好时，应使用第 3 种方式将它固定下来，以后只要输入相应的文件名即可，并能被另一个程序调用。

 任务检测

1. 查看任务完成后的相关文件状况

任务完成后，查看/home/hbzy/disk1backup、/dev/disk2backup 目录下的文件状况。

① 用 cd 命令进入/home/hbzy/disk1backup 目录，然后用 ls –l 命令显示，如图 10-7 所示。

② 用 cd 命令进入/dev/disk2backup 目录，然后用 ls –l 命令显示，如图 10-8 所示。

2. 分析观测结果

通过对比任务完成前后显示的文件创建时间可知任务按要求完成了。

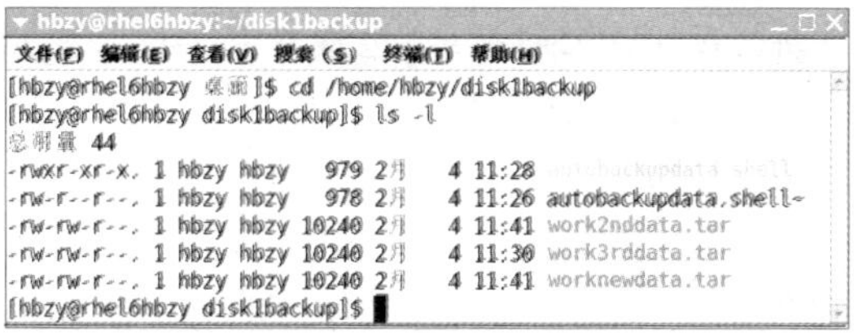

图 10-7　显示/home/hbzy/disk1backup 目录

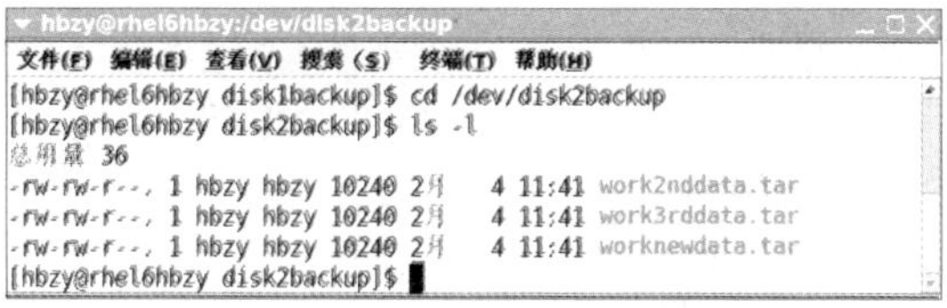

图 10-8　显示/dev/disk2backup 目录

知识与技能拓展

1. Shell 环境配置文件

每种 Shell 都有自己的**配置文件**，用户可以在配置文件里设置各种环境变量。一些常见和重要的 **Shell 环境配置文件**如下。

/etc/bashrc	包含系统定义的命令别名和 bash 的环境变量定义
/etc/profile	包含系统的环境定义，并指定启动时必须运行的程序
/etc/inputrc	包含系统的键盘设定，以及针对不同终端程序的键位配置信息
$HOME/. bashrc	包含为用户定义的命令别名和 bash 的环境变量定义
$HOME/bash_profile	包含为用户定义的环境变量，并指定用户登录时需要启动的程序
$HOME/. inputrc	包含用户的键盘设定，以及针对用户终端的键位配置信息

这些文件都是采用 Shell 语言编写的系统脚本文件，通常，用户目录下的配置文件与/etc 目录中相对应的文件大致相同。

2. Shell 变量类型

Shell 提供了说明和使用变量的功能。对于 Shell 来说，所有变量的取值都是一个字符串，Shell 程序采用 $var 的形式来引用名称为 var 的变量值。在 Linux 操作系统中可以使用的变量有**预定义变量（内建变量）、环境变量、用户变量、参数变量**等。

（1）Shell 预定义变量（内建变量）

Shell 预定义变量即内建变量，是在 Shell 一开始就定义了的变量，用户只能根据 Shell 的定义来使用这些变量，而不能重新定义它们。所有的预定义变量都由符号 $ 和另一个符号组成。常用的 Shell 预定义变量有如下几种。

$#	位置参数的数量
$ *	所有位置参数的内容
$?	命令执行后返回的状态，用于检查上一个命令执行是否正确（返回 0 表示该命令被正确执行；返回非 0 值表示该命令执行出错）
$ $	当前进程的进程号

$!	后台运行的最后一个进程号
$0	当前执行的进程名
$1、$2、$3 等	位置参数

（2）环境变量

Shell 在开始执行时就已经定义了一些与系统工作环境有关的变量（即环境变量）。环境变量和预定义变量的不同之处在于，用户可以重新定义环境变量。常用的 Shell 环境变量如下。

PATH	命令搜索路径
PWD	当前工作目录的绝对路径，其取值随 cd 命令的使用而变化
SHELL	用户的 Shell 类型
PS1	主命令提示符
IFS	Shell 使用的分隔符
LOGNAME	用户登录名，也就是账户名
UID	当前用户的识别码
HOME	用户主目录的位置，通常是/home/用户名
TERM	终端类型
HISTFILE	命令历史文件
HISTSIZE	命令历史文件中最多可包含的命令条数。

查看环境变量的方法：echo ＄环境变量，如 echo ＄PATH

（3）用户变量

用户定义的变量由字母、数字及下画线组成，变量名的第 1 个字符不能为数字，且变量名是大小写敏感的。脚本中的变量无须声明，可以直接赋值。自定义变量的语法规则如下：

变量名 = 变量值

这样创建的变量是只属于当前 Shell 程序的局部变量，所以不能被其他命令或 Shell 程序所使用。而用 export 命令可以将一个局部变量提供给其他命令或 Shell 程序使用，export 命令格式如下：

export　变量名

还可以在给变量赋值的同时使用 export 命令：

export　变量名 = 变量值

如果在定义一个变量并对它赋值后不再允许改变该变量的值，可以使用下面的命令来保证这个变量的只读性：

readonly　变量名

> 【提示】在定义变量时，变量名前不应加符号 ＄，而在引用变量的内容时，则应在变量名前加 ＄。在给变量赋值时，等号两边一定不能留空格，如果变量本身包含空格，则整个字符串都要用双引号括起来。

（4）参数变量

Shell 提供了参数置换功能，以便根据不同的条件来给变量赋不同的值。参数变量有 4 种，这些变量通常与某一个位置参数相联系，根据指定的位置参数是否已经设置来决定变量的取值，它们的语法和功能分别如下。

- 变量 = $｛参数 − word｝：如果设置了参数，则用参数的值来置换变量的值，否则用 word 置换。
- 变量 = $｛参数 = word｝：如果设置了参数，则用参数的值来置换变量的值，否则把变量设置成 word，然后再用 word 替换参数的值。注意，位置参数不能用于这种方式，因为 Shell 程序中不能为位置参数赋值。
- 变量 = $｛参数? word｝：如果设置了参数，则用参数的值来置换变量的值，否则就显示 word，并从 Shell 程序退出。如果省略了 word，则显示标准信息。此方式常用于出错处理。
- 变量 = $｛参数 + word｝：如果设置了参数，则用 word 置换变量，否则不进行置换。

 任务总结

通过本任务的实施，应掌握下列知识和技能：
- Shell 程序的优点和基本组成
- Shell 程序中常用的内部命令
- 编写 Shell 程序的基本过程和基本方法（重点）
- Shell 环境配置文件（重点）
- Shell 变量类型（重点、难点）

10.2 子情境：Shell 编程应用

 任务描述

某公司使用 Linux 构建网络平台，为内部用户提供 DNS、POP3、SMTP、FTP 等服务。为有效管理内部网络用户，网络系统管理员需要为每个用户建立一个账号，内部用户只有通过账户验证，系统才会为其提供服务。然而，该公司有一千多人，如果逐个或批量创建用户，工作量大，费时、费力且容易出错。因此，系统管理员经过分析，决定编写一个 Shell 脚本程序来批量创建用户账户，他的策略是，按部门来建立用户账号，用户账号名采用"部门名称 + 部门名称编号 + 用户 ID 号"的形式，账号初始密码设置为用户账户名。

任务实施流程

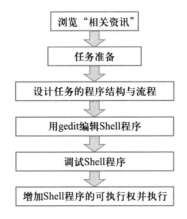

浏览"相关资讯"
↓
任务准备
↓
设计任务的程序结构与流程
↓
用gedit编辑Shell程序
↓
调试Shell程序
↓
增加Shell程序的可执行权并执行

 相关资讯

1. Shell 程序中的变量

在 10.1 子学习情境中，介绍了 **Shell 预定义变量、环境变量、用户变量、参数变量**。其中，预定义变量由系统定义，用户只能引用而不能更改；环境变量既能引用也能被用户重新赋值。这里再对自定义的用户变量和位置参数加以说明。

（1）自定义的用户变量

Shell 语言是解释型语言。给一个变量赋值，实际上就是定义了变量。在 Linux 支持的所有 Shell 中，都可以用赋值符号（＝）给变量赋值。注意等号两边一定不能有空格，如果变量本身含空格，则要用双引号括起来，如：

abc ＝ 9

Shell 程序的变量是无类型的，同一个变量可以时而存放字符，时而存放整数。如：

abc ＝ name

在变量赋值之后，只需在变量前面加一个 $ 就能引用变量。如：

echo $abc

（2）位置参数

位置参数是一种在调用 Shell 程序的命令行中按照各自的位置决定的变量，是程序名之后输入的参数。位置参数之间用空格分隔，Shell 取第 1 个位置参数替换程序中的 $1，取第 2 个位置参数替换 $2，以此类推。$0 是一个特殊的变量，它的内容是当前 Shell 程序的文件名，故 $0 不是一个位置参数，在显示当前所有的位置参数时是不包括 $0 的。

2. Shell 程序中的 test 命令

在 Shell 程序中，在条件语句和循环语句中需要判断某些条件是否满足，命令 test 用于计算一个条件表达式的值。test 命令的语法格式如下：

test　expression

在 test 命令中，可以使用很多 Shell 的内部操作符。

（1）字符串操作符（用于计算字符串表达式）

tr1 ＝ str2　　　　　当 str1 与 str2 相同时，返回 True

str1 ！＝ str2　　　　当 str1 与 str2 不同时，返回 True

str　　　　　　　　当 str 不是空字符时，返回 True

－n str　　　　　　当 str 的长度大于 0 时，返回 True

－z str　　　　　　当 str 的长度是 0 时，返回 True

（2）整数操作符（用于数值比较表达式）

int1 －eq　int2　　　当 int1 等于 int2 时，返回 True

int1 －ge　int2　　　当 int1 大于或等于 int2 时，返回 True

int1 －le　int2　　　当 int1 小于或等于 int2 时，返回 True

int1 －gt　int2　　　当 int1 大于 int2 时，返回 True

int1 －it　int2　　　当 int1 小于 int2 时，返回 True

int1 – ne int2 当 int1 不等于 int2 时，返回 True

此外，Shell 还能完成简单的算术运算，格式如下：

$[expression]

例如：

var1 = 2

var2 = $[var1 * 2 + 1]

此时，var2 的值为 5。

（3）逻辑操作符（用于数值比较表达式）

– a 与

– o 或

! 非

（4）用于文件操作的操作符（检查文件是否存在、文件类型等）

– e file 当 file 存在时，为 True。

– s file 当 file 存在且至少有一个字符时（文件长度大于 0）为 True

– d file 当 file 存在且为目录时为 True

– f file 当 file 存在且为普通文件时为 True

– c file 当 file 存在且为字符型特殊文件时为 True

– b file 当 file 存在且为块特殊文件时为 True

– r file 当 file 存在且为可读文件时为 True

– w file 当 file 存在且是一个可写文件时为 True

– x file 当 file 存在且是一个可执行文件时为 True

3. Shell 程序控制语句

同其他高级语言程序一样，复杂的 Shell 程序中经常使用到分支和循环控制结构。分支结构有 if 语句、case 语句；循环结构有 for 语句、while 语句和 until 语句。

（1）if 语句

if expression1

then

若干命令行 1

else

若干命令行 2

fi

含义：当 expression1 为 True 时，Shell 执行 then 后面的若干命令行 1 命令；当 expression1 的条件为 false 时，Shell 执行若干命令行 2 命令。

（2）case 语句

case string in

exp1）

若干命令行 1;;

exp2）

若干命令行 2;;

*)

其他命令行;;

esac

含义：将字符串 string 的值依次与表达式 exp1、exp2 等进行比较，直到找到一个匹配的表达式为止，并执行该表达式下面的命令，直到遇到一对分号（;;）为止。通常用"*"作为 case 命令的最后表达式，以便在前面找不到任何相匹配的表达式时执行"其他命令行"。

（3）**for** 语句

for　变量名　［in 数值列表］

do

若干命令行

done

含义：变量名可以是用户选择的任何字符串，如果变量名是 var，则 in 之后的数值将顺序替换循环命令列表中的 $var。如果省略了 in，则变量 var 的取值将是位置参数。

（4）**while** 语句

while 语句是 Shell 提供的另一种循环语句。while 语句指定一个表达式和一组命令。这个语句使得 Shell 重复执行一组命令，直到表达式的值为 False 为止。

语法格式：

while　expression

do

若干命令行

done

含义：当 expression 的值为 True 时继续执行 do 和 done 之间的命令，否则循环语句结束。

（5）**until** 语句

until　expression

do

若干命令行

done

含义：当 expression 的值为 False 时继续执行 do 和 done 之间的命令。

任务准备

1. 一台装有 RHEL 6. x Server 操作系统的计算机。

2. 启动该计算机，以 root 账号（密码 root123）进入字符界面。

3. 系统已创建 users 组群。

4. 查看任务执行前的 passwd 文件及/home/allusers 目录的情况。

① 用 cd 命令进入/home 目录，然后用 tree 命令查看该目录结构，如图 10-9 所示。

【提示】若不能使用 tree 命令，需自行下载 tree 安装包并安装。

② 用 cat /etc/passwd 命令查看用户情况，结果部分如图 10-10 所示。

图 10-9　显示/home 目录结构　　　　　　图 10-10　显示用户情况

 任务实施

步骤 1　设计任务的程序结构、流程

在动手编写程序前，必须先构思并设计出任务的程序基本结构、流程。

① 使用位置参数获取需要建立的部门名称、部门编号、需要建立的用户个数。

② 对部门编号处理，使部门编号都为两位数据。

③ 检查部门公共目录是否存在，如果不存在则建立部门公共目录。

④ 使用循环语句建立用户账户。

⑤ 为建立的用户设立密码。

步骤 2　使用 gedit 编辑 Shell 程序 createusers. shell

(1) 启动 gedit 编辑器

在 Shell 命令提示符后输入命令 "gedit createusers. shell"，如图 10-11 所示。

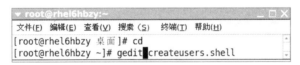

图 10-11　启动 gedit 编辑器

(2) 输入程序

在 gedit 编辑器界面输入如图 10-12、图 10-13 所示的程序内容，输入完毕后保存退出。

【提示】程序中的所有字符必须是英文字符，不能是中文字符。要特别注意，不要出现中文符号。注释中可以出现任何符号。

步骤 3　调试 Shell 程序

输入命令 "bash createusers. shell office 2 3"，参数依次为部门名称、部门编号、部门人数。

如果程序有错，返回 "步骤 2" 修改程序，直到程序正确，如图 10-14 所示。

步骤 4　增加 Shell 程序的可执行权并执行

在 Shell 命令提示符后输入下列命令，如图 10-15 所示。

chmod   a + xcreateusers. shell

/root/createusers. shell   office   2   3

```
*createusers.shell ✕
#!/bin/bas
#使用位置参数获取需要建立的部门名称、部门编号、需要建立的用户个数
dept=$1
deptcode=`expr $2 + 0`
maxid=`expr $3 + 0`
#对部门编号处理，使部门编号都为两位数据
if test $deptcode -le 9
then
deptcode="0"$deptcode
fi
#建立部门公共目录。
if test ! -x /home/allusers
then
mkdir /home/allusers
fi
if test ! -x /home/allusers/$1$deptcode
then
mkdir /home/allusers/$1$deptcode
fi
#循环建立用户帐户
userid=1
#从用户ID号1开始循环，直到最大ID号
while test $userid -le $maxid
do
```
纯文本 ▼ 跳格宽度：8 ▼ 行 21，列 1   插入

图 10-12   程序内容一

```
#保证用户ID为两位
if test $userid -le 9
then
userid="0"$userid
fi
#把部门名称、部门编号、用户ID三部分代码组合成用户名，并赋予变量user_name
user_name=$dept$deptcode$userid
#按"name:passwd"的格式逐行追加写入"user_pwlist"文件，以备初始化用户密码
echo $user_name":"$user_name >> user_pwlist
#建立用户，同时赋予"users"组，创建该用户目录
adduser -g users -d /home/allusers/$dept$deptcode/$user_name  $user_name
#设置该用户目录的权限为755
chmod 755 /home/allusers/$dept$deptcode/$user_name
#用户ID号加1，准备下一次循环，建立下一个用户
userid=`expr $userid + 1`
done
#为建立的用户设立密码，并删除"user_pwlist"文件
chpasswd < user_pwlist
pwconv
#删除"user_pwlist"文件
rm  user_pwlist -f
```
纯文本 ▼ 跳格宽度：8 ▼ 行 21，列 1   插入

图 10-13   程序内容二

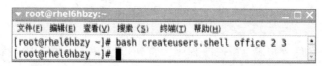

图 10-14   调试 Shell 程序

图 10-15　输入运行 Shell 程序的命令

 任务检测

1. 查看任务执行后的 passwd 文件和/home 目录状态

① 用 cd 命令进入/home 目录，然后用 tree 命令显示该目录结构，如图 10-16 所示。

② 用 cat　/etc/passwd 命令查看用户情况，结果部分如图 10-17 所示。

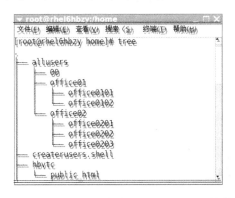

图 10-16　显示完成任务后的/home 目录结构

图 10-17　显示任务完成后的用户情况

2. 分析观测结果

对比任务完成前后的/home 文件目录状态及用户情况可知，运行 Shell 程序后建立了相应的用户账户，并在/home/allusers 目录下分别建立了名为"用户部门名称 + 部门编号 + 用户编号"的子目录。

 知识与技能拓展

1. Shell 函数

在 Shell 程序中也可以使用函数。不过 Shell 函数是由若干条 Shell 命令组成的，形式上类似于 Shell 程序，它不是一个单独进程，只是 Shell 程序的一部分。

（1）定义函数

function 函数名（）

{

若干命令行

}

　　【提示】function 可省略。函数定义可放在同一个文件中作为一段代码，也可放在一个单独文件中。

（2）函数调用

在 Shell 程序中直接使用函数名称可调用函数。

（3）参数传递

向函数传递参数就像在脚本中使用位置变量 $1，$2，$3…… $9。

2. 信号（或中断）处理

信号就是系统向脚本或命令发出的消息，告知它们某个事情的发生。

（1）信号基本操作

- kill – l：列出所有的信号，以便对其中的信号进行相关操作。
- kill – s SIGKILL 1234：表示无条件终止进程 1234（进程号）。
- kill 1234：终止进程 1234。

（2）常见信号的含义（如表 10-1 所示）

表 10-1　常见信号的含义

信号	信 号 名	含 义
0	SIGEXIT	退出 Shell 信号，可从命令行输入 exit，或在一个进程、命令行中用 Ctrl + d 组合键
1	SIGHUP	挂起或父进程被杀死
2	SIGINT	来自键盘的中断信号，通常是由〈Ctrl – C〉组合键产生
3	SIGOUIT	从键盘退出
9	SIGKILL	无条件终止
11	SIGSEGV	段（内存）冲突
15	SIGTERM	软件终止

（3）trap 捕捉信号

trap 命令用于在 Shell 程序中捕捉信号，之后可能会采取 3 种响应方式。

- 采取相应的行动：如 trap 'commands' signal – list 或 trap "commands" signal – list。
- 接受信号的默认操作：如 trap signal – list。
- 忽略该信号：如 trap " " signal – list。

　　【提示】在 trap 语句中，单引号和双引号是不同的。当 Shell 程序第一次碰到 trap 语句时，将把 commands 中的命令扫描一遍。此时，若是使用双引号括起来，则 Shell 对 commands 中的变量和命令将用当时的具体值来替换；如果是单引号括起来，则不进行替换。

3. Shell 程序的调试

（1）在 Shell 脚本中输出调试信息

在程序中加入**调试语句**，把一些关键地方或出错地方的相关信息显示出来，这是最常见的调试手段。

① 使用 echo 或 print 语句输出信息。

在程序中添加 echo 语句显示需要跟踪的量的值。

② 使用 trap 命令。

Shell 脚本在执行时，会产生 3 个所谓的"**伪信号**"。通过使用 trap 命令捕获这 3 个"伪信号"，人们可以在 Shell 脚本中止执行或从函数中退出时输出某些想要跟踪的变量的值，并由此来判断脚本的执行状态以及出错原因，其使用方法如下。

trap 'command 'EXIT　或　trap 'command '0

③ 使用 tee 命令。

在 Shell 脚本中，管道以及输入输出重定向使用得非常多。在管道的作用下，一些命令的执行结果直接成为下一条命令的输入。如果发现由管道连接起来的一批命令的执行结果并非如预期的那样，就需要逐步检查各条命令的执行结果来判断问题出在哪儿，但因为使用了管道，这些中间结果并不会显示在屏幕上，给调试带来了困难，此时可以借助 tee 命令。tee 命令会从标准输入读取数据，将其内容输出到标准输出设备，同时又可将内容保存成文件。

④ 使用 DEBUG。

人们可以使用 DEBUG 宏来控制是否要输出调试信息，这样的代码块通常称为"**调试钩子**"或"**调试块**"。在调试钩子内部可以输出任何想输出的调试信息。使用调试钩子的好处是，它是可以通过 DEBUG 变量来控制的，在脚本的开发调试阶段，可以先执行 export DEBUG ＝true 命令打开调试钩子，使其输出调试信息，在把程序交付使用时关闭调试钩子，不必费事地把脚本中的调试语句一一删除。

（2）使用 Shell 的执行选项

利用 bash 命令解释程序的选择项，可以帮助编程人员进行调试。调用 bash 的格式如下：

bash － 选择项 Shell 程序文件名

常用选项如下。

－ n　　　只读取 Shell 脚本，但不实际执行。可用来测试 Shell 程序是否存在语法错误

－ x　　　进入跟踪方式，把执行的每条命令的命令名、变量名及其取值都显示出来

－ v　　　进入跟踪方式，把读入的每条命令显示出来

－ u　　　在变量赋值时，对于没有初始化的变量引用视为出错

－ e　　　如果程序中的一条命令运行失败就立即退出

任务总结

通过本任务的实施，应掌握下列知识和技能：

● test 命令和 Shell 操作符（重点）

● Shell 程序控制结构

- 编写复杂 Shell 程序的方法（重点）
- Shell 函数
- 信号处理
- Shell 程序的调试方法（难点）

情境总结

　　在 Linux 环境中，Shell 不仅是常用的命令解释程序，而且是高级编程语言。它有变量、关键字，以及各种控制语句，如 if、case、while、for 等语句，支持函数模块，有自己的语法结构。利用 Shell 程序设计语言可以编写出功能很强但代码简单的程序。特别是它把相关的 Linux 命令有机地组合在一起，可大大提高工作的效率，充分利用 Linux 系统的开放性能，能够设计出适合自己要求的 Shell 程序。很显然，对于系统管理员来说，利用 Shell 编写 Shell 程序来解决问题，可以大大减轻工作强度，有效提高工作效率。

操作与练习

一、选择题

1. Shell 程序总是以什么符号作为第一行开头？（　　）
   A）#　　　　　　　　　B）!　　　　　　　　　C）#!　　　　　　　　　D）! #
2. Shell 程序是什么类型的程序？（　　）
   A）编译型　　　　　　　B）汇编型　　　　　　　C）二进制型　　　　　　D）解释型
3. 哪一项不是 Shell 程序的主体组成部分？（　　）
   A）注释　　　　　　　　B）变量　　　　　　　　C）控制语句　　　　　　D）命令语句
4. Shell 程序中的变量定义方法是什么？（　　）
   A）直接定义　　　　　　B）先定义类型，再定义值　C）间接定义　　　　　　D）自动定义
5. Shell 程序中变量的引用方法是什么？（　　）
   A）直接引用　　　　　　B）加 $ 引用　　　　　　C）加括号引用　　　　　D）加引号引用
6. Shell 程序中的判断命令是什么？（　　）
   A）if　　　　　　　　　B）while　　　　　　　　C）test　　　　　　　　D）goto
7. 在 Shell 程序中，实现条件判断的语句是什么？（　　）
   A）if　　　　　　　　　B）while　　　　　　　　C）test　　　　　　　　D）until
8. createusers. shell　office　1　2 命令行中，替代程序中 $2 的值是多少？（　　）
   A）createusers. shell　　B）office　　　　　　　C）1　　　　　　　　　D）2
9. Shell 程序中最常用的简单输出方法是什么？（　　）
   A）print 语句　　　　　B）重定向　　　　　　　C）使用参数　　　　　　D）使用变量
10. Shell 程序调试时显示信息的语句常用什么？（　　）
    A）print 语句　　　　　B）重定向语句　　　　　C）list 语句　　　　　　D）echo 语句

二、操作题

1. 求 18 和 38 之和。

2. 输出由符号"＊"组成的等边三角形（方向为▽状）。

3. 探测相同子网的机器是否存在。

4. 检测连接到本机的 SSH 客户，记录其 IP 等信息，并且强行断开它的连接。

三、解决实际工作任务

目前，越来越多的教师使用电子文档布置和收取学生作业。某教师要求学生统一以 homework ＊＊.doc 为名称上交各自的作业文档，其中，＊＊是学生学号最末两位数字，范围是 1 ～ 40。该教师收来的学生作业文档存放在/homework 目录下，现在，该教师要通过程序来统计已交作业的学生人数和未交作业的学生学号。请协助该教师完成这项工作。

学习情境 11
Linux 下的编程

情境引入

　　众所周知，Linux 是一个开源的操作系统，用户可以自由地下载和使用几乎所有的包括操作系统在内的源程序代码。用户可以在现有源码的基础上进行扩展，进行嵌入式开发，或者把这些免费的资源移植到其他平台。一家研发嵌入式产品的科技公司，员工需要在 Linux 平台下进行程序设计、调试、编译和运行。

6,202,00
1,053,11

11.1　子情境：GCC 编译器的使用

 任务描述

一款基于 Linux 的嵌入式产品"儿童智能玩具"，需要输出由黑色小方块组成的国际象棋棋盘和阶梯图案。在开发过程中，研发人员要在 Linux 系统计算机上编写源程序并调试，然后才能进行下一步的工作。

 任务实施流程

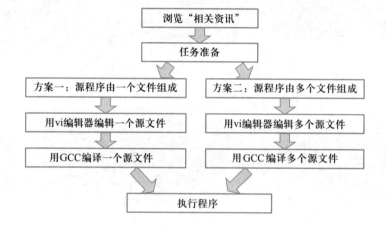

 相关资讯

1. Linux 编程常识

C 语言是 Linux 编程语言事实上的标准，Linux 操作系统包括 Linux 内核，绝大部分是用 C 语言编写的。Linux 中最常用的程序编辑器有 vi（vim）和 emacs。在 Linux 中，库和头文件的介绍如下。

（1）函数库

/lib	系统必备共享库
/usr/lib	标准共享库和静态库
/usr/i486 – linux – libc5/lib	libc5 兼容性函数库
/usr/X11R6/lib	X11R6 的函数库
/usr/local/lib	本地函数库

（2）头文件

/usr/include	用户空间头文件
/usr/local/include	本地头文件

/usr/src/include	内核态头文件

2. GCC 编译器简介

进行 Linux 开发应用时，大多数情况下使用的都是 C 语言，所以每一位 Linux 程序员都要学会如何灵活运行 C 编译器。**GCC**（GNU C Complier）是 GNU 推出的功能强大、性能优越、符合 ANSI C 标准的多平台编译器，它可以在多种硬件平台上编译出可执行程序，它编译出的可执行代码与其他编译器相比，执行效率平均高 20% ～ 30%。GCC 编译器能将 C、C++ 语言源程序、汇编程序和目标程序编译并链接成可执行文件。

GCC 通过扩展名来区别输入文件的类型，它所遵循的部分约定规则如下。

.c	是 C 语言源代码文件
.i	是已经预处理过的 C 源代码文件
.C、.cc 或 .cxx	是 C++ 源代码文件
.ii	是已经预处理过的 C++ 源代码文件
.s	是汇编语言源代码文件
.S	是经过预编译的汇编语言源代码文件
.h	是程序所包含的头文件
.o	是编译后的目标文件
.a	是由目标文件构成的档案库文件

3. GCC 工作流程

GCC 工作流程分 4 个阶段，各阶段分别调用不同的工具进行处理，并得到相应的文件，如图 11-1 所示。

① **预处理**（Pre – Processing）：GCC 首先调用预处理程序 cpp 进行预处理，展开程序代码中的宏，并在其中插入头文件所包含的内容。

② **编译**（Compiling）：把预处理后的源代码进行编译，产生汇编代码。

③ **汇编**（Assembling）：调用 as 汇编器处理这些汇编代码，产生目标代码。

④ **链接**（Linking）：通过 ld 链接器创建二进制的可执行文件或者建立库文件。

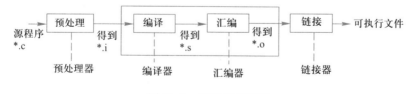

图 11-1　GCC 工作流程

任务准备

1. 一台装有 RHEL 6. x Server 操作系统的计算机及安装光盘。

2. 以普通用户账号 hbzy（密码 hbzy1a2b）登录图形化用户界面。

3. 如果没有安装 GCC 编译器，则按下列方法安装。

① 把 RHEL 6 Server 的 DVD 安装光盘放入光驱并加载。

② 选择桌面顶部面板上的"系统"→"管理"→"添加/删除软件"菜单命令，弹出"添加/删除软件"窗口，在左侧栏搜索"gcc"，然后在右侧栏选择 GCC 相关软件包组，如图 11-2 所示。单击"应用"按钮进行安装。

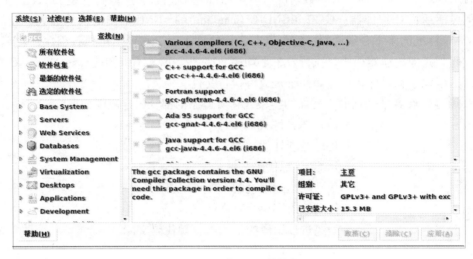

图 11-2　选择 GCC 软件包组

 任务实施

I. 将源程序编写在一个文件中（方案一）

本方案拟采用单个源文件来完成任务。

步骤 1　编辑源程序

① 右击桌面空白处，弹出快捷菜单，选择"在终端中打开"菜单命令，弹出一个终端窗口。

② 在终端的命令行提示符后输入下列命令，进入 vi 编辑器（也可以使用其他编辑器），如图 11-3 所示。注意文件名扩展名为".c"。

③ 在 vi 编辑器界面输入如图 11-4 所示的程序，输入完毕后保存，退出 vi 编辑器。

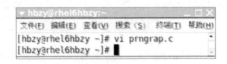

图 11-3　输入命令

【提示】① 源程序中的符号应为西文符号，不能出现中文标点符号。
② 在程序中输出黑色小方块的 printf 语句中，编者有意设置了语法错误。

步骤 2　编译与调试

（1）编译

在终端的命令行提示符后输入下列命令，进行编译：

［hbzy@ rhel6hbzy ~ ］$gcc　prngrap. c　- o　prngrap

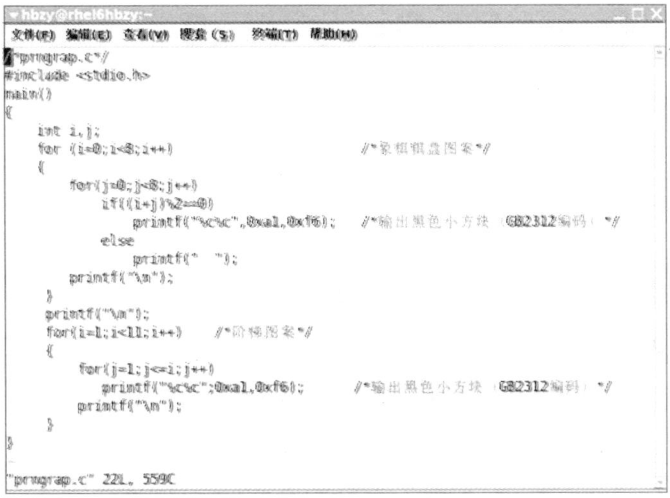

图 11-4 输入源程序内容

编译结果如图 11-5 所示。从图中可以看出，GCC 给出了报错信息，指明程序在 19 行
有错。

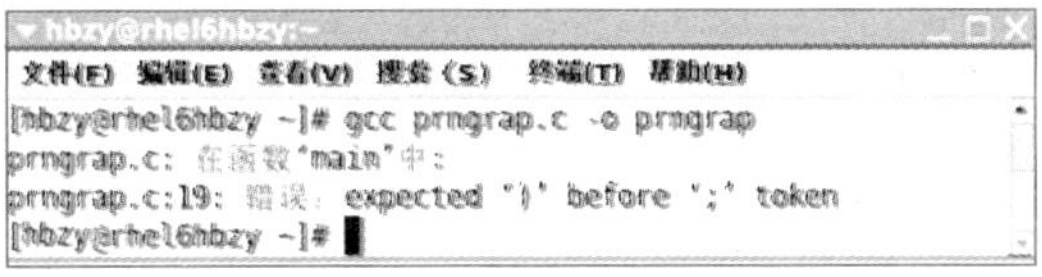

图 11-5 prngrap.c 的初次编译

（2）修改源程序中的错误

根据 GCC 的报错信息，再次用 vi 打开 prngrap.c 源文件，进行查看、分析和改错。

19 行的语句如下：

printf("%c%c";0xa1,0xf6);

仔细查找后发现"%c%c" 后的字符错写成了"；"，将其修改成"，"后存盘退出。

（3）再次编译

再次使用 gcc 命令进行编译，如图 11-6 所示。

图 11-6 prngrap.c 的再次编译

GCC 未给出任何报错信息，表示编译通过，prngrap 即为得到的可执行文件。

【提示】GCC 选项"-o filename"的作用为指定输出的文件名。若未给出该选项，GCC
就给出预设的可执行文件 a.out。在 Linux 系统中，可执行文件没有统一的扩展名，系统通
过文件的属性来区分可执行文件和不可执行文件。

步骤 3 执行

（1）设置终端字符编码

展开终端窗口菜单栏上的"终端"→"设定字符编码"菜单命令，选中"简体中文（GB2312）"单选按钮。

【提示】由于本程序执行中需要输出特殊字符"■"，故需设置终端的字符编码。

（2）运行 prngrap

在终端的命令提示符后输入可执行文件的路径及文件名来运行该程序。

prngrap 程序的执行情况如图 11-7 所示。

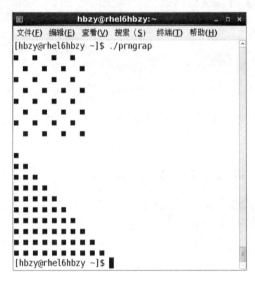

图 11-7　prngrap 的执行情况

Ⅱ．将源程序编写在多个文件中（方案二）

本方案拟采用 3 个源文件来完成任务：main. c 用来控制程序流程；chessboard. c 用来实现棋盘图案的输出；stair. c 用来实现阶梯图案的输出。

步骤 1 编辑源程序

右击 GNOME 桌面空白处，弹出快捷菜单，选择"在终端中打开"命令，弹出一个终端窗口，然后在终端中利用 vi 编辑器分别输入如下 3 个文件。

（1）打开 vi 编辑器，并输入 main. c 源文件

① 在终端命令行提示符后输入下列命令，进入 vi 编辑器。注意文件名扩展名为 . c。

［hbzy@ rhel6hbzy ～］$vi main. c

② 在 vi 编辑器界面输入如图 11-8 所示的程序，输入完毕后保存，退出 vi 编辑器。

（2）打开 vi 编辑器，并输入 chessboard. c 源文件

① 在终端命令行提示符后输入下列命令，进入 vi 编辑器。注意文件名扩展名为 . c。

［hbzy@ rhel6hbzy ～］$vi chessboard. c

② 在 vi 编辑器界面输入如图 11-9 所示的程序，输入完毕后保存，退出 vi 编辑器。

图 11-8 输入 main. c 源程序内容    图 11-9 输入 chessboard. c 源程序内容

【提示】 在程序中，编者有意设置了语法错误。

（3）打开 vi 编辑器，并输入 stair. c 源文件

① 在终端命令行提示符后输入下列命令，进入 vi 编辑器。注意文件名扩展名为 .c。

［hbzy@ rhel6hbzy ~］$vi stair. c

② 在 vi 编辑器界面输入如图 11-10 所示的程序，输入完毕后保存，退出 vi 编辑器。

步骤 2 编译与调试

（1）编译

编辑好 3 个源文件，退出 vi 编辑器，返回终端后，输入如图 11-11 所示命令进行编译。

图 11-10 输入 stair. c 源程序内容

编译结果如图 11-11 所示。从图中可以看出，GCC 给出了报错信息，指明源文件 chessboard. c 中的变量 "j" 未声明。

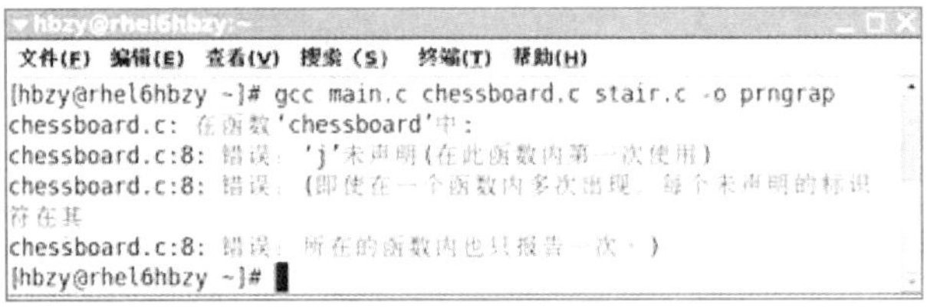

图 11-11 3 个源文件的初次编译结果

【提示】 GCC 选项 " - o filename" 的作用是指定输出的文件名。若未给出该选项，GCC 就给出预设的可执行文件 a. out。在 Linux 系统中，可执行文件没有统一的扩展名，系统通过文件的属性来区分可执行文件和不可执行文件。

（2）修改源程序中的错误

根据 GCC 的报错信息，再次用 vi 打开 chessborad. c 源文件以进行查看、分析和改错。

chessboard 函数体中前几句代码如下：

```
/* chessboard. c */
#include < stdio. h >
void chessboard( )
{
    int i;
    for ( i = 0;i < 8;i ++ )
    {
        for(j = 0;j < 8;j ++ )
        …
```

从以上代码中发现，j 变量未声明便开始引用，不符合 C 语言语法规则，可将第 5 行的声明语句修改为"int i，j"，修改完毕后保存，退出 vi 编辑器。

（3）再编译

使用如图 11-12 所示的命令再次进行编译。

图 11-12　3 个源文件的再次编译结果

GCC 未给出任何报错信息，表示编译通过，prngrap 即为得到的可执行文件。

【提示】如果希望省略预处理和编译阶段的生成文件，但保留汇编后的目标文件，可采用如图 11-13 所示的命令。

这 3 条命令均省略了 -o 选项，系统会按汇编阶段的默认配置，自动生成主文件名与源文件相同、扩展名为 .o 的目标文件 main. o、chessboard. o 和 stair. o。然后将 3 个目标文件一起编译成可执行文件，如图 11-13 中的最后一条命令所示。

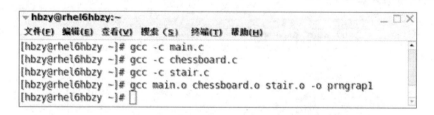

图 11-13　省略预处理的编译方法

步骤 3　执行

（1）设置终端字符编码

展开终端窗口上的"终端"→"设定字符编码"菜单命令，选中"简体中文（GB2312）"单选按钮。

【提示】由于本程序执行中需要输出特殊字符"■"，故需设置终端的字符编码。

（2）运行 **prngrap**

在终端的命令提示符后输入可执行文件的路径及文件名，运行该程序，运行结果与方案一相同，如图 11-7 所示。

知识与技能拓展

1. GCC 的基本用法和常用参数

（1）基本格式

gcc［options］［filenames］

（2）常用参数

GCC 编译器有 100 多个编译选项，以下是常用到的选项。

－ E	只进行预处理，结果输出到标准输出，除非用 － o 指定输出文件（一般指定文件扩展名为 . i）
－ S	进行预处理、编译，产生汇编代码。输出的文件扩展名默认为 . s
－ c	进行预处理、编译、汇编，产生目标代码。输出的文件扩展名默认为 . o
－ o	指定输出的文件名
－ g	产生符号调试工具（GNU 的 GDB）所必要的符号信息，要想对源代码进行调试，必须加入这个选项
－ I dirname	指定额外的头文件搜索路径 dirname 目录。在 Linux 中，头文件默认放在/usr/include 中，当用户希望添加放在其他位置的头文件时，可以用这个选项告诉 GCC 到指定的 dirname 目录中去寻找需要的头文件
－ L dirname	指定额外的函数库搜索路径 dirname 目录。在预设状态下，链接程序 ld 在系统的预设路径中（如/usr/lib）寻找所需要的档案库文件。这个选项告诉链接程序，首先到 － L 指定的目录中去寻找，然后到系统的预设路径中寻找
－ lname	在链接时，装载名字为 "libname. a" 的函数库位于系统预设的目录或者由 － L 选项确定的目录下。例如， － lm 表示链接名为 "libm. a" 的数学函数库

【提示】更为详尽的资料可以参看 Linux 系统的联机帮助（man gcc）。

2. GCC 的错误类型及对策

GCC 编译器如果发现源程序中有错误，就无法继续进行，也无法生成最终的可执行文件。为便于修改，GCC 给出错误信息，用户必须对这些错误信息逐个进行分析、处理，并修改相应的代码，才能保证源代码的正确编译链接。GCC 给出的错误信息一般分为三大类。

（1）C 语法错误

错误信息：文件 source. c 中第 n 行有语法错误（syntex error）。

这类错误一般都是 C 语言的语法错误，应仔细检查源代码文件中第 n 行及该行之前的程序，有时也需要对该文件所包含的头文件进行检查。在某些情况下，一个很简单的语法错误，GCC 会给出一大堆错误信息，此时要保持清醒的头脑，不要被其吓倒，必要时可参考 C 语言的基本教材。

（2）头文件错误

错误信息：找不到头文件 head. h（can not find include file head. h）。

这类错误是源代码文件中的包含头文件有问题，可能的原因有头文件名错误、指定的头文件所在目录名错误等，也可能是错误地使用了双引号和尖括号。

（3）函数库错误

错误信息：链接程序找不到所需的函数库，如 ld：– lm：No such file or directory。

这类错误是与目标文件相链接的函数库有错误，可能的原因包括函数库名错误、指定的函数库所在目录名错误等。检查的方法是，使用 find 命令在可能的目录中寻找相应的函数库名，确定函数库及目录名称，并修改源程序中及编译选项中的名称。

3. C ++ 程序的编译

GCC 编译器可以编译 C 程序，也可以编译 C ++ 程序。一般来说，C 编译器通过源文件的扩展名来判断该文件是 C 程序还是 C ++ 程序。在 Linux 中，C 源文件的扩展名为 . c，而 C ++ 源文件的扩展名为 . C 或 . cpp。

但是，GCC 命令只能编译 C ++ 程序，而不能自动和 C ++ 程序使用的函数库链接。因此，通常使用 g++ 命令来完成 C ++ 程序的编译和链接，该程序会自动调用 GCC 实现编译，然后进行链接。

假设有一个 C ++ 源文件 hello. C，则可调用如下 g++ 命令编译、链接，并生成可执行文件：

```
g++   hello. C   – o   hello
```

 任务总结

通过本任务的实施，应掌握下列知识和技能：
- Linux 编程常识（函数库和头文件）
- GCC 编译器简介和工作流程
- Linux 编程的基本步骤和方法（重点）
- GCC 的使用方法及其常用参数（重点、难点）
- GCC 错误类型与对策

11.2　子情境：GNU make 的使用

 任务描述

某电视台的一档娱乐节目委托某公司设计一款猜商品价格的游戏 guess，同时要求该公司承诺在今后商品情况发生变化时必须对这款游戏进行必要的修改。

该公司安排一位程序员开发了这款游戏，并交付电视台使用。半年后，由于商品种类发生了变化，电视台又委托该公司对 guess 游戏进行了修改。

 任务实施流程

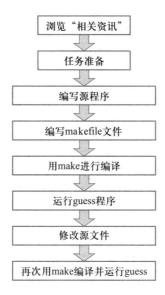

 相关资讯

1. GNU make 简介

在大型的研发项目中，通常有几十到上百个的源文件，如果每次均手工输入 GCC 命令以进行编译，会非常不方便。GNU 提供了一个很好的实现项目管理的工具 make，人们通常利用 **make 工具**来自动完成编译工作。这些工作包括以下内容：如果仅修改了某几个源文件，则只重新编译这几个源文件；如果某个头文件被修改了，则重新编译所有包含该头文件的源文件。通过这种自动编译可大大简化研发工作，避免不必要的重新编译。

2. makefile 文件

make 工具通过一个称为 makefile 的文件来完成并自动维护编译工作。**makefile 文件**需要按照某种语法进行编写，其中说明了如何编译各个源文件并链接生成可执行文件，且定义了源文件之间的依赖关系。当修改了其中的某个源文件时，则该文件和依赖于它的所有源文件都要重新进行编译。

一旦 makefile 文件编写好，每次更改了源文件后，只要执行 make 就足够了，所有必要的重新编译将会自动执行。make 程序利用 makefile 中的数据库和文件的最后修改时间来确定哪个文件需要更新。对于需要更新的文件，make 执行数据库中记录的命令。用户可以提供命令行参数给 make，来控制哪些文件需要重新编译。

 任务准备

1. 一台装有 RHEL 6. x Server 操作系统的计算机。

2. 以普通用户账号 hbzy（密码 hbzy1a2b）登录图形化用户界面。

3. 如果系统中没有安装 GNU make 工具，则按下列方法安装：

● 把 RHEL 6 Server 的 DVD 安装光盘放入光驱并加载。

● 选择桌面顶部面板上的"系统"→"管理"→"添加/删除软件"菜单命令，弹出"添加/删除软件"窗口，在左侧栏搜索"GNU"，然后在右侧栏选择 GNU 相关软件包组，如图 11–14 所示。单击"应用"按钮进行安装。

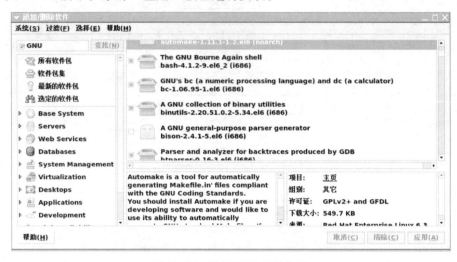

图 11–14　选择 GNU 软件包组

 任务实施

步骤 1　编辑源程序

右击 GNOME 桌面空白处，弹出快捷菜单，选择"在终端中打开"菜单命令，弹出一个终端窗口，然后在终端中利用 vi 编辑器分别输入如下 3 个文件。

（1）打开 vi 编辑器，并输入 guess. h 源文件

● 在终端的命令行提示符后输入下列命令，进入 vi 编辑器：

［hbzy@ rhel6hbzy ～］$ vi guess. h

● 在 vi 编辑器界面输入如图 11–15 所示的程序，输入完毕后保存，退出 vi 编辑器。

（2）打开 vi 编辑器，并输入 guessmain. c 源文件

● 在终端的命令行提示符后输入下列命令，进入 vi 编辑器：

［hbzy@ rhel6hbzy ～］$ vi guessmain. c

● 在 vi 编辑器界面输入如图 11–16 所示的程序，输入完毕后保存，退出 vi 编辑器。

（3）打开 vi 编辑器，并输入 guesssub. c 源文件

● 在终端的命令行提示符后输入下列命令，进入 vi 编辑器：

［hbzy@ rhel6hbzy ～］$ vi guesssub. c

● 在 vi 编辑器界面输入如图 11–17 所示的程序，输入完毕后保存，退出 vi 编辑器。

图 11–15　guess. h 源文件

```
文件(F)  编辑(E)  查看(V)  搜索（S）  终端(T)  帮助(H)
/*guessmain.c*/
main()
{
    GOODS  goodslist[5];
    int i;
    strcpy(goodslist[0].name,"围巾");
    goodslist[0].price=188;
    strcpy(goodslist[1].name,"别针");
    goodslist[1].price=56;
    strcpy(goodslist[2].name,"手链");
    goodslist[2].price=150;
    strcpy(goodslist[3].name,"发夹");
    goodslist[3].price=18;
    strcpy(goodslist[4].name,"墨镜");
    goodslist[4].price=260;
    do
    {
        printf("\n＊小游戏：猜商品价格＊＊\n");
        printf("-------------------------\n");
        for(i=0;i<5;i++)
            printf("\t%d---%s\n",i,goodslist[i].name);
        printf("-------------------------\n");
        printf("请选择一个上述商品的编号进行输入：");
        scanf("%d",&i);
        guesssub(goodslist[i].price);
        printf("还想继续吗?y--继续 任意键--结束游戏：");
        getchar();
    }while(getchar()=='y');
}
```

图 11-16　guessmain. c 源文件

```
文件(F)  编辑(E)  查看(V)  搜索（S）  终端(T)  帮助(H)
/*guesssub.c*/
#include "guess.h"
void guesssub(int i)
{   char c;
    time_t a,b;
    double var;
    int guess;
    srand(time(NULL));
    a=time(NULL);
    printf("\n开始啰!\n请输入价格：");
    scanf("%d",&guess);
    while(guess!=i)
    {
        if(guess>i)
            printf("高了！请重输价格：");
        else
            printf("低了！请重输价格：");
        scanf("%d",&guess);
    }
    b=time(NULL);
    var=difftime(b,a);
printf("\n\nOK!所猜商品价格正是 %d元\n",i);
printf(" 用时 %6.3f 秒\n\n",var);
    if(var<20)
        printf(" ＊＊你相当聪明！＊＊\n\n"");
else if(var<35)
        printf(" ＊＊你表现一般!＊＊ \n\n");
else
        printf("＊＊你需要提高水平，加油！＊＊\n\n");
}
```

图 11-17　guesssub. c 源文件

步骤 2　编写 makefile 文件

由于委托方交代该款游戏今后可能会有所修改，因此为方便以后修改，拟采用 GNU make 工具来管理编译。GNU make 工具通过 makefile 文件（也可写成 Makefile）来完成并自动维护编译工作。makefile 文件一旦写好，只需要一个 make 命令，整个工程就能完全自动编译，极大地提高了软件开发的效率。

- 在终端的命令行提示符后，输入下列命令进入 vi 编辑器：

［hbzy@ rhel6hbzy ～］$ vi　makefile

- 在 vi 编辑器界面输入 makefile 内容，如图 11-18 所示。输入完毕后保存，退出 vi 编辑器。

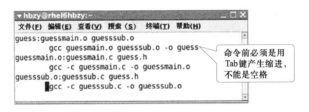

图 11-18　makefile 文件内容

【提示】makefile 文件需要按照下列语法进行编写：

target：dependency_files
　　　command

上述语法包括 3 个基本内容：

- 需要由 make 工具创建的目标体（target），通常是目标文件和可执行文件。
- 要创建的目标体（target）依赖于哪些文件（dependency_files）。

- 创建每个目标体时需要运行的命令（command）。需要注意的是，每个 command 前必须使用 Tab 键产生缩进，否则运行 makefile 时会出错。

在本任务中，最终目标体是可执行的二进制程序 guess。该程序依赖于两个文件：guessmain. o 和 guesssub. o。guess 是通过命令 gcc guessmain. o guesssub. o –o guess 来生成。

文件 guessmain. o 又依赖于 guessmain. c 和 guess. h，通过命令 gcc –c guessmain. c –o guessmain. o 来生成。文件 guesssub. o 与 guessmain. o 同理。

步骤 3　用 make 进行编译

先用"ls"命令显示当前目录中的所有文件，以确认 makefile 文件是否存在；然后使用 "make guess"命令进行编译，make 会自动读入当前目录下的 makefile，去执行 guess 对应的 command 语句，并会找到相应的依赖文件，如图 11-19 所示。

【提示】由于 guess 是 makefile 中的第一个目标体，可以省略，即也可只输入命令"make"。

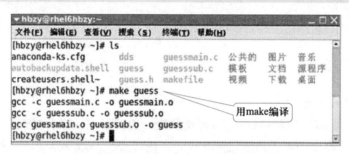

图 11-19　用 make 编译的过程

编译成功后，再用 ls 显示编译后的生成文件，如图 11-20 所示。从该图可以看出，编译后已生成 guessmain. o、guesssub. o、guess 文件，其中 guess 即为可执行程序。

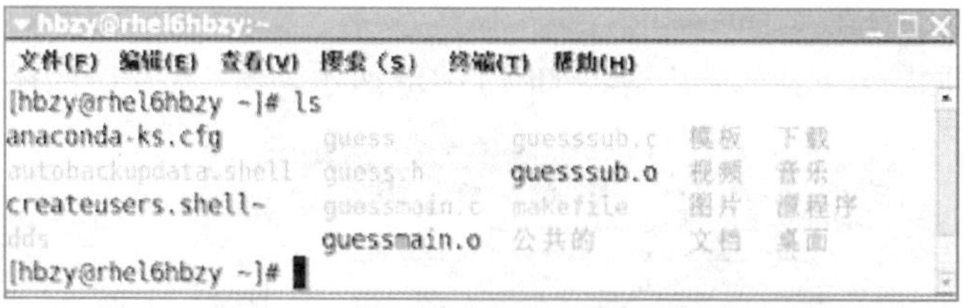

图 11-20　用 make 编译后的目录内容

步骤 4　运行 guess 程序

输入"./guess"，运行 guess 程序，运行结果如图 11-21 所示。观察该程序的运行结果发现，达到了预期目的，可满足电视台的要求。因此可以交付电视台使用。

步骤 5　修改源文件

半年后，由于商品种类及价格发生了变化，电视台要求该公司对 guess 游戏进行适当修改。该公司程序员经过认真分析，认为只需对 guessmain. c 文件进行修改即可满足电视台的要求。

① 在终端的命令行提示符后输入下列命令，启动 vi 编辑器，并打开 guessmain. c 文件：

[hbzy@ rhel6hbzy　~] $vi guessmain. c

② 在 vi 编辑器界面修改部分代码，如图 11-22 所示。修改完毕后保存，退出 vi 编辑器。

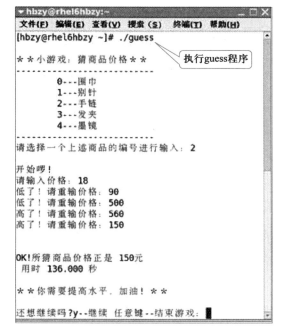

图 11-21 guess 的运行结果

图 11-22 修改 guessmain.c 文件

步骤 6 再次用 make 编译

再次使用"make guess"命令进行编译，如图 11-23 所示。

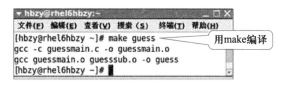

图 11-23 再次用 make 编译

【提示】在这次编译过程中，make 编译了 guessmain.c，但没有编译 guesssub.c。这是因为，make 在编译时会自动检查文件的时间戳，如果目标文件的时间戳比所依赖文件的时间戳旧，则对应的 command 命令将会被执行，否则 command 命令不会被执行。

步骤 7 运行修改后的 guess 程序

运行修改后的 guess 程序，其方法与"步骤 4"相同，这里不再赘述。程序达到预期目的后再次交付电视台使用。

 知识与技能拓展

1. makefile 文件中变量的使用

GNU make 工具提供了定义变量的功能。如果要以相同的编译选项同时编译十几个 C 源文件，要为每个目标的编译指定冗长的编译选项，将是非常乏味的。使用变量可以进一步简化编辑和维护 makefile 文件的过程，使 GNU make 工具的优越性得到更好的体现。

变量是 makefile 中定义的名字，用来代替一个文本字符串，该文本字符串称为该变量的值。在具体要求下，这些值可以代替目标体、依赖文件、命令及 makefile 文件中的其他部分。

例如在本任务的 makefile 文件中使用变量，可以改写成以下语句：

OBJS = guessmain. o guesssub. o

cc = gcc

guess：$｛OBJS｝

    $｛cc｝ $｛OBJS｝ – o guess

guessmain. o：guessmain. c guess. h

    $｛cc｝ – c guessmain. c – o guessmain. o

guesssub. o：guesssub. c guess. h

    $｛cc｝ – c guesssub. c – o guesssub. o

在这里，OBJS 和 cc 就是 make 的变量，用 OBJS 代替了 guessmain. o 和 guesssub. o，用 cc 代替了 gcc。在引用变量的值时，在变量名之前加 $ 符号，且变量名要用 ｛｝ 括起来。

2. 用 make clean 清除编译结果

在编译及调试过程中会产生很多中间文件（如 *. i 、 *. s、 *. o 文件），通常在 makefile 文件中加入一个目标体 clean，那么运行 make clean 命令就可以删除这些中间结果。

目标体 clean 可以写为如下形式：

clean：

    rm – f *. i *. s *. o

 **任务总结**

通过本任务的实施，应掌握下列知识和技能：

- GNU make 的优点
- GNU make 工具的使用方法（重点）
- makefile 文件的编写方法（重点）
- makefile 文件中变量的使用

11.3 子情境：GDB 调试器的使用

 **任务描述**

某公司新职员因工作需要，正在学习 Linux 下的 C 语言编程，他设计了一个计算 1 ～ 50 和 1 ～ 100 累加值的程序，虽然该程序可以编译通过，但运行结果与预想不符。他分析了源代码，却无法找出错误原因，同事建议他使用 GDB 调试工具来帮助查找程序中隐藏的错误。

【提示】在程序开发过程中，排除语法错误是相对简单的，而逻辑错误有时却很难找到。好的调试工具能帮助程序员更方便地查找和定位逻辑错误，从而加快程序开发进度。

任务实施流程

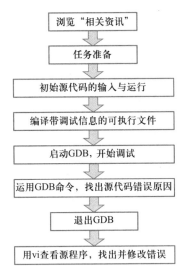

 相关资讯

1. GDB 简介

GDB 调试器是一款 GNU 开源组织发布的一个强大的 UNIX/Linux 下的程序调试工具。虽然它没有友好的图形化界面，但在 UNIX/Linux 下，它强大的功能足以与 VC、BCB 等图形化调试器媲美。

GDB 主要用于调试可执行文件，这个文件必须提供调试版本，包含调试信息。另外，GDB 还可以用于查看由于程序异常退出而生成的 core 文件。有了调试版本的可执行文件，用户就可以在命令行载入可执行文件进行调试了。如果不提供参数或者需要调试另外一个程序，可以使用 file 命令加载另外一个文件。GDB 为程序的调试提供了很多命令，这些命令涵盖了从简单文件载入、设置断点到查看程序堆栈等的各个方面。一般来说，GDB 具备如下 4 个方面的功能：

① 启动程序时，可以按照用户自定义的要求随心所欲地运行程序。

② 可以让被调试的程序在用户所指定的断点处暂停。

③ 当程序被暂停时，可以检查此时用户程序中所发生的事情。

④ 动态改变用户程序的执行环境。

2. GDB 的启动方法

启动 GDB 的方法有 3 种：

① gdb < program >：调试一个用户的调试版可执行文件，一般在当前目录。

② gdb < program > core：同时调试一个调试版运行程序和 core 文件。

③ gdb < program > < PID >：如果用户程序是一个服务程序，则用户可指定该服务程序运行时的进程 ID，GDB 便会自动调试。

3. GDB 调试程序的过程

（1）初始化

（2）暂停程序

① 设置断点。

② 设置运行参数和环境变量。

③ 观察断点。

④ 跟踪调试命令。

⑤ 输入和输出重定向。

⑥ 设置异常捕捉点。

⑦ 捕捉信号。

⑧ 改变程序运行。

（3）查看信息

① 查看数据。

② 查看内存。

③ 查看栈信息。

任务准备

1. 一台装有 RHEL 6. x Server 操作系统的计算机。

2. 以普通用户账号 hbzy（密码 hbzy1a2b）登录图形化用户界面。

3. 如果系统中没有安装 GDB 调试器，则按下列方法安装：

● 把 RHEL 6 Server 的 DVD 安装光盘放入光驱并加载。

● 选择单击桌面顶部面板上的"系统"→"管理"→"添加/删除软件"菜单命令，弹出"添加/删除软件"窗口，在左侧栏搜索"GDB"，然后在右侧栏选择 GDB 相关软件包组，如图 11-24 所示。单击"应用"按钮进行安装。

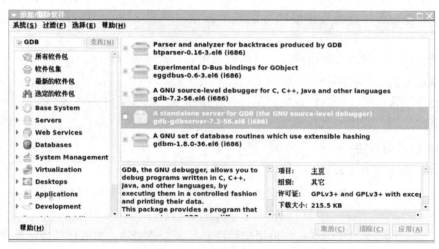

图 11-24　选择 GDB 软件包组

任务实施

步骤 1 初始源程序的输入与运行

（1）打开 vi 编辑器，编辑 tst.c 源程序文件

① 右击桌面空白处，弹出快捷菜单，选择"在终端中打开"命令，弹出一个终端窗口。

② 在终端的命令行提示符后输入下列命令，进入 vi 编辑器：

[hbzy@rhel6hbzy ~]$vi tst.c

③ 在 vi 编辑器界面输入如图 11-25 所示的程序，输入完毕后保存，退出 vi 编辑器。

（2）编译 tst.c 并运行 tst 程序

① 在终端的命令行提示符后输入命令"gcc tst.c -o tst"进行编译。编译顺利通过。

② 在命令提示符后输入"./tst"，运行程序，如图 11-26 所示。

```
/*tst.c*/
#include <stdio.h>
int sum(int n);
main()
{
    int i,result=0;
    for(i=1;i<=50;i++)
        result+=i;
    printf("result[1-50]=%d\n",result);
    printf("result[1-100]=%d\n",sum(100));
}

int sum(int n)
{
    int i, sum;
    for(i=1;i<=n;i++)
        sum+=i;
    return sum;
}
"tst.c" 19L, 293C
```

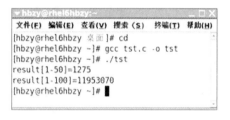

图 11-25　tst.c 源程序内容　　　　图 11-26　tst.c 的初次编译和运行

程序要求的功能是输出 1 ~ 50 和 1 ~ 100 的累加值。从该图可以看出，用 gcc 命令编译该程序无任何报错信息，表明编译通过。但是运行可执行文件 tst 时，第一行结果 result[1 - 50] =1275 是正确的，第二行结果 result[1 - 100] =11953070 与预想不符。

该职员通过分析源代码无法找出错误原因，同事建议他使用 GDB 调试器来帮助查找程序中隐藏的错误。

步骤 2 编译带调试信息的可执行文件

在命令提示符后输入命令以进行编译，生成的文件 tst 即为带调试信息的可执行文件。

[hbzy@rhel6hbzy ~]$gcc -g tst.c -o tst，如图 11-27 所示。

【提示】使用 GDB 进行调试，必须提供带调试信息的可执行文件（不能是如".c"的源程序文件）。要编译出带调试信息的可执行文件，一定要加选项"-g"，否则 GDB 无法载入该可执行文件。

步骤 3 启动 GDB，开始调试

启动 GDB，开始调试 tst，启动信息如图 11-27 所示。

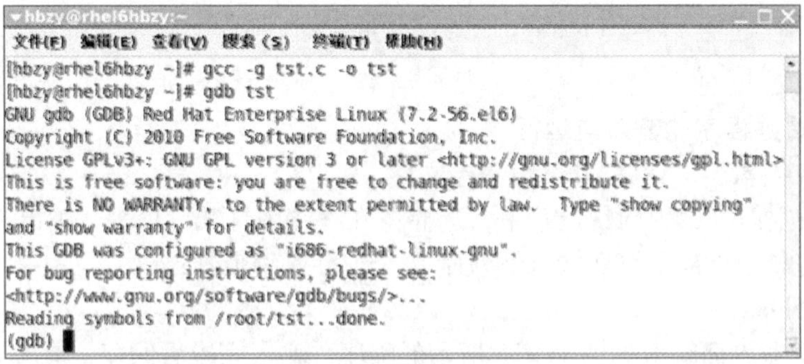

图 11-27　GDB 的启动信息

从该图可以看出，在 GDB 的启动画面中指出了 GDB 的版本号、使用的库文件等信息，接下来进入由"（gdb）"开头的命令行界面。

步骤 4　在 GDB 中查看文件

在 GDB 中输入"l"（list）来查看所载入的文件 tst，如图 11-28 所示。

从该图可以看出，输入 GDB 命令"l"后，GDB 列出了源代码并明确给出了对应的行号，这样就可以大大方便代码的定位，由于第一次"l"未显示完所有的代码，直接按 Enter 键表示重复上次的命令，于是 GDB 继续显示出后续代码。

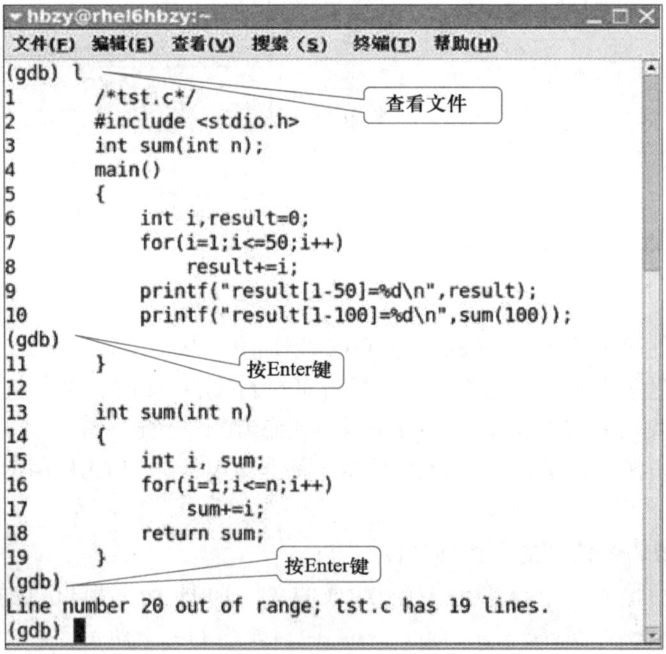

图 11-28　查看载入的文件 tst

【提示】① GDB 的命令大都可以使用缩略形式，如"l"代表"list"，"b"代表"breakpoint"，"p"代表"print"等，还可使用"help"命令查看帮助信息。

② 在 GDB 中，如果需要重复上一次命令，直接按 Enter 键就可以了。

步骤 5 设置断点

将 tst 的断点设置在第 17 行，如图 11-29 所示。

图 11-29 设置断点

第 17 行位于子函数 sum 的 for 循环体中，设置断点的原因是程序的第二个运行结果有错误，该结果的运算主体即为 sum 函数的 for 循环体。将断点设置在该位置，调试运行时，每循环到此断点，代码就会暂停一次，便于跟踪变量值的变化。

【提示】① 设置断点是调试程序中非常重要的手段，它可以使程序在一定位置暂停运行，方便程序员在该位置处查看变量的值、堆栈等情况，从而找出代码的症结所在。在 GDB 中，设置断点最常用的命令方式为"b（breakpoint） 行号"，其中，断点行号为 N，表示代码运行到第 N 行之前将暂停，第 N 行并未运行。

② 在 GDB 中可以设置多个断点。

步骤 6 查看断点情况

在设置完断点之后，输入"info b"，查看断点的情况，如图 11-30 所示。

图 11-30 查看断点

步骤 7 运行代码

接下来就可以运行代码了，在 GDB 中输入"r"（run），如图 11-31 所示。

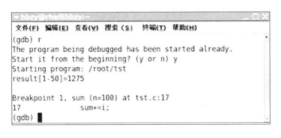

图 11-31 在 GDB 中运行代码

从该图中可以看到，程序从首行开始运行，到断点处就暂停了（第 17 行还未运行）。

【提示】在 GDB 中输入"r"（run），默认从首行开始运行代码；若想从程序指定行开始运行，则需在 r 后面加上行号，如"r 10"。

步骤 8　跟踪变量值

(1) 第 1 次查看变量

在程序暂停运行之后，在 GDB 中输入"p (print) 变量名"命令可查看断点处的相关变量值，如 11-32 所示。

在这个断点处，变量 i 的值为 1，但是变量"sum"的值很奇怪。由于刚刚进入循环体，主体语句"sum + = i"还未执行，这表明代码错误可能在进入循环体之前已经产生，为进一步证实推测，该员工打算再往下执行一次循环看看。

> 【提示】GDB 在显示变量值时都会在对应值之前加上"$N"标记，它是当前变量值的引用标记，以后若想再次引用此变量，就可以直接写作"$N"，而无须写变量名。

(2) 单步执行

在 gdb 中输入命令"n"(next)，采用单步运行方式继续往下执行程序，如图 11-33 所示。

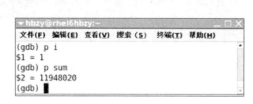

图 11-32　第 1 次查看变量值　　　　　　　图 11-33　单步执行

从该图中可见，单步运行时每次只执行一句代码。

(3) 再次查看变量

再次查看变量 sum 的值，如图 11-34 所示。

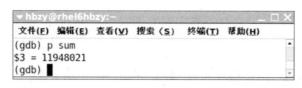

图 11-34　再次查看变量值

从该图中可见，第 2 次循环暂停时，显示出的 sum 值比前一次大 1，表明已经累加了变量 i 的前一次值"1"，这说明 for 循环的执行是没有错误的。这证实了前面的推测，即程序在 for 循环之前就已经发生了错误。

步骤 9　删除所设断点

找出了错误所在位置就可以删除断点了。在 gdb 中输入命令"d 断点号"可删除 (delete) 断点，如图 11-35 所示。

步骤 10　恢复程序运行

在 gdb 中输入命令"c"(continue)，把剩余还未执行的程序执行完，如图 11-36 所示。

从该图中可以看出，gdb 显示出了剩余的执行结果。程序执行完毕后进入到停止状态，在停止状态无法查看变量值等信息。

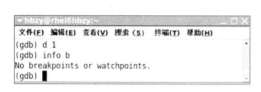

图 11-35 删除断点

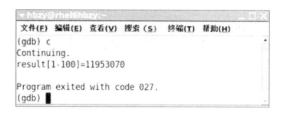

图 11-36 恢复程序运行

步骤 11 退出 GDB

输入 q(quit)命令，退出 GDB 调试，返回终端的系统提示符。

(gdb) q

[root@ rhel6hbzy ~] $

步骤 12 查看并修改源代码

再次用 vi 编辑器打开 tst. c 源文件，如图 11-37 所示。

通过前面的调试，该员工已经推测出代码错误隐藏在 sum 子函数的 for 循环体之前，于是重点查看问题所在的代码段，最后发现错误所在，即在 for 循环之前，只对变量 sum 做了声明，却没有赋初值。

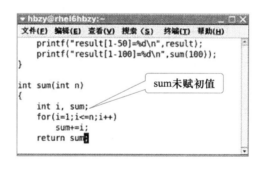

图 11-37 打开 tst. c 源文件

变量 sum 未赋初值，这样 sum 的内存单元里是一个随机的数字，for 循环体 sum + = i 的运算就在这个随机数的基础上进行累加，所以会发生以上奇怪的运算结果。该员工将 sum 的初值赋值为 0，程序修改后，再次进行编译和运行，结果正常。

 知识与技能拓展

1. GDB 基本命令

GDB 提供了大量的调试命令，这些命令一般都需要提供多个参数。为便于输入调试命令，GDB 一般都提供了快捷键，用户可以输入命令的前几个字母，然后用两次 Tab 键补全。Tab 补全功能并不限于命令本身，对于调试程序中出现的函数、文件名参数也可进行提示补全。

GDB 命令可分为以下几类：工作环境相关命令、断点设置与恢复命令、源代码查看命令、查看运行数据相关命令及修改运行参数命令。基本的 GDB 命令如表 11-1 所示。

表 11-1 GDB 基本命令

命 令	简 写	功 能
help	h	查看 GDB 命令的帮助信息
file		装入需要调试的可执行文件
kill	k	终止正在调试的程序
list	l	列出产生执行文件的源代码的一部分
next	n	执行一行源代码，但不进入函数内部
step	s	执行一行源代码，且进入函数内部
continue	c	继续执行程序，直至下一中断或者程序结束
run	r	执行当前被调试的程序
quit	q	终止 GDB
watch		使用户能监视一个变量的值，而不管它何时被改变
catch		布置捕捉点
thread	t	查看当前运行程序的线程信息
break	b	在代码中设置断点，这将使程序执行到这里时被挂起
make		不退出 GDB 而重新产生可执行文件
shell		使用户能不离开 GDB 就执行 Shell 命令
print	p	打印数据内容
backtrace	bt	查看函数调用栈的所有信息

2. GDB 命令 help

要记住 GDB 中大量的命令及参数是不可能，也是不必要的。GDB 允许用户在调试中使用 **help 命令**查阅相关的调试命令。

（1）查看 GDB 命令种类

可通过输入 help 进行查看，help 将命令分成了很多种类（class），用户可以通过进一步查看相关 class 找到相应命令。如下所示，其中的加粗部分即为 GDB 命令的种类。

（gdb）help

List of classes of commands：

aliases —— Aliases of other commands

breakpoints —— Making program stop at certain points

data —— Examining data

files —— Specifying and examining files

internals —— Maintenance commands

…

Type "help" followed by a class name for a list of commands in that class.

Type "help" followed by command name for full documentation.

Command name abbreViations are allowed if unambiguous.

（2）接着查看某个类中的各种命令

（gdb）help data

Examining data.

List of commands：

call -- Call a function in the program

delete display -- Cancel some expressions to be displayed when program stops

delete mem -- Delete memory region

disable display -- Disable some expressions to be displayed when program stops

…

Type "help" followed by command name for full documentation.

Command name abbreViations are allowed if unambiguous.

（3）再查看某个命令

至此，若用户想要查找 call 命令，就可输入 "help call"。

（gdb）help call

Call a function in the program.

The argument is the function name and arguments, in the notation of the

current working language.　The result is printed and saved in the value

history, if it is not void.

当然，若用户已知命令名，直接输入 "help [command]" 也是可以的。

 任务总结

通过本任务的实施，应掌握下列知识和技能：

● GDB 的功能和调试程序的过程

● GDB 调试程序的方法和步骤（重点、难点）

● GDB 基本命令及查看帮助信息的方法

情境总结

本学习情境介绍了 Linux 下 C 语言编程工具的基本使用方法。希望读者首先将情境中给出的各个例子动手操作一遍，掌握"任务总结"中的知识和技能要求。

这里特别要求读者自行编写小程序进行调试。若对程序进行 GCC 编译时有特殊要求（如指定头文件搜索路径、指定库文件的搜索路径等），就需带编译选项。GCC 的选项虽然多，常用的却不多，读者着重掌握学习情境中给出的常用选项即可。

对于开始编写复杂程序的读者，推荐使用 GNU make 来管理编译。为了简化编辑和维护 makefile，可以创建变量来代替多次出现的同一文本字符串。make 还有许多预定义的变量，通过查阅 GNU Make 手册可以获得。有些 Linux 用户习惯于使用 make clean、make dep、make zImage 等命令来完成相应的编译行为，这就需要在 makefile 中加入相应的目标体。

另外，请读者切记，能够通过编译的程序并不意味着它是正确的，可采用 GDB 调试工具来帮助定位错误所在处。GDB 调试需采用"gcc -g"编译后的可执行文件，而不是源程序文件。读者可以通过 help 命令来获得 GDB 所有命令的功能。

操作与练习

一、单选题

1. 在 Linux 中，头文件默认放在目录什么中，用 GCC 编译时，当用户希望使用放在其他位置的头文件时，应该带什么参数。（　　）

A) usr/include -I　　　　B) /usr/lib -L　　　　C) /usr/include -L　　　　D) /usr/lib -I

2. 若 GCC 编译时带上选项"-lm"，表示连接文件名为什么的数学函数库。（　　）

A) lm　　　　　　　B) m. a　　　　　　　C) lm. a　　　　　　　D) libm. a

3. 用 make 编译 makefile 中的什么目标体时，可以省略该目标体名。Linux 用户习惯在 makefile 文件中加入什么目标体，以方便删除编译产生的中间结果。（　　）

A) 第一个 clear　　　B) 第一个 clean　　　C) 最后一个 clear　　　D) 最后一个 clean

4. 使用 GDB 进行调试，必须提供什么文件，该文件可以怎样生成。（　　）

A) 源程序　用 vi 编译器编写　　　　　　B) 目标代码　gcc -c 编译

C) 带调试的可执行　gcc -t 编译　　　　　D) 带调试信息的可执行　gcc -g 编译

5. 在 GDB 中，采用什么命令来设置断点，什么命令可查看当前变量的值，什么命令可查看 GDB 所有命令的功能。（　　）

A) d　p　all　　　　B) d　l　all　　　　C) b　p　help　　　　D) b　l　help

二、填空题

1. GCC 的工作流程分为 4 个阶段：_____、_____、_____、_____。

2. GCC 给出的错误信息一般包括_____、_____、_____。

3. make 允许在 makefile 文件中创建和使用变量，若 makefile 中定义了变量 a，引用变量 a 时应写成_____。

4. 编写 makefile 时，每个命令前必须使用_____键产生缩进，否则运行 makefile 时会出错。

5. 使用 GDB 调试程序，若程序执行完毕，进入_____状态，在该状态_____（能/不能）查看变量信息。

三、操作题

1. 在 Linux 中编写程序，程序功能是输出如图 11-38 所示的图案。要求将源程序写在一个文件中，并使用 GCC 编译。

2. 在 Linux 中编写求阶乘的程序。要求将源程序写在至少两个文件中，并使用 GCC 编译。

3. 针对操作题 2 的求阶乘程序，编写其 makefile 文件，并使用

```
*
**
***
****
*****
******
```

图 11-38　"*"号组成的直角三角形

make 进行编译。

4. 完成操作题 3 后，修改求阶乘程序的某一源文件，再次用 make 编译，观察命令执行结果。

5. 某 Linux 用户编写了如下源程序：

```c
#include < stdio. h >
#include < string. h >
#include < stdlib. h >
main( )
{
    int size,i;
    char string1[ ] = "hello!";
    char  * string2;
    size = strlen(string1);
    string2 = (char  * )malloc(size + 1);
    for(i = 0;i < size;i ++ )
        string2[size – i] = string1[i];
    string2[size] = '\0';
    printf("字符串是: % s\n",string1);
    printf("字符串的逆序是: % s\n",string2);
}
```

该程序的预想功能是输出字符串的逆序，但实际运行结果如下：

字符串是：hello!

字符串的逆序是：

试用 GDB 调试该程序，找出代码中隐藏的错误。

参 考 文 献

［1］潘志安，沈平，李岚．Linux 操作系统应用．北京：高等教育出版社，2009．

［2］朱居正，高冰．Red Hat Enterprise Linux Server 实用教程．北京：清华大学出版社，2008．

［3］谢蓉．Linux 基础及应用．北京：中国铁道出版社，2008．

［4］谢蓉．Linux 基础及应用习题解析与实验指导．北京：中国铁道出版社，2008．

［5］柳青．Linux 应用基础教程．北京：清华大学出版社，2008．

［6］梁如军，解宇杰，等．Red Hat Linux 9 桌面应用．北京：机械工业出版社，2005．

［7］梁如军，从日权，等．Red Hat Linux 9 网络服务．北京：机械工业出版社，2006．

［8］鸟哥．鸟哥的 Linux 私房菜 基础学习篇．3 版．北京：人民邮电出版社，2010．

［9］吴学毅．Linux 基础教程．北京：北方交通大学出版社，2005．

［10］冯昊，杨海燕．Linux 操作系统教程．北京：清华大学出版社，2008．